U0656306

中等职业学校电气安装维修理论与实践一体化教材

电 机 与 变 压 器

赵承荻　周玲　主编

机 械 工 业 出 版 社

本书根据中等职业学校电气控制与维修专业理论实践一体化课程教学大纲，参照国家职业标准编写。主要内容包括：变压器原理、三相电力变压器、其他变压器、三相异步电动机、单相异步电动机、直流电动机、同步电机、特种电机等。每一章后面都配有相应的技能训练和复习思考题供教学使用，充分体现理论实践一体化的教学模式，结合生产实际，突出操作技能，重视学生动手能力的培养。

　　本书既可作为中等职业学校电气控制与维修专业教材，也可作为成人高校或职业技术学院相关专业的教材，还可供有关专业技术人员参考和使用。

图书在版编目（CIP）数据

电机与变压器/赵承荻，周玲主编. —北京：机械工业出版社，2007.7
（2021.7 重印）
中等职业学校电气安装维修理论与实践一体化教材
ISBN 978 – 7 – 111 – 21877 – 7

Ⅰ. 电… Ⅱ.①赵…②周… Ⅲ.①电机 – 专业学校 – 教材
②变压器 – 专业学校 – 教材 Ⅳ. TM

中国版本图书馆 CIP 数据核字（2007）第 104670 号

机械工业出版社（北京市百万庄大街 22 号 邮政编码 100037）
策划编辑：朱 华 王振国
责任编辑：王振国 版式设计：冉晓华 责任校对：程俊巧
封面设计：马精明 责任印制：李 昂
北京圣夫亚美印刷有限公司印刷
2021 年 7 月第 1 版·第 12 次印刷
184mm×260mm ·14.75 印张·351 千字
标准书号：ISBN 978 – 7 – 111 – 21877 – 7
定价：35.00 元

凡购本书，如有缺页、倒页、脱页，由本社发行部调换
电话服务 网络服务
服务咨询热线：010 – 88379833 机工官网：www.cmpbook.com
读者购书热线：010 – 88379649 机工官博：weibo.com/cmp1952
教育服务网：www.cmpedu.·com
封面无防伪标均为盗版 金书网：www.golden – book.com

中等职业学校电气安装维修理论与实践一体化教材编审委员会

主 任 委 员：王　建

副主任委员：赵承获　李　伟

委　　　员：（排名不分先后）

陈惠群　施利春　郭瑞红　郭　赟　陈秀梅

吕书勇　陈应华　徐　彤　荆宏智　朱　华

张　凯　刘　勇　赵金周　张　明　李宏民

本书主编：赵承获　周　玲

参编人员：方　宁　罗　伟

本书主审：陈应华

序

进入 21 世纪，我国逐渐成为"世界制造中心"，制造业赖以生存与发展的生产技术主力军是技能型人才队伍。而制造业向消费市场提供的机床、装备机械、电气设备及各种含有电力拖动与电气控制的产品中，其电气系统都占有很大的分量和起着关键作用。要想完成装备口电气系统的研发、试制、安装、维修、操作及使用，就必须要有大量的电工类专业技能人才参与。鉴于我国制造业及其他工业企业的人才结构状况，维修电工、机电一体化以及电子技术专业技能人才严重缺乏，尤其是经过培训并获得职业技能资格证书的高技能人才更为奇缺，这种格局已成为制约我国工业经济快速发展的瓶颈。因此，国务院先后召开了"全国职业教育工作会议"和"全国加快培养高技能人才座谈会议"，明确提出在"十一五"期间培养技师和高级技师 190 万人，培养高级工 800 万人，使我国高技能人才总量达到 2800 万人的宏伟目标。

众所周知，高职院校、技师学院、中职学校是培养和造就中高级技能人才的主要阵地，而教材则是这些学校向学生传授知识与技能的主要工具之一，也是人们接受终身教育和职场发展的学习工具，编写一套既能适应时代要求，又能有效地提高人才培养效果的好教材，就等于为推进技能人才培养提供了成才就业的金钥匙。

随着现代科学技术的不断发展，在电气技术方面电子元器件及变换技术的产生，电动机由直流发电机—电动机调速向各类交流调速方向快速发展；电气控制方面由接触器控制系统向可编程序控制器（PLC）系统发展；机床电气控制也由接触器控制系统向数控机床系统、计算机数控机床（CNC）快速转化。各类职业技术院校针对现代工业企业对技能人才具有极大需求的特点，大胆提出了"知识宽广够用，重在应用技能为本"的人才培养理念；又根据电气技术不断发展，人才培训理念创新和企业人才需求"特点"的时代要求，将原来的专业理论课与技能训练课分别开设的教学内容及教学模式，逐步调整为专业理论与技能训练一体化的教学内容和教学模式。因此，我们组织了长期工作在教学第一线的专家和有丰富教学经验的教师编写了这套适合中、高级技能人才培养的电气安装与维修专业的理论与实践一体化教材。

这套教材在编写原则上，着重强调了理论与实训一体化的知识内容同步、训练同步的模式。教材内容以文字、数据、图、表格相结合的方式展示给学生，以此提高学生的学习兴趣和认知的亲和力。而且，还参照相关国家职业标准规定的知识层次，但在内容上又不完全拘泥于标准，以此照顾到初级、中级技能人才接受知识和技能培训的需要，为各类技能人才培训搭建一个阶梯型架构。同时，也为满足培训、考工和读者自学的需要提供教材的配套。最后，在教材编写过程中尽可能多地充实新知识、新技术、新工艺、新内容，力求增强技术知识的领先性和实用性，重在教会接受培训的人员掌握一些新知识与新技能。本套教材主要作为中等职业学校的教材，也可作为技师学院、高职学校选用参考。

在本套教材的编写过程中，得到了许多学校领导、专家、老师的指导及帮助，在此谨向他们表示衷心的感谢。

由于我们的水平和编写时间有限，教材中难免存在错误和不足之处，诚请从事职业教育的专家、老师和广大读者批评指正。

中等职业学校电气安装维修理论与实践一体化
教材编审委员会

前　　言

　　本书是中等职业学校电气安装维修理论与实践一体化教材。本书在编写工程中，依据了教育部2001年颁布的中等职业学校电工专业类专业课的教学基础要求，以及2003年教育部等六部委关于实施职业院校制造业和现代服务业技能型紧缺人才培养培训工程的通知中有关数控技术应用等专业的专业课教学基本要求，同时参照了2002年颁布的国家职业标准《维修电工》中规定的相关知识和技能要求（覆盖初级工、中级工和高级工部分）。可供全国各类中等职业学校电气运行与控制、电气运行与维修、供用电技术、机电技术应用、数控技术应用与维修、机电设备安装与维修、电力机车运用与检修等相关专业选用。

　　全书共分八章，包括变压器原理、三相电力变压器、其他变压器、三相异步电动机、单相异步电动机、直流电动机、同步电机和特种电机。全书编有与国家职业标准《维修电工》中技能要求相配套的10个技能训练实例。通过对本课程的教学后，能够使学生具备维修电工口级技能型人才所必需的与本课程有关的相关知识和技能。

　　本书在编写过程中力图体现：以培养综合素质为基础，以能力为本位，把提高学生的职业能力放在首位，在保证必要的基础理论知识的前提下，突出和加强实践性环节教学，以"用"字为核心，把学生培养成为企业生产服务一线迫切需要的高素质劳动者。全书在理论体系、组织结构、表述方法和知识内容方面均作了一些有益的尝试，主要特色有：

　　1. 采用理论与实践一体化的教材结构模式，缩短了理论教学与实践教学之间的距离，加强了内在联系，使前后衔接更为合理，强化了知识性与实践性的统一。

　　2. 以就业为导向，以学生为主体，突出能力培养，以"用"字贯穿全书。

　　3. 突出电工技术领域的新知识、新技术、新工艺和新方法。以国家创导的建设节约型社会新能源政策为主线，并借鉴国外职业技术教育教材的特点，达到培养符合企业生产一线急需高素质人才的需要。

　　4. 全书采用国家最新颁布的电气系统图形符号和文字符号，在介绍电机、变压器、电器产品时尽量反映我国科技进步和当前市场的实际情况，以使学生学以致用，避免以往教材滞后于社会科技、生产实际状况等弊病。

　　本书总教学时数（含理论课教学及技能训练课时数）为90~130学时，具体建议课时分配方案如下表所示：

章	内　容	学　时　数			
		合计	讲授	实验实训	机动
一	变压器原理	20（10）	8（6）	12（4）	
二	三相电力变压器	8（6）	6（4）	2（2）	
三	其他变压器	6（6）	6（6）		
四	三相异步电动机	42（28）	20（16）	22（12）	

（续）

章	内　容	学　时　数			
		合计	讲授	实验实训	机动
五	单相异步电动机	10（8）	6（6）	4（2）	
六	直流电动机	22（16）	14（12）	8（4）	
七	同步电机	4（4）	4（4）		
八	特殊电机	10（6）	8（6）	2	
	机动	8（6）			8（6）
	总计	130（90）	72（60）	50（24）	8（6）

　　本书第一、二、三、四章由湖南铁道职业技术学院赵承获编写，第五章由方宁编写，第六章由罗伟编写，第七、八章由湖南铁路科技职业技术学院周玲编写，全书由赵承获、周玲主编，湖南铁路科技职业技术学院陈应华主审，河南开封市高级技工学校王建对本书的编写也提出了许多宝贵意见，在此表示谢意。

　　由于编者水平有限，书中缺点、疏漏及不足之处在所难免，恳请专家和读者给予批评指正。

编　者

目　录

第一章　变压器原理

第一节　变压器的工作原理及分类

变压器是一种常见的静止电气设备，它利用电磁感应原理，将某一数值的交变电压变换为同频率的另一数值的交变电压。变压器不仅对电力系统中电能的传输、分配和安全使用有重要意义，而且广泛应用于电气控制、电子技术、测试技术及焊接技术等领域。

一、变压器的基本工作原理

图1-1所示为变压器的工作原理示意图。其主要部件是铁心和绕组。两个互相绝缘且匝数不同的绕组分别套装在铁心上，两绕组间只有磁的耦合而没有电的联系，其中接电源 u_1 的绕组称为一次绕组（曾称为原绕组、初级绕组），用于接负载的绕组称为二次绕组（曾称为副绕组、次级绕组）。

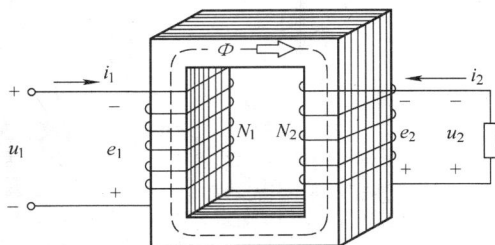

图1-1　单相变压器工作原理

一次绕组加上交流电压 u_1 后，绕组中便有电流 i_1 通过，在铁心中产生与 u_1 同频率的交变磁通 Φ，根据电磁感应原理，将分别在两个绕组中感应出电动势 e_1 和 e_2，即

$$e_1 = -N_1 \frac{\Delta \Phi}{\Delta t}$$

$$e_2 = -N_2 \frac{\Delta \Phi}{\Delta t}$$

式中，负号表示感应电动势总是阻碍磁通的变化。若把负载接在二次绕组上，则在电动势 e_2 的作用下，有电流 i_2 流过负载，实现了电能的传递。由此可知，一、二次绕组感应电动势的大小（近似于各自的电压 u_1 及 u_2）与绕组匝数成正比，故只要改变一、二次绕组的匝数，就可达到改变电压的目的，这就是变压器的基本工作原理。

二、变压器的分类

变压器种类很多，通常可按其用途、绕组结构、铁心结构、相数、冷却方式等进行分类。

1. 按用途分类

（1）电力变压器　用作电能的输送与分配，如图1-2e所示，它是生产数量最多、使用最广泛的变压器。按其功能不同又可分为升压变压器、降压变压器、配电变压器等。电力变压器的容量从几十千伏安到几十万千伏安，电压等级从几百伏到几百千伏。

（2）特种变压器　在特殊场合使用的变压器，如作为焊接电源的电焊变压器；专供大功率电炉使用的电炉变压器；将交流电整流成直流电时使用的整流变压器等。

（2）仪用互感器　用于电工测量中，如电流互感器、电压互感器等。

（4）控制变压器　容量一般比较小，用于小功率电源系统和自动控制系统。如电源变压器、输入变压器、输出变压器、脉冲变压器等。

（5）其他变压器　如试验用的高压变压器；输出电压可调的调压变压器；产生脉冲信号的脉冲变压器；压力传感器中的差动变压器等。

图 1-2 所示为各种常用变压器的外形。

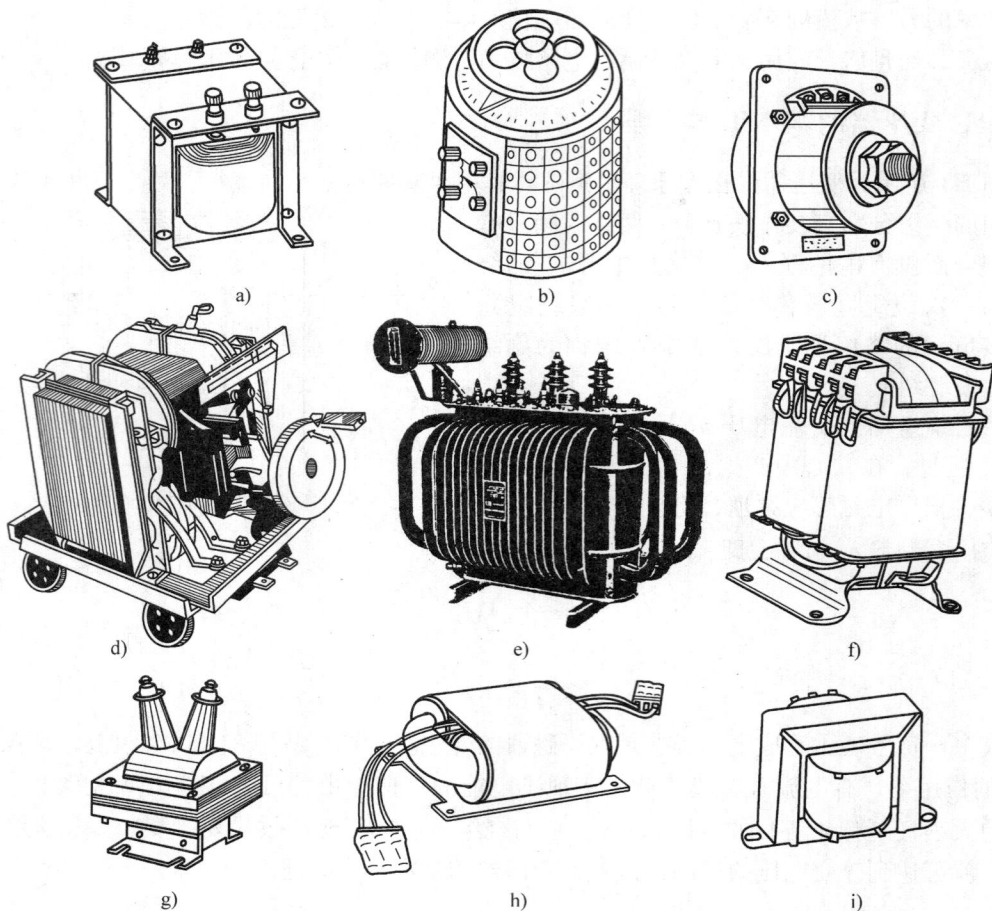

图 1-2　常用变压器的外形

a）照明变压器　b）自耦变压器　c）电流互感器　d）电焊变压器　e）电力变压器
f）C 形变压器　g）电压互感器　h）R 形变压器　i）输出变压器

2. 按绕组构成分类

有双绕组变压器、三绕组变压器、多绕组变压器和自耦变压器等。

3. 按铁心结构分类

有叠片式铁心、卷制式铁心和非晶合金铁心。

4. 按相数分类

有单相变压器、三相变压器和多相变压器。

5. 按冷却方式分类

有干式变压器、油浸式自冷变压器、油浸式风冷变压器、强迫油循环变压器、箱式变压器、树脂浇注变压器及充气式变压器等。

第二节　单相变压器的基本结构

由上一节变压器的工作原理可知：不论是单相变压器、三相变压器或其他各类变压器，它们主要由铁心和绕组两部分组成。

一、铁心

1. 铁心的作用及材料

铁心构成变压器磁路系统，并作为变压器的机械骨架。铁心由铁心柱和铁轭两部分组成，如图 1-3 所示。铁心柱上套装变压器绕组，铁轭起连接铁心柱使磁路闭合的作用。对铁心的要求是：导磁性能要好，磁滞损耗及涡流损耗要尽量小。因此，铁心均采用 0.35mm 以下的硅钢片制作。20 世纪 60～70 年代我国生产的电力变压器铁心主要用热轧硅钢片，由于其铁损耗较大，导磁性能相应地比较差，且铁心叠装系数低（因硅钢片两面均涂有绝缘漆），现已淘汰。目前国产低损耗节能变压器均用冷轧晶粒取向硅钢片，其铁损耗低，且铁心叠装系数高（因硅钢片表面有氧化膜绝缘，不必再涂绝缘漆）。随着科学技术的不断发展，目前已开始采用铁基、铁镍基、钴基等材料来制作变压器的铁心，这类铁心具有体积小、效率高、节能等优点，极有发展前途。

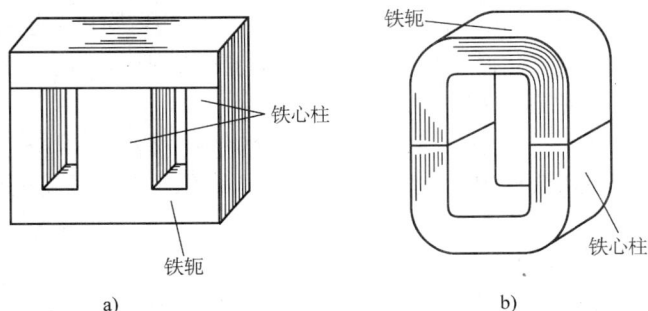

图 1-3　单相变压器铁心的结构
a）叠片铁心　b）卷制铁心

2. 铁心的结构

根据铁心的结构不同，变压器可分为心式变压器、壳式变压器和卷制式（C 形）变压器。心式变压器是在两侧的铁心柱上放置绕组，形成绕组包围铁心的形式，如图 1-4a 所示。壳式变压器则是在中间的铁心柱上放置绕组，形成铁心包围绕组的形式，如图 1-4b 所示。它们均用冲制成形的硅钢片叠装而成。为了减小铁心磁路的磁阻以减小铁心损耗，要求铁心装配时，接缝处的空气隙应越小越好。而卷制式铁心采用 0.35mm 晶粒取向冷轧硅钢片剪裁成一定宽度的硅钢带后再卷制成环形，将铁心绑扎牢固后切割成两个"U"字形，如图 1-3b 所示。而图 1-4c 所示为用卷制铁心制成的 C 形变压器。由于该类型变压器制作工艺简单，王在小容量的单相变压器中逐渐普及。随着制造技术的不断成熟,用卷制铁心制作的三相电力变压器(500kV·A 以下)将逐步代替传统的叠片式变压器,其主要优点是重量轻、体积小、空载损耗小、噪声低、生产效率高、质量稳定。

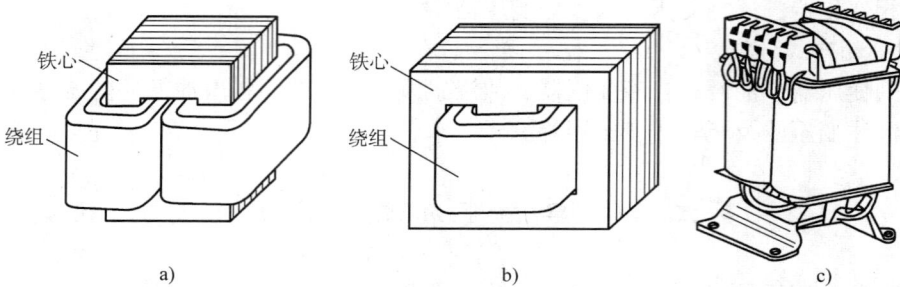

图1-4 单相变压器的结构

a)心式变压器 b)壳式变压器 c)C 形变压器

二、绕组

1. 绕组的作用及材料

变压器的线圈通常称为绕组,它是变压器中的电路部分,小变压器一般用具有绝缘的漆包圆铜线绕制而成,对容量稍大的变压器则用扁铜线或扁铝线绕制。

2. 绕组的结构

在变压器中,接到高压电网的绕组称为高压绕组,接到低压电网的绕组称为低压绕组。按高压绕组和低压绕组的相互位置和形状不同,绕组可分为同心式和交叠式两种。

(1)同心式绕组 同心式绕组是将高、低压绕组同心地套装在铁心柱上,如图 1-5a 所示。小容量单相变压器一般采用这种结构,通常是接电源的一次绕组绕在里层,绕制完成后包上绝缘材料再绕制二次绕组,一、二次绕组呈同心式结构。对于电力变压器而言,为了便于与铁心绝缘,把低压绕组套装在里面,高压绕组套装在外面。对低压大电流、大容量的变压器,由于低压绕组引出线很粗,也可以把它放在外面。高、低压绕组之间留有空隙,可作为油浸式变压器的油道,既利于绕组散热,又作为两绕组之间的绝缘。

同心式绕组按其绕制方法的不同又可分为圆筒式、螺旋式和连续式等多种。同心式绕组的结构简单、制造容易,小型电源变压器、控制变压器、低压照明变压器等均采用这种结构。国产电力变压器

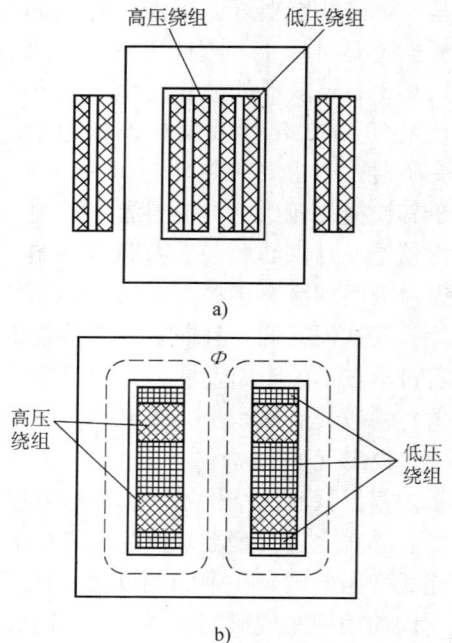

图1-5 单相变压器绕组

a)同心式 b)交叠式

基本上也采用这种结构。

（2）交叠式绕组 交叠式绕组又称为饼式绕组，它是将高压绕组及低压绕组分成若干个线饼，沿着铁心柱的高度交替排列。为了便于绝缘，一般最上层和最下层安放低压绕组，如图 1-5b 所示。

交叠式绕组的主要优点是漏抗小、机械强度好、引线方便。这种形式的绕组主要使用在低电压、大电流的变压器上，如容量较大的电炉变压器及电阻电焊机（如点焊、滚焊、对焊电焊机）变压器等。

第三节　单相变压器的运行原理

一、变压器的空载运行

变压器一次绕组接在额定频率和额定电压的电网上，而二次绕组开路，即 $I_2 = 0$ 的工作方式称为变压器的空载运行，如图 1-6 所示。

由于变压器在交流电源上工作，因此通过变压器中的电压、电流、磁通及电动势的大小及方向均随时间在不断地变化，为了正确地表示它们之间的相位关系，必须首先规定它们的参考方向。原则上可以任意规定参考方向，但是如果规定的方法不同，则同一电磁过程所列出的方程式的正、负号也将不同。为了统一起见，习惯上都按照电工惯例来规定参考方向，即

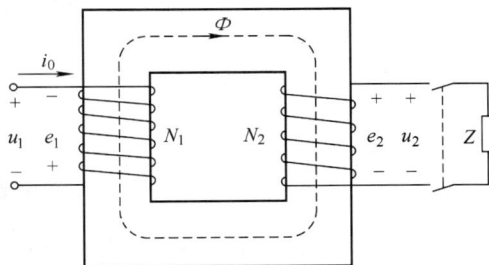

图 1-6　单相变压器空载运行

（1）电压的参考方向 在同一支路中，电压参考方向与电流参考方向一致。

（2）磁通的参考方向 磁通的参考方向与电流参考方向符合右手螺旋定则。

（3）感应电动势的参考方向 由交变磁通 Φ 产生的感应电动势 e，其参考方向与产生该磁通的电流参考方向一致（即感应电动势 e 与产生它的磁通 Φ 之间符合右手螺旋定则），如图 1-7 所示。按照参考方向列出的电磁感应定律方程为

$$e = -N\frac{\Delta\Phi}{\Delta t}$$

下面分析变压器空载运行时，各物理量之间的关系。

空载时，在外加交流电压 u_1 作用下，一次绕组中通过的电流称为空载电流 i_0。在电流 i_0 的作用下，铁心中产生交变频通 Φ（称为主磁通），主磁通 Φ 同时穿过一、二次绕组，分别在其中产生感应电动势 e_1 和 e_2，其大小正比于 $\frac{\Delta\Phi}{\Delta t}$。

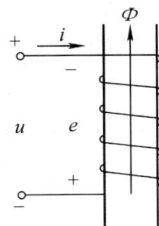

图 1-7　参考方向的规定

通过数学分析可以得出感应电动势 e 和磁通 Φ 之间的关系：在相位上，e 滞后于 Φ 90°；在数值上，其有效值为

$$E = 4.44fN\Phi_{\mathrm{m}}$$

由此可得：

$$E_1 = 4.44fN_1\Phi_m \tag{1-1}$$

$$E_2 = 4.44fN_2\Phi_m \tag{1-2}$$

式中　Φ_m——交变磁通的最大值；

　　　N_1——一次绕组的匝数；

　　　N_2——二次绕组的匝数；

　　　f——交流电的频率。

由式（1-1）及式（1-2）可得：

$$\frac{E_1}{E_2} = \frac{N_1}{N_2}$$

若略去一次绕组中的阻抗不计，则外加交流电源电压有效值 U_1 与一次绕组中的感应电动势的有效值 E_1 可近似看作相等，即 $U_1 \approx E_1$，而 U_1 与 E_1 的参考方向正好相反，即电动势 E_1 与外加电压 U_1 相平衡。

在空载情况下，由于二次绕组开路，故端电压 U_2 与电动势 E_2 相等，即 $U_2 = E_2$。因比

$$U_1 \approx E_1 = 4.44fN_1\Phi_m \tag{1-3}$$

$$U_2 = E_2 = 4.44fN_2\Phi_m \tag{1-4}$$

$$\frac{U_1}{U_2} \approx \frac{E_1}{E_2} = \frac{N_1}{N_2} = K_u = K \tag{1-5}$$

式口　K_u——变压器的电压比，也可用 K 来表示，它是变压器最重要的参数之一。

由式（1-5）可见，变压器一、二次绕组的电压与一、二次绕组的匝数成正比，即变压器有变换电压的作用。

由式（1-3）可见，对某台变压器而言，f 及 N_1 均为常数，因此当加在变压器上的交流电压有效值 U_1 恒定时，则变压器铁心中的磁通 Φ_m 基本上保持不变。这个恒磁通的概念很重要，在以后的分析中经常会用到。

变压器空载运行时的电路原理如图 1-8a 所示。其中一次绕组的两个接线端用"U1"、"U2"表示，二次绕组的两个接线端用"u1"、"u2"表示。

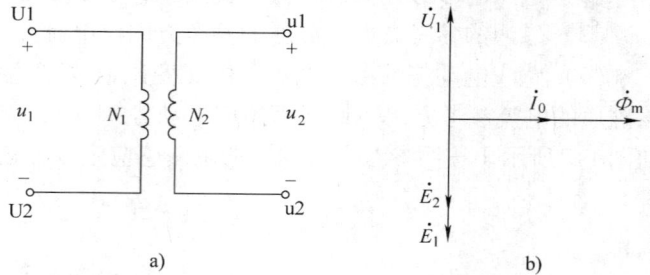

在不计一次绕组的阻抗及变压

图 1-8　单相变压器

a）电路原理　b）空载运行矢量

器中的损耗时，图 1-6 中的空载电流 $\dot{I}_0$ 只用来产生磁通 $\dot{\Phi}_m$，一次绕组电路为纯电感电路，空载电流 $\dot{I}_0$ 滞后于电压 $\dot{U}_1$ 90°，又由于感应电动势 $\dot{E}_1$ 滞后于电压 $\dot{U}_1$ 180°，故 $\dot{E}_1$ 滞后于电流 $\dot{I}_0$ 90°。另外由前面分析知道 $\dot{E}_1$ 也滞后于 $\dot{\Phi}_m$ 90°，故 $\dot{I}_0$ 与 $\dot{\Phi}_m$ 同相位，由此可以作出理想变压器（不计损耗的变压器）空载运行时的矢量图，如图 1-8b 所示。

例 1　如图 1-8 所示，低压照明变压器一次绕组的匝数 $N_1 = 880$ 匝，一次绕组电压 $U_1 = 220V$，现要求二次绕组输出电压 $U_2 = 36V$，试求二次绕组的匝数 N_2 及电压比 K_u。

解　由式（1-5）可得：

$$N_2 = \frac{U_2}{U_1}N_1 = \frac{36}{220} \times 880\ \text{匝} = 144\ \text{匝}$$

$$K_u = \frac{U_1}{U_2} = \frac{220}{36} = 6.1$$

通常把 $K_u > 1$，（即 $U_1 > U_2$，$N_1 > N_2$）的变压器称为降压变压器；$K_u < 1$ 的变压器称为升压变压器。

二、变压器的负载运行

变压器一次绕组接额定电压，二次绕组与负载相连的运行状态称为变压器的负载运行，如图 1-9 所示。此时二次绕组中有电流 i_2 通过，由于该电流是依据电磁感应原理由一次绕组感应而产生的，因此一次绕组中的电流也由空载电流 i_0 变为负载电流 i_1。

由于变压器的效率都很高，通常可近似将变压器的输出功率 P_2 与输入功率 P_1 看作相等，即

$$U_1 I_1 \approx U_2 I_2 \tag{1-6}$$

则

$$\frac{I_1}{I_2} = \frac{U_2}{U_1} \approx \frac{N_2}{N_1} = \frac{1}{K_u} = K_i \tag{1-7}$$

图 1-9　单相变压器负载运行

式中　K_i——变压器的电流比。

式（1-7）表明，变压器一、二次绕组中的电流与一、二次绕组的匝数成反比，即变压器也有变换电流的作用，且电流的大小与匝数成反比。

例 2　若例 1 中的变压器流过二次绕组的电流 $I_2 = 1.7A$，试求一次绕组中的电流 I_1。

解　由式（1-7）可得：

$$I_1 = \frac{I_2}{K_u} = \frac{1.7}{6.1}A = 0.28A$$

由式（1-7）可得出：变压器的高压绕组匝数多，而通过的电流小，因此绕组所用的导线较细；反之，低压绕组匝数少，通过的电流大，所用的导线较粗。

三、变压器的阻抗变换

变压器不但具有电压变换和电流变换的作用，还具有阻抗变换的作用。如图 1-10 所示，当变压器二次绕组接上阻抗为 Z 的负载后，有：

$$Z = \frac{U_2}{I_2} = \frac{\dfrac{N_2}{N_1}U_1}{\dfrac{N_1}{N_2}I_1} = \left(\frac{N_2}{N_1}\right)^2 \frac{U_1}{I_1} = \frac{1}{K^2}Z' \tag{1-8}$$

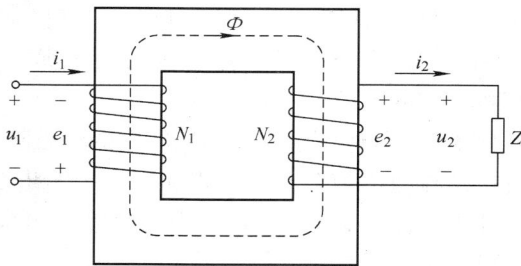

式中 Z'——等于 $\dfrac{U_1}{I_1}$，相当于直接接在一次绕组上的等效阻抗，如图 1-10 所示。

由此可得：

$$Z' = K^2 Z \qquad (1-9)$$

由此可见，接在变压器二次绕组上的负载 Z 与不经过变压器直接接在电源上的负载 Z' 相比减小了 $1/K^2$ 倍。换句话说，负载阻抗通过变压器接电源时相当于该阻抗增加了 K^2 倍。

在电子电路中，为了获得较大的功率输出往往对输出电路的输出阻抗与所接的负载阻抗之间有一定的要求。例如：对音响设备来讲，为了能在扬声器中获得最好的音响效果（获得最大的功率输出），要求音响设备输出的阻抗与扬声器的阻抗尽量相等。但实际上扬声器的阻抗往往只有几欧到十几欧，而音响设备等信号的输出阻抗恰恰很大，在几百欧、几千欧以上，为此通常在两者之间加接一个变压器（称为输出变压器、线间变压器）来达到阻抗匹配的目的。

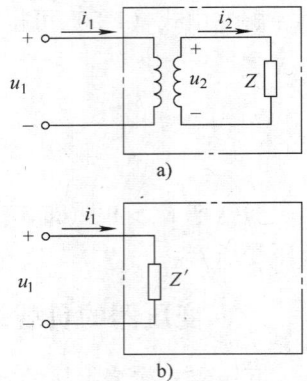

图 1-10 变压器的阻抗变换
a）经过变压器接电源的阻抗 Z
b）不经过变压器直接接电源的阻抗 Z'

例 3 某晶体管收音机输出电路的输出阻抗为 $Z' = 392\Omega$，接入的扬声器阻抗为 $Z = 8\Omega$，现加接一个输出变压器使两者实现阻抗匹配，试求该变压器的电压比 K；若该变压器一次绕组的匝数 $N_1 = 560$ 匝，则二次绕组的匝数 N_2 为多少？

解 由式（1-9）得：

$$K = \sqrt{\frac{Z'}{Z}} = \sqrt{\frac{392}{8}} = 7$$

$$N_2 = \frac{N_1}{K} = \frac{560}{7}\text{匝} = 80 \text{ 匝}$$

第四节 变压器的运行特性

对负载来讲，变压器相当于一个电源。对于电源，我们最关心的是它的输出电压与输出电流（负载电流）之间的关系，即变压器的外特性。另外，从节能的角度出发，我们关心的是变压器在变换电压过程中的效率，下面分别加以讨论。

一、变压器的外特性及电压变化率

变压器在运行时，其二次绕组的输出电流 I_2 将随负载的变化而不断地变化，而从保证供电质量的角度出发，我们又希望在输出电流 I_2 变化时，变压器的输出电压 U_2 尽量保持不变。而实际上要做到在 I_2 变化时，U_2 保持不变是很困难的。

变压器空载运行时，若一次电压 U_1 不变，则二次电压 U_2 也是不变的。变压器加上负载之后，随着负载电流 I_2 的增加，I_2 在二次绕组内部的阻抗压降也会增加，使二次绕组输出的电压 U_2 随之发生变化。另一方面，由于一次电流 I_1 随 I_2 增加，因此 I_2 增加时，使一次绕组漏阻抗上的压降也增加，一次绕组的电动势 E_1 和二次绕组的电动势 E_2 也会有所下降，这也会影响二次绕组的输出电压 U_2。变压器的外特性是用来描述输出电压 U_2 随负载电流 I_2 的变化而变化的情况。

当一次电压 U_1 和负载的功率因数 $\cos\varphi_2$ 一定时，二次电压 U_2 与负载电流 I_2 的关系称为变压器的外特性。它可以通过实验求得。功率因数不同时的几条外特性绘于图 1-11 中。从图中可以看出，当 $\cos\varphi_2 = 1$ 时，U_2 随 I_2 的增加而下降得并不多；当 $\cos\varphi_2$ 降低时，即在感性负载时，U_2 随 I_2 增加而下降的程度加大，这是因为滞后的无功电流对变压器磁路中主磁通的去磁作用更为显著，而使 E_1 和 E_2 有所下降的缘故；但当 $\cos\varphi_2$ 为负值时，即在容性负载时，超前的无功电流有助磁作用，主磁通会有所增加，E_1 和 E_2 亦相应加大，使得 U_2 会随 I_2 的增加而提高。以上叙述表明，负载的功率因数对变压器外特性的影响是很大的。

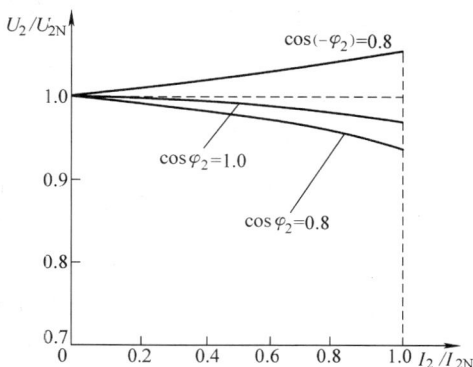

图 1-11　变压器的外特性

在图 1-11 中，纵坐标用 U_2/U_{2N} 之值表示，而横坐标用 I_2/I_{2N} 表示，使得在坐标轴上的数值都在 $0 \sim 1$ 之间，或稍大于 1，这样做是为了便于不同容量和不同电压的变压器相互比较。

一般情况下，变压器的负载大多数是感性负载，因而当负载增加时，输出电压 U_2 总是下降的，其下降的程度常用电压变化率来描述。当变压器一次绕组接 50Hz 的额定电压，二次绕组空载时的电压 U_{2N} 与额定负载时的电压 U_2 之差与 U_{2N} 之比的百分值就称为变压器的电压变化率，用 $\Delta U\%$ 来表示，即

$$\Delta U\% = \frac{U_{2N} - U_2}{U_{2N}} \times 100\% \tag{1-10}$$

式中　U_{2N}——变压器空载时二次绕组的电压（称为额定电压）；

U_2——二次绕组输出额定电流时的电压。

电压变化率反映了供电电压的稳定性，是变压器的一个重要性能指标。$\Delta U\%$ 越小，说明变压器二次绕组输出的电压越稳定，因此要求变压器的 $\Delta U\%$ 越小越好。常用的电力变压器从空载到满载的电压变化率约为 $3\% \sim 5\%$。

例 4　某台供电电力变压器将 $U_{1N} = 10000V$ 的高压降压后对负载供电，要求该变压器在额定负载下的输出电压为 $U_2 = 380V$，该变压器的电压变化率 $\Delta U\% = 5\%$，求该变压器二次绕组的额定电压 U_{2N} 及变比 K。

解　由式（1-10）得：

$$0.05 = \frac{U_{2N} - 380V}{U_{2N}}$$

则

$$U_{2N} = 400V$$

$$K = \frac{U_{1N}}{U_{2N}} = \frac{10000}{400} = 25$$

在后面介绍电力变压器铭牌时就能理解为什么给额定线电压为 380V 的负载供电时，变

压器二次绕组的额定电压不是 380V，而是 400V。

我国标准规定，35kV 以上的电压，允许偏差为 ±5%；10kV 以下高压供电和动力供电允许偏差为 ±7%；低压照明设备允许偏差为 -10% ~ +5%。

二、变压器的损耗及效率

变压器在传输电能的过程中，不可避免地要产生损耗，单相变压器从电源输入的有功功率 P_1 和向负载输出的有功功率 P_2 可分别用下式计算

$$P_1 = U_1 I_1 \cos\varphi_1 \tag{1-11}$$

$$P_2 = U_2 I_2 \cos\varphi_2 \tag{1-12}$$

两者之差为变压器的损耗 ΔP，它包括铜损耗 P_{Cu} 和铁损耗 P_{Fe} 两部分，即

$$\Delta P = P_{Cu} + P_{Fe} \tag{1-13}$$

1. 铁损耗 P_{Fe}

变压器的铁损耗包括基本铁损耗和附加铁损耗两部分。基本铁损耗包括铁心中的磁滞损耗和涡流损耗，它决定于铁心中磁通密度的大小、磁通交变的频率和硅钢片的质量等。附加铁损耗则包括铁心叠片间因绝缘损伤而产生的局部涡流损耗、主磁通在变压器铁心以外的结构部件中引起的涡流损耗等，附加铁损耗约为基本铁损耗的 15% ~ 20%。

变压器的铁损耗与一次绕组上所加的电源电压大小有关，而与负载电流的大小无关。当电源电压一定时，铁心中的磁通基本不变，故铁损耗也就基本不变，因此铁损耗又称为不变损耗。

2. 铜损耗 P_{Cu}

变压器的铜损耗也分为基本铜损耗和附加铜损耗两部分。基本铜损耗是由电流在一次、二次绕组电阻上产生的损耗，而附加铜损耗是指由漏磁通产生的集肤效应使电流在导体内分布不均匀而产生的额外损耗。附加铜损耗约占基本铜损耗的 3% ~ 20%。在变压器中铜损耗与负载电流的平方成正比，所以铜损耗又称为可变损耗。

3. 效率 η

变压器的输出功率 P_2 与输入功率 P_1 之比称为变压器的效率 η，即

$$\eta = \frac{P_2}{P_1} \times 100\% = \frac{P_2}{P_2 + \Delta P} \times 100\% = \frac{P_2}{P_2 + P_{Cu} + P_{Fe}} \times 100\% \tag{1-14}$$

由于变压器中没有旋转部件，不像电机那样有机械损耗存在，因此变压器的效率一般都比较高。中、小型电力变压器效率在 95% 以上，大型电力变压器效率可达 99% 以上。

例 5 S9—500/10 型低损耗三相电力变压器的额定容量为 500kV·A，设功率因数为 1，二次电压 $U_{2N} = 400V$，铁损耗 $P_{Fe} = 0.98kW$，额定负载时铜损耗 $P_{Cu} = 4.1kW$，试求二次额定电流 I_{2N} 及变压器的效率 η。

解
$$I_{2N} = \frac{S_N}{\sqrt{3}\,U_{2N}} = \frac{500 \times 1000}{\sqrt{3} \times 400}A = 722A$$

$$P_2 = S_N \cos\varphi = 500kW$$

$$\eta = \frac{P_2}{P_1} \times 100\% = \frac{P_2}{P_2 + P_{Fe} + P_{Cu}} \times 100\% = \frac{500}{500 + 0.98 + 4.1} \times 100\% = 99\%$$

4. 效率特性

变压器在不同的负载电流 I_2 时，输出功率 P_2 及铜损耗 P_{Cu} 都在变化，因此变压器的效率 η 也随负载电流 I_2 的变化而变化，其变化规律通常用变压器的效率特性曲线来表示，如图 1-12 所示，图中 $\beta = \dfrac{I_2}{I_{2N}}$ 称为负载系数。

通过数学分析可知：当变压器的铁损耗等于铜损耗时，变压器的效率最高，通常变压器的最高效率位于 $\beta = 0.5 \sim 0.6$ 之间。

如何来测定一台变压器的铁损耗和铜损耗呢？当一台变压器一次绕组加上额定电压，而二次绕组开路（空载运行）时测得的变压器空载损耗 P_0 即为变压器的铁损耗。因为此时的空载损耗 P_0 虽然是变压器铁损耗和铜损耗之和，但由于空载电流 I_0 很小，约为 $(0.02 \sim 0.1)I_N$，故铜损耗可以忽略不计，因此可近似认为 P_0 即是变压器的铁损耗，P_0 越小，说明变压器的铁心和绕组的质量越好。

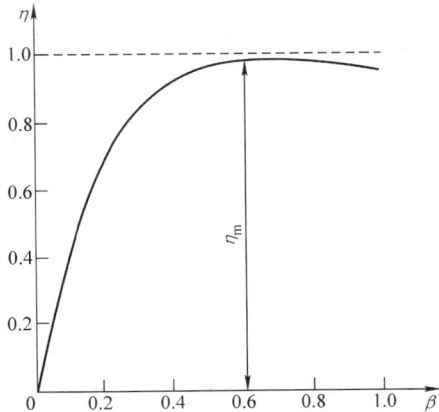

图 1-12　变压器的效率曲线

变压器的铜损耗可以通过短路试验来测定，将变压器的低压侧两端用导线短接（短路），高压侧加上很低的电压，使得高压侧的电流等于额定电流，则流过低压侧的电流也为额定电流。此时在一次绕组电阻上的铜损耗和二次绕组电阻上的铜损耗即为变压器的额定铜损耗。由于所加的电压很低，磁通很少，这时的铁损耗可以忽略不计，而近似地认为短路试验时的功率就等于一次、二次绕组的铜损耗。

在短路试验中，使得一次绕组电流等于额定值时的电压称为短路电压，或称为变压器的阻抗电压，用 U_{SC} 表示，它是变压器的一个重要参数。对于一般中、小型变压器，U_{SC} 通常为额定电压的 4% ~ 10.5%；大型变压器的 U_{SC} 则为 12.5% ~ 17.5%。

第五节　变压器的极性及判定

一、变压器的极性

电池有正极和负极，在将两个电池进行串联或并联时，必须根据其极性正确连接，即串联时将一个电池的正极与另一电池的负极相连；而并联时将两电池的正极与正极相连，负极与负极相连，如图 1-13 所示。由于变压器的一次、二次绕组均绕制在同一个铁心上，都被磁通 Φ 交链，故当磁通交变时，在两个绕组中感应出的电动势有一定的方向关系，即当一次绕组的某一端点瞬时电位为正时，二次绕组也必有一电位为正的对应端点。这两个对应的端点就称为同极性端或同名端，通常用符号"·"表示。

在使用变压器或其他磁耦合线圈时，经常会遇到两个线圈极性的正确连接问题。例如某变压器的一次绕组由两个匝数相等绕向一致的绕组组成，如图 1-14a 中的绕组 1-2 和 3-4。若每个绕组额定电压为 110V，则当电源电压为 220V 时，应把两个绕组串联起来使用，如图 1-

14b 所示；若电源电压为 110V 时，则应将它们并联起来使用，如图 1-14c 所示。当接法正确时，则两个绕组所产生的磁通方向相同，它们在铁心中互相叠加。如果接法错误，则两个绕组所产生的磁通方向相反，它们在铁心中互相抵消，使铁心中的合成磁通为零。此时在每个绕组中也就没有感应电动势产生，相当于短路状态，会把变压器烧毁。因此在进行变压器绕组的连接时，事先确定好各绕组的同名端是十分必要的。

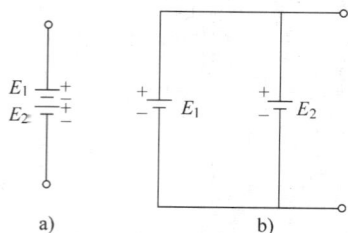

图 1-13 电池的连接

a）串联 b）并联

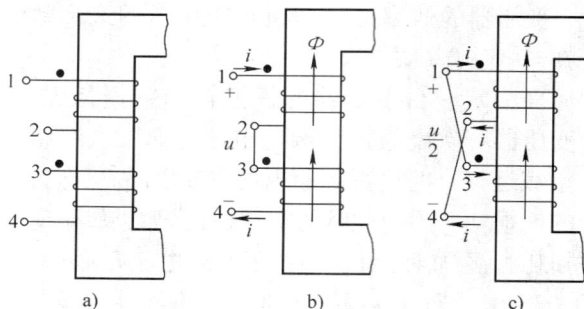

图 1-14 变压器绕组的正确连接

a）两个绕组 b）串联 c）并联

二、变压器极性的判定

1. 分析法

对两个绕向已知的绕组而言，可这样判断：当电流从两个同极性端流入（或流出）时，铁心中所产生的磁通方向是一致的。如图 1-15 所示，1 端和 4 端为同名端，电流从这两个端点流入时，它们在铁心中产生的磁通方向相同。

2. 实验法

对于一台已经制成的变压器，无法从外部观察其绕组的绕向，因此无法辨认其同名端，此时可用实验的方法进行测定，测定的方法有交流法和直流法两种。

（1）交流法 如图 1-16 所示，将一、二次绕组各取一个接线端连接在一起，如图中的 2（即 U2）和 4（即 u2），并在一个绕组上（图中为 N_1 绕组）加一个较低的交流电压 u_{12}，再用交流电压表分别测量 U_{12}、U_{13}、U_{34} 各值，如果测量结果为：$U_{13} = U_{12} - U_{34}$，则说明 N_1、N_2 绕组为反极性串联，故 1 和 3 为同名端；如果 $U_{13} = U_{12} + U_{34}$，则 1 和 4 为同名端。

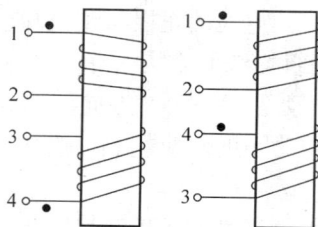

图 1-15 同名端的判定

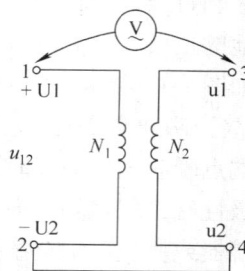

图 1-16 交流法测定绕组的同名端

（2）直流法　用 1.5V 或 3V 的直流电源，按图 1-17 所示连接，直流电源接在高压绕组上，而直流毫安表接在低压绕组两端。当开关 S 合上的一瞬间，如毫安表指针向正方向摆动，则接直流电源正极的端子与接直流毫安表正极的端子为同名端。

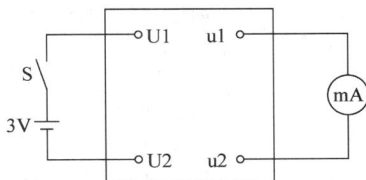

图 1-17　直流法测定绕组的同名端

技能训练 1　单相变压器的通用测试

一、训练目的

1）测定单相变压器一次、二次绕组的直流电阻、绕组对地以及绕组之间的绝缘电阻。

2）测定单相变压器一次、二次绕组的电压 U_1、U_2 与电流 I_1、I_2 及匝数 N_1、N_2 间的关系。

3）求测单相变压器的空载特性曲线。

4）判定变压器的同极性端。

二、训练器材

1）单相变压器，500V·A，380V/220V，1 台。

2）单相自耦调压器，1kV·A，0~250V，1 台。

3）交流电压表，0~450V，1 只。

4）单相功率表（单相低功率因数功率表），150~600V，1~2A，各 1 台。

5）交流电流表，0~3A，1 只。

6）指针式万用表，500 型或 MF—30 型，1 只。

7）干电池，1.5~3V，1 组。

8）刀开关，1 个。

9）单臂电桥，QJ23，1 只。

10）绝缘电阻表，500V，1 只。

11）电工工具，1 套。

三、训练内容及步骤

1. 变压器绕组的直流电阻测定

单相变压器一次、二次绕组均由铜导线绕制而成，因此存在一定的直流电阻。如果变压器的容量很小，则导线很细，此时绕组的直流电阻较大，约有几十欧，可用万用表电阻挡测量（最好用单臂电桥测量，其精确度较高）；如果变压器的容量稍大，此时绕组低压侧的直流电阻可能较小，只有几欧，则必须用单臂电桥测量。

测量变压器绕组的直流电阻可以确定哪一组绕组为高压侧，哪一组绕组为低压侧，同时也可初步判定变压器绕组的好坏（有无开路或短路故障）。

1）将万用表旋钮置于 $R \times 1$ 挡，分别测量变压器一次绕组及二次绕组的直流电阻值 R_1 及 R_2，并记录如下：

$R_1 =$ _____ Ω，$R_2 =$ _____ Ω。

2）在使用万用表粗测电阻值的基础上，用单臂电桥进行精确测量并记录如下：

$R_1 =$ _____ Ω，$R_2 =$ _____ Ω。

3）比较两种测量方法的测量结果，哪种方法测得的电阻值较正确？

2. 变压器绕组绝缘电阻的测定

为保证变压器正常、安全地工作，变压器一次、二次绕组之间以及一次绕组与铁心、二次绕组与铁心之间均应有良好的绝缘。变压器绕组绝缘电阻的测定可用来判定变压器的绝缘性能，从而判定变压器质量的好坏。变压器绝缘电阻的测定用绝缘电阻表进行，对电压为 380V（或 220V）的变压器，测得的绝缘电阻阻值均不能低于 0.5MΩ。

1）绝缘电阻用绝缘电阻表测量，在测量前首先应检查绝缘电阻表的好坏，办法是先将绝缘电阻表的 L 端和 E 端开路，手摇绝缘电阻表手柄，绝缘电阻表指针应逐步指向∞，再将 L 和 E 两端短接，用手轻轻摇动绝缘电阻表手柄，指针立即指零，说明该绝缘电阻表良好。

2）将绝缘电阻表 L 接线柱上的接线接变压器一次绕组的一端，绝缘电阻表 E 接线柱上的接线接铁心（应清除铁心上的绝缘部分），匀速摇动绝缘电阻表手柄，使转速在 120r/min 左右，摇动1min 后读取变压器一次绕组与铁心间的绝缘电阻值，将数据记录于表 1-1 中。同样测量变压器二次绕组与铁心间的绝缘电阻值及一次、二次绕组间的绝缘电阻值并记录于表 1-1 中。

表 1-1　变压器绝缘电阻值

项　　目	一次绕组对铁心	二次绕组对铁心	一次、二次绕组间
绝缘电阻/MΩ			

3. 变压器电压比、电流比及匝数比的测定

在本技能训练中，将单相变压器的低压侧（220V）作为一次绕组，高压侧（380V）作为二次绕组。

1）按图 1-18 所示进行接线，220V 交流电经自耦调压器 T 加到被试单相变压器低压侧，将调压器手柄置零位。

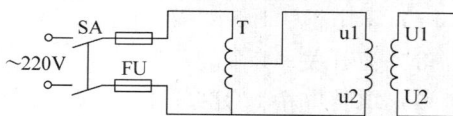

图 1-18　测量电压比实验电路

2）合上电源开关 SA，旋动调压器手柄，使加在单相变压器低压侧的电压分别为额定电压的 50%、75% 及 100% 左右，分别测量一次电压 U_1 和对应的二次电压 U_2，记录于表 1-2 中，算出电压比 K。

表 1-2　单相变压器电压比测定

序　号	U_1/V	U_2/V	K
1			
2			
3			

4. 单相变压器的空载试验

1）按图 1-19 所示进行接线，被试单相变压器低压绕组通过自耦调压器接在电源上，并按图接入电压表、电流表、低功率因数功率表，高压绕组开路。

2）将自耦调压器手柄置于输出电压为零的位置，然后合上开关 SA，并调节调压器手柄，使 U1U2 的电压等于变压器高压绕组的额定电压 U_{2N}（380V），记录此时的空载电流 I_0、空载损耗 P_0 和低压绕组电压 U_1 于表 1-3 中。

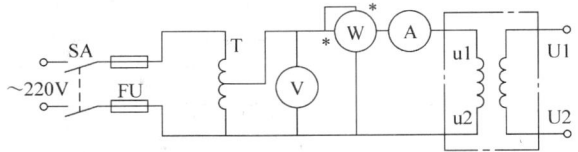

图 1-19　变压器空载试验电路

表 1-3　单相变压器空载试验数据

U_{2N}/V	I_0/A	P_0/W	U_1/V

3）作单相变压器空载特性曲线。调节自耦调压器手柄，使加在单相变压器低压绕组上的电压 $U_1 = (1.1 \sim 1.2)U_{1N}$ 左右（即约 250V），读取电流表的读数。然后逐步降低加在低压绕组上的电压 U_1，直到 $U_1 = 0$ 为止。在此过程中共测取 7~8 组数据，每次同时测量 I_0 的数值，记录于表 1-4 中。注意在 U_1 为额定电压的附近多测几点，随后断开电源开关 SA。

表 1-4　单相变压器空载特性曲线数据

U_1/V						
I_0/A						

利用表 1-4 中所测得的数据在图 1-20 中描绘出变压器的空载特性曲线，该曲线形状相似于铁磁材料的磁化曲线（本内容可视实际情况选做）。

5. 单相变压器的短路试验

1）按图 1-21 所示进行接线，被试单相变压器低压绕组通过自耦调压器接在电源上，并按图接入电流表、电压表、功率表。高压绕组用导线短接。

2）将自耦调压器手柄置于输出电压为零的位置，然后合上开关 SA，并注意监视电流表的读数，缓慢地加大调压器的输出电压，直到电流表读数 I_{SC} 达到变压器低压绕组的额定电流为止。记录短路电流 I_{SC}、短路电压 U_{SC}、短路损耗 P_{SC} 于表 1-5 中。

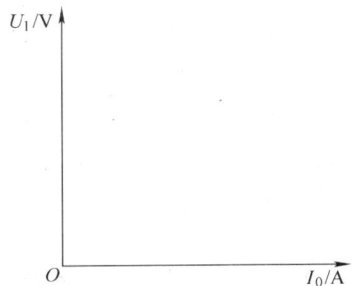

图 1-20　变压器的空载特性曲线

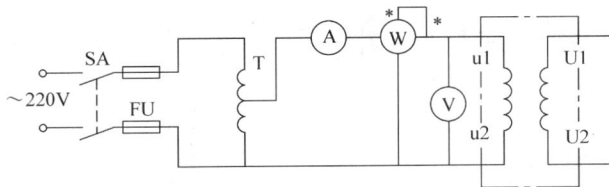

图 1-21　变压器短路试验电路

表 1-5　单相变压器短路试验数据

短路电流 I_{SC}/A	短路电压 U_{SC}/V	短路损耗 P_{SC}/W

6. 单相变压器同极性端的测定

同极性端的测定有直流法和交流法等，本实验用交流法进行测定，最后可用直流法进行复核。

1）按图 1-22 连接电路，将自耦调压器的旋转手柄置于"0"位，然后合上电源开关 SA，接通电源。

2）转动调压器手柄，在单相变压器一次绕组上加一个较低的交流电压 U_{12}，再用交流电压表分别测量 U_{12}、U_{13}、U_{34} 各值，如果测量结果为：$U_{13} = U_{12} - U_{34}$，则说明 N_1、N_2 绕组为反极性串联，故 1 和 3 为同名端。如果 $U_{13} = U_{12} + U_{34}$，则 1 和 4 为同名端。一般 U_{12} 在 $60 \sim 80V$ 的范围内。将电压 U_{12}、U_{14}、U_{34} 的测量值记录于表 1-6 中，并据此判定同极性端。

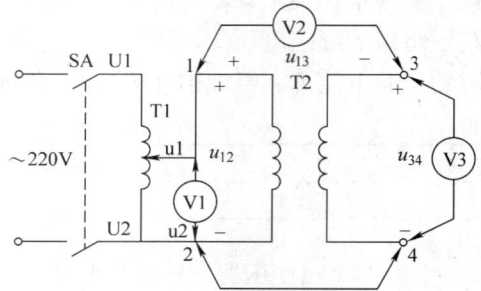

图 1-22　变压器绕组同极性端测定电路（交流法）

表 1-6　变压器同极性端测定

U_{12}/V	U_{34}/V	U_{13}/V	同极性端

四、注意事项

1）单相变压器必须分清一次绕组及二次绕组，不能接反。

2）使用自耦调压器时，必须严格按使用方法进行，输入端和输出端不能接反。每次通电前和使用完断电前，均应将手柄置于零位上。

3）进行短路试验时，试验电压应从零慢慢增加，必须密切注视电流表读数，电流不应超过一次绕组额定电流。

4）短路试验的时间不宜过长，以免因温升使电阻值发生变化，影响试验准确度。

5）注意人身及设备安全，如遇到异常情况，应立即断开开关 SA，待处理好故障后，再继续通电进行试验。

技能训练 2　单相变压器的拆装及重绕

一、训练目的

1）熟悉单相变压器的基本结构。

2）掌握单相变压器拆卸的方法及装配的方法。

3）学习单相变压器绕组的绕制方法及绕制工艺。

4）了解单相变压器绕组重绕时所需的设备及材料。

二、训练器材

1）待修小型单相变压器，100V·A 以下，1 台。

2）手摇绕线机，1 台。

3）漆包铜线（由待修变压器规格而定），适量。

4）弹性纸板等绝缘材料，适量。

5）万用表，MF—30 型，1 只。

6）绝缘电阻表，500V，1 只。

7）电工工具，1 套。

8）制作木芯的相应工具及材料。

三、训练内容及步骤

单相变压器是指在单相交流电源下工作的变压器，它的容量比较小，一般作控制、照明（低压）和整流用。单相变压器主要由铁心和绕组两部分组成。

1. 单相变压器的拆卸

现以壳式变压器 E 形铁心为例，这是见得最多的一种结构形式。

1）将铁心四周的紧固螺钉拆去，用电工刀将铁心片撬松。

2）将变压器置于工作台上或将其下部铁心夹在台虎钳上（要垫木板，避免损伤铁心），右手用电工刀撬开 E 形铁心，左手逐片取出铁心上部的 I 形铁心片，如图 1-23 所示。上端取完后，再反过来取下端的 I 形铁心片。

3）如图 1-24a 所示，在变压器的下方垫一木块，铁心外边缘伸出几片硅钢片，然后在上面用断锯条对准舌片，用锤子轻轻敲打，将硅钢片冲出几片。

4）如图 1-24b 所示，将冲出的几片硅钢片用台虎钳夹紧，然后用手抱住上面的铁心，沿两侧摇动，慢慢将硅钢片移出。

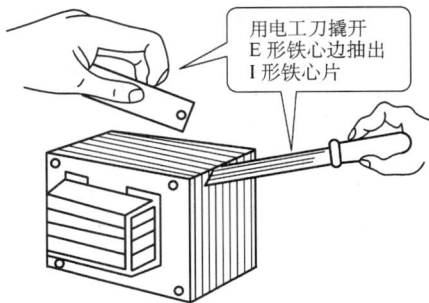

用电工刀撬开
E 形铁心边抽出
I 形铁心片

图 1-23　铁心的拆卸

2. 单相变压器的装配

按拆卸相反的步骤进行装配，装配时通常将 2～3 片 E 形铁心片叠合在一起，再上、下进行交错装配。最后几片装配难度较大，一般可以将单片插在已装好的两片的中间夹缝内，再轻轻敲打。E 形铁心装配完后，再装 I 形铁心片。用木槌轻敲铁心，使 E 形铁心与 I 形铁心片的接缝（间隙）越小越好。

3. 单相变压器绕组的重绕

（1）绕组绕线前的装备

①导线的选择。可根据旧绕组上注明的参数或按拆除下来的旧绕组测量其线径规格来选取漆包铜线的型号及规格。

②绝缘材料的选择。应按绕组的工作电压和绕线时线圈允许的总厚度合理选用。通常同一绕组层与层之间的绝缘要求较低（电压较低），可用电话纸或电容器纸；如要求较高也可用厚 0.04mm 的聚酯薄膜。绕组与绕组之间的绝缘一般用聚酯薄膜、聚四氟乙烯薄膜或玻璃

漆布，绕组最外层的绝缘可用聚酯薄膜青壳纸。

③绕组所占窗口厚度核算。漆包铜线线径和绝缘材料选定以后，应根据已知绕组匝数、线径和绝缘层厚度来核算变压器绕组所占铁心窗口的厚度，厚度不超过 $(0.8 \sim 0.9)c$ 为合格，c 为铁心窗口的实际厚度，如图 1-25 所示。否则会因绕好的绕组装不进铁心而返工。

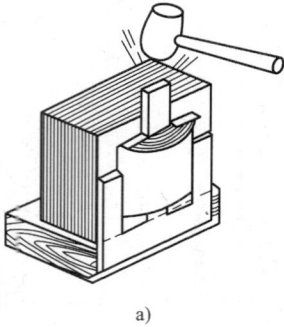
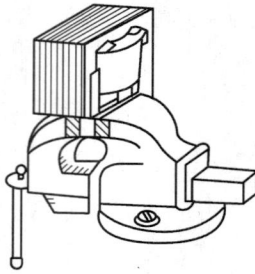
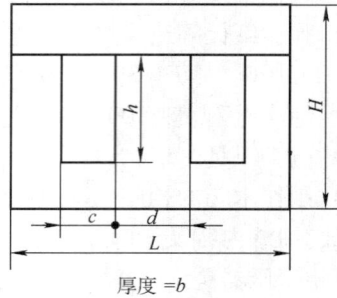

a)   b)   厚度 $=b$

图 1-24   拆卸 E 形铁心   图 1-25   小型变压器硅钢片的尺寸

a) 用断锯条冲铁心舌片   b) 用台虎钳夹住硅钢片

④木芯制作。木芯的作用是穿在绕线机轴上，用以支承绕组的骨架，以方便绕线，木芯的尺寸如图 1-26a 所示。木芯尺寸 $a' \times b'$ 应比铁心中心柱 $a \times b$ 稍大一点（约 0.2mm），木芯的高度 h' 应比铁心高度 h 稍低一点（约 0.2mm）；木芯中心孔必须钻垂直，孔径稍大于绕线机转轴的外径（一般孔径为 10mm）。木芯边角应用砂布磨成圆角，以方便木芯取出。

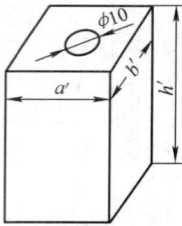
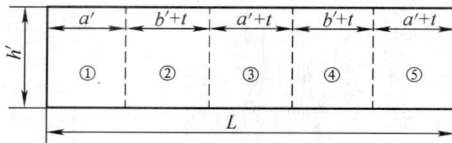
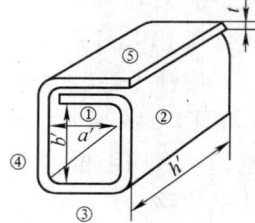

a)   b)   c)

图 1-26   变压器无框骨架及压制板的尺寸

a) 变压器木芯   b) 压制板尺寸   c) 制作成形

⑤绕组骨架制作。如果拆除旧绕组后骨架完好，则可用原骨架绕线；如果骨架已损坏，则需制作新骨架。骨架一般用厚 1mm 左右的弹性纸板制作。制作时，在弹性纸板上取宽度 h'，h' 应比铁心窗口高度 h 低约 1mm。弹性纸板的长度为

$$L = 2(b' + t) + a' + 2(a' + t) = 2b' + 3a' + 4t$$

式中 t——弹性纸板厚度。

按图 1-26b 所示用电工刀划出线沟，再沿沟痕折成四方，如图 1-26c 所示。

（2）绕组的绕制

1）按宽度稍大于 h 裁剪好各种绝缘纸带备用。

2）将手摇式绕线机（见图 1-27）固定在工作台上，随后将骨架穿入绕线机轴上，两端用木夹板固紧，如图 1-28a 所示。

3）将漆包铜线卷置于放线架上，能自由、轻松地转动，并放好线。

4）在骨架上包好绝缘层，然后在导线引线处压入一条绝缘带折条，以便能在绕了若干圈后抽紧起始的出线头，如图 1-28b 所示。

5）正式开始绕线时，要将绕线机上计数转盘的指针拨到指零，绕线时要求线圈绕得紧密、平整，不能出现线与线交叉或重叠。

6）绕线要领：拿漆包铜线的左手应以工作台边缘为支承点，将漆包铜线稍微拉向绕组前进的反方向约 5° 的倾角，右手

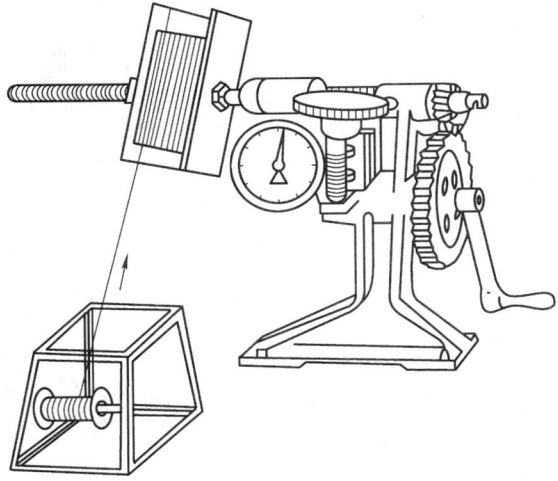

图 1-27　绕组绕制示意图

转动绕线机手柄绕线，眼睛正视所绕的线圈；线圈应一圈紧靠一圈地排列，不得重叠或分开；随着线圈的绕制，拉线的左手应顺绕线前进的方向慢慢移动，拉力随漆包铜线线径的大小而变化，拉力应尽量小些，以免漆包铜线被拉断（特别是线径在 0.2mm 以下时）。

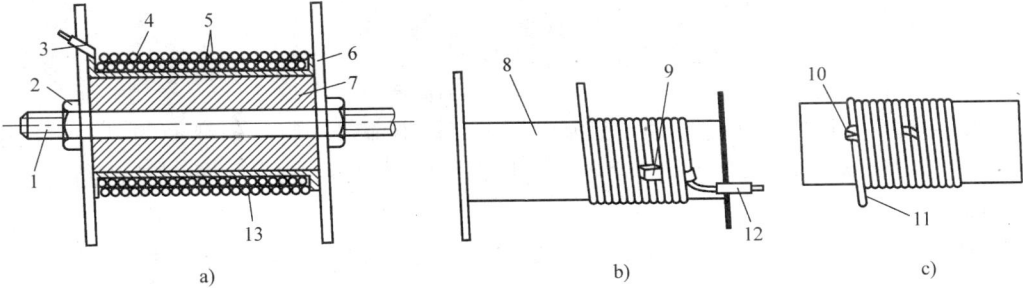

图 1-28　绕制绕组时的安装与紧固方法

a）绕组框架在绕线机上的安装　b）绕组线头的固紧　c）绕组线尾的固紧

1—机轴　2—螺母　3、12—套管　4—导线　5—层间绝缘　6—夹板　7—木芯
8—第一层层间绝缘　9、10—绝缘带　11—绕组线尾　13—绕组骨架

7）每绕完一层线圈应垫上层间绝缘材料，再返回绕第二层。一个绕组绕制接近结束时也要垫上一条绝缘带折条；待该绕组完，检查匝数无误且留一定引出线长度后剪断导线，将剪断后的线头穿入折条缝中，再抽紧绝缘带，如图 1-28c 所示，该绕组即绕制完毕。绕组绕好后应用万用表检查绕组的通断情况，有一定数值的直流电阻值为正常。

8）绕完一组绕组后，要垫上绕组与绕组之间的绝缘，再开始绕另一组绕组。所有绕组绕制完毕后，应包上外包绝缘，并用万用表检查各绕组的直流电阻。

9）绕制绕组时引出线的处理办法是，如果漆包铜线直径较粗（一般在 0.3mm 以上），

可直接作为引出线；如果线径较细，则应用多股软线焊接且处理好绝缘后再引出。引出线的出线方向应在铁心中心柱一侧。

10）整形。整个绕组绕制完毕后，一般层与层之间比较疏松，使绕组的宽度往往会大于铁心窗口的宽度 c。为此，可将绕好的绕组从绕线机上取下后放在台虎钳上加压整形，如图1-29所示。整形时注意压力不能大，以免损伤漆包铜线的绝缘。另外，整形时木芯必须放在骨架的中心孔内，待整形完毕后再取出木芯。至此，整个绕组的绕制工作完成。

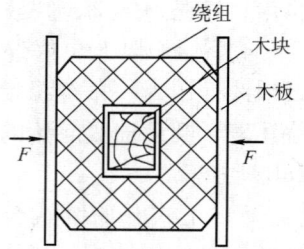

11）绕好的绕组是否需进行浸绝缘漆处理，可视实际情况而定。

（3）装配　按前面所述，将绕好的绕组与铁心装配成一台完整的变压器，随后再按单相变压器测试的内容来测定此台变压器的修理质量是否合乎要求。

图1-29　变压器绕组整形

四、注意事项

1）进行单相变压器拆装时，一定要注意千万不能损坏铁心片或使铁心片变形。

2）绕线时必须注意不能损伤漆包铜线绝缘，并要注意垫好绕组对铁心的绝缘和层间绝缘。

3）操作时必须严格保证所绕线圈的匝数符合要求。

4）注意操作正确，确保人身及设备的安全。

本 章 小 结

1）变压器是利用电磁感应原理对交流电压、交流电流等进行数值变换的一种常用电气设备，它主要用于输、配电方面，称为电力变压器。除此之外，变压器也被广泛地用于电工测量、电焊、电子技术领域中。

2）铁心和绕组是变压器最基本的组成部分，铁心构成变压器的磁路系统，一般均用0.35mm冷轧硅钢片叠装而成，绕组构成变压器的电路系统，一般均用铜或铝线绕制而成。绕组套装在铁心上，铁心与绕组之间必须有良好的绝缘。

3）变压器一次绕组接额定交流电压，二次绕组开路时的运行方式称为空载运行。若变压器一次绕组接额定交流电压，而二次绕组与负载相连的运行方式则称负载运行。变压器运行时电压、电流变换的基本公式为

$$\frac{U_1}{U_2} = \frac{I_2}{I_1} = \frac{N_1}{N_2} = K$$

4）变压器不仅具有电压变换和电流变换的作用，还有阻抗变换的作用，其变换公式为

$$Z' = K^2 Z$$

5）变压器在工作时其输出电压将随输出电流的变化而变化，从实际应用出发，希望输出电压的变化越小越好，即希望变压器的外特性曲线尽量平坦，或变压器的电压变化率尽量小。

6）变压器在运行过程中有能量的损耗，其中铁损耗主要是指铁心中的磁滞及涡流损

耗。铁损耗与变压器输出电流的大小无关，又称为"不变损耗"。铜损耗主要指电流在一次、二次绕组中电阻上的损耗，它随电流变化而变化，因此又称为"可变损耗"。通常变压器的损耗比电机要小得多，因此变压器的效率很高。变压器的铁损耗及铜损耗可通过变压器的空载试验及短路试验进行测定。

7）变压器或磁耦合线圈在使用时经常会遇到两个线圈之间的连接问题，此时必须先知道线圈的同极性端（同名端）。所谓同极性端是指当电流从两个同极性端流入时，它们在铁心中产生的磁通方向应相同。判定同极性端的方法有交流法和直流法。

复习思考题

1. 什么是变压器？变压器的基本工作原理是什么？
2. 变压器按其用途的不同可分为哪几类？
3. 变压器按其冷却方式的不同可分为哪几类？常见的是哪几类？
4. 单相变压器由哪两部分组成？各部分的作用是什么？
5. 为什么工人在叠装变压器铁心时，总是设法将接缝叠得越整齐越好。
6. 为什么目前我国生产的变压器（特别是电力变压器）其铁心均用冷轧硅钢片制作？
7. 小功率单相变压器叠片铁心的形式有哪几种？最常见的是哪几种？
8. 从铁心结构上看为什么用卷制铁心，其性能是否优于叠片铁心？
9. 如在变压器的一次绕组上加额定电压值的直流电压，将产生什么后果？为什么？
10. 不用变压器来改变交流电压，而用一个滑线电阻来变压，试问：（1）能否变压？（2）在实际中是否可行？
11. 额定电压 220/36V 的单相变压器，如果不慎将低压端接到 220V 的电源上，问将产生什么后果？
12. 某低压照明变压器 $U_1=380V$，$I_1=0.263A$，$N_1=1010$ 匝，$N_2=103$ 匝，试求二次绕组对应的输出电压 U_2 及输出电流 I_2。该变压器能否给一个 60W 且电压相当的低压照明灯供电？
13. 有一台单相照明变压器，容量为 2kV·A，电压为 380/36V，现在低压侧接上 $U=36V$，$P=40W$ 的白炽灯，使变压器在额定状态下工作，问能接多少盏？此时的 I_1 及 I_2 各为多少？
14. 某台变压器，$N_1=550$ 匝，$U_1=220V$，$N_2=90$ 匝，$U_2=36V$，若在一次侧加上 220V 交流电压，则在二次侧可得到 36V 的输出电压。反之若在二次侧加上 36V 交流电压，问在一次侧可否得到 220V 的输出电压？为什么？
15. 电压比为 220V/24V 的电源变压器，如接在 110V 的电网上，则输出电压为多少？
16. 某晶体管扩音机的输出阻抗为 250Ω（即要求负载阻抗为 250Ω 时能输出最大功率），接负载为 8Ω 的扬声器，求线间变压器的电压比。
17. 什么是变压器的外特性？一般希望电力变压器的外特性曲线呈什么形状？
18. 什么是变压器的电压变化率？电力变压器的电压变化率应控制在什么范围内为好？

19. 电力变压器的电压变化率 $\Delta U = 5\%$ ，要求该变压器在额定负载下输出的相电压为 $U_2 = 220\text{V}$ ，求该变压器二次绕组的额定相电压 $U_{2\text{N}}$ 。

20. 变压器在运行中有哪些基本损耗？它们各与什么因素有关？

21. 用什么方法可以测定变压器的铁损耗和铜损耗？

22. 一台单相变压器 $S_\text{N} = 50\text{kV} \cdot \text{A}$ ， $U_1 = 10\text{kV}$ ， $U_2 = 0.4\text{kV}$ ，不计损耗，求 I_1 及 I_2 。若该变压器的实际效率为 98% ，在 U_1 及 U_2 保持不变的情况下，实际的 I_1 将比前面计算得到的数值大还是小？为什么？

23. 一台单相变压器 $S_\text{N} = 10\text{kV} \cdot \text{A}$ ， $U_1 = 10\text{kV}$ ， $U_2 = 0.23\text{kV}$ ，当变压器在额定负载下运行时，测得低压侧电压为 $U_2' = 220\text{V}$ ，求 I_1 、 I_2 及电压变化率 $\Delta U\%$ 。

24. 什么叫变压器的同极性端？如何判定变压器的同极性端？

第二章 三相电力变压器

第一节 三相电力变压器的用途

三相电力变压器用在输电配电技术领域。目前世界各国使用的电能基本上均是由各类（火力、水力、核能等）发电站发出的三相交流电能，发电站一般均建在能源产地，江、海边或远离城市的地区，因此，它所发出的电能在向用户输送的过程中，通常需用很长的输电线。根据 $P = \sqrt{3}UI\cos\varphi$，在输送功率 P 和负载的功率因数 $\cos\varphi$ 一定时，输电线路上的电压 U 越高，则流过输电线路中的电流 I 就越小。这不仅可以减小输电线的截面积，节约导体材料，同时还可减小输电线路的功率损耗。因此，目前世界各国在电能的输送与分配方面都朝建立高电压、大功率的电力网系统方向发展，以便集中输送、统一调度与分配电能。这就促使输电线路的电压由高压（110 ~ 220kV）向超高压（330 ~ 750kV）和特高压（750kV 以上）不断升级。目前我国高压输电的电压等级有 110kV、220kV、330kV、500kV 及 750kV 等多种。发电机本身由于其结构及所用绝缘材料的限制，不可能直接发出这样的高压，因此在输电时必须首先通过升压变电站，利用变压器将电压升高，其过程如图 2-1 所示。

高压电能输送到用电区后，为了保证用电安全和符合用电设备的电压等级要求，还必须通过各级降压变电站，利用变压器将电压降低。例如工厂输电线路，高压为 35kV 及 10kV 等，低压为 380V、220V 等。图 2-1 是三相电力系统输送的示意图。

综上所述可见，变压器是输、配电系统中不可缺少的重要电气设备，从发电厂发出的电能经升压变压器升压，输送到用户区后，再经降压变压器降压供电给用户，一般是 8 ~ 9 次变压器的升降压。根据最近的资料显示，1kW 的发电设备需 8 ~ 8.5kV·A 变压器容量与之配套，由此可见，在电力系统中变压器是容量最多最大的电气设备。电能在传输过程中会有能量的损耗，主要是输电线路的损耗及变压器的损耗，它占整个供电容量的 5% ~ 9%，这是一个相当可观的数字。例如我国 2005 年发电设备的总装机容量约为 5 亿 kW，则输电线路及变压器损耗的部分约为 2500 ~ 4500 万 kW，它相当于目前我国 20 ~ 40 个装机容量最大的火力发电厂的总和（我国三峡工程总装机容量为 1820 万 kW）。在这个能量损耗中，变压器的损耗最大，约占 60%，因此变压器效率的高低成为输配电系统中一个突出的问题，世界各国都在大力研究高效节能变压器，其主要途径：一是采用低损耗的冷轧硅钢片来制作铁心，例如容量相同的两台电力变压器，用热轧硅钢片制作铁心的 SJ1—1000/10 型变压器铁损耗约 3700W。用冷轧硅钢片制作铁心的 S7—1000/10 型变压器铁损耗仅为 1800W。后者比前者每小时可减少 1.9kW·h 的损耗，仅此一项每年可节电 16644kW·h。我国从 20 世纪 70 年代末开始研制高效节能变压器，换代过程为 SJ→S5→S7→S9→S10。目前大批量生产的是 S9 低损耗节能变压器，并要求逐步淘汰原来在使用中的旧型号变压器。据初步估算，采用低损耗变压器所需的投资费用可在 4 ~ 5 时间内从节约的电费中收回。二是减小铜损耗，如果能用超导材料来制作变压器绕组，则可使其电阻为零，铜损耗也就不存在了。世界上许多国家正在致力于该项研究，目前已有 $330kV \cdot A$ 单相超导变压器问世，其体积比普通变压器小70%左右，损耗降低50%。

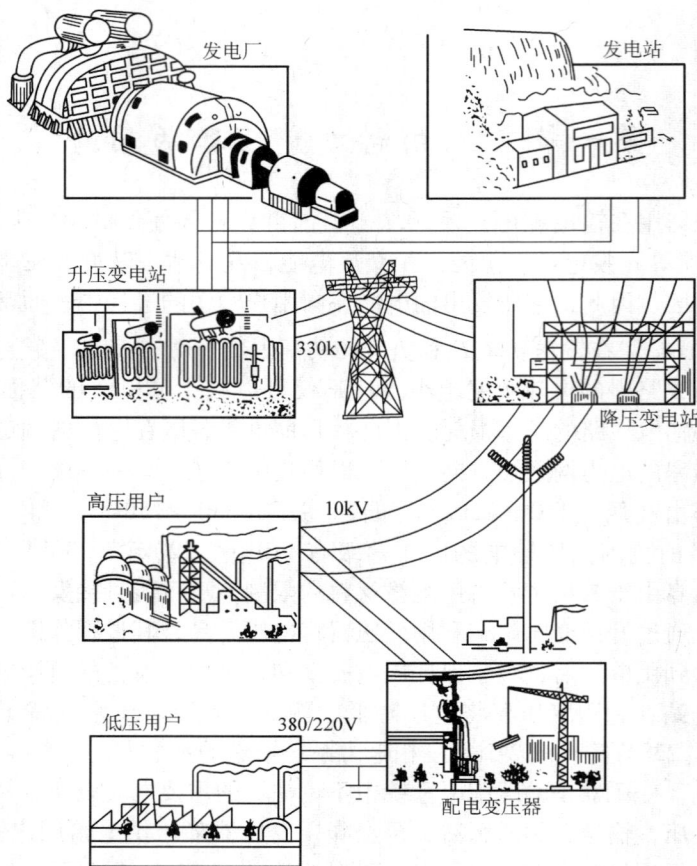

图 2-1　三相电力系统示意图

第二节　三相电力变压器的结构

一、三相电力变压器的结构型式

现代的电力系统都采用三相制供电，因而广泛采用三相变压器来实现电压的转换。三相变压器可以由三台同容量的单相变压器组成，按需要将一次绕组及二次绕组分别接成星形或三角形联结。图2-2所示为一、二次绕组均采用星形联结的三相变压器组。三相变压器的另一种结构型式是把三个单相变压器合成一个三铁心柱的结构型式，称为三相心式变压器，如图2-3所示。由于三相绕组接入对称的三相交流电源，三相绕组中产生的主磁通也是对称的，所以有 $\dot{\Phi}_U + \dot{\Phi}_V + \dot{\Phi}_W = 0$，即中间铁心柱的磁通为零，因此中间铁心柱可以省略，如图

2-3b 所示。实际应用上，为了简化变压器铁心的剪裁与叠装工艺，均采用将 U、V、W 三个铁心柱置于同一个平面上的结构型式，如图 2-3c 所示。

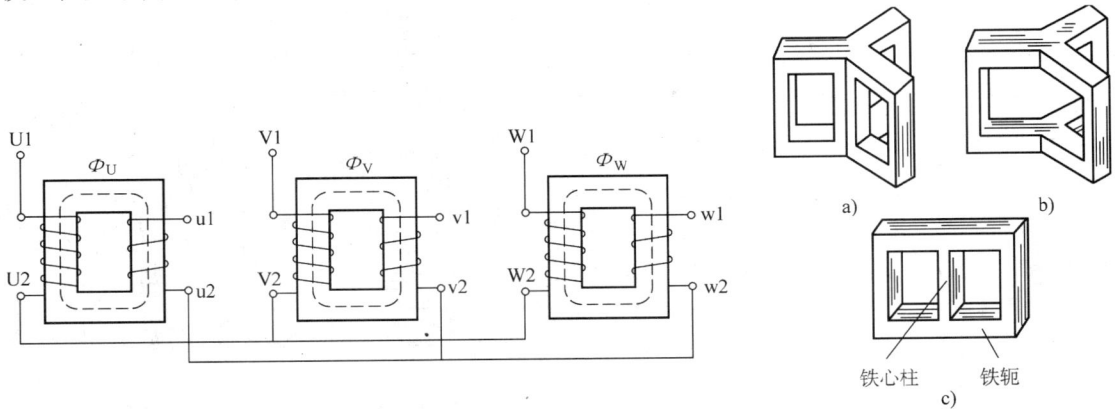

图 2-2 三相变压器组

图 2-3 三相心式铁心形成过程
a）四铁心柱 b）三铁心柱立体式
c）三铁心柱平面式

二、三相油浸式电力变压器的结构

在三相电力变压器中，目前使用最广的是油浸式电力变压器，其外形如图 2-4 所示。

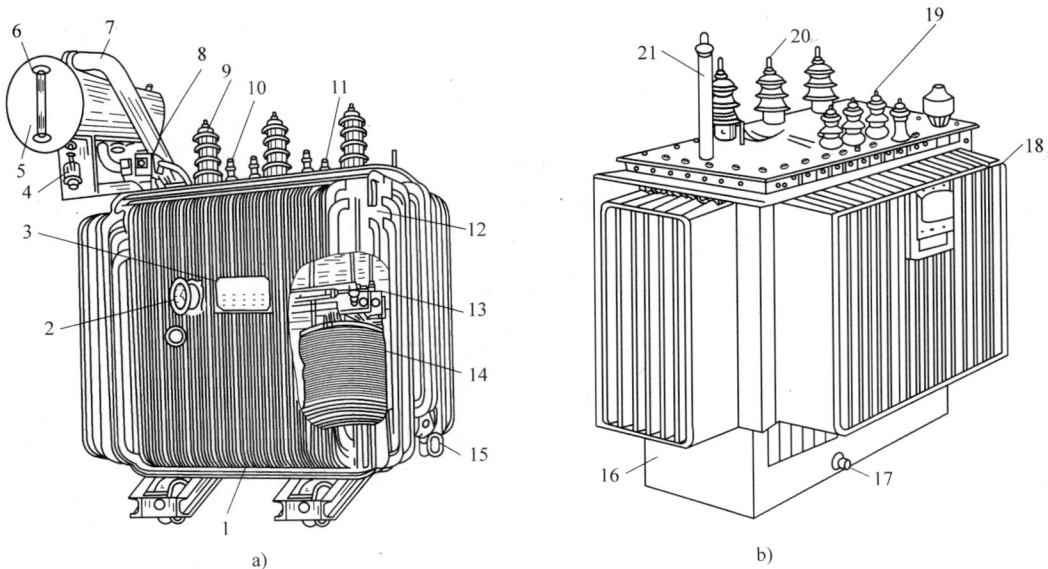

图 2-4 三相电力变压器的外形
a）SJL 系列 b）S 系列

1—接地螺栓 2—信号式温度计 3—铭牌 4—吸湿器 5—储油柜 6—油位计 7—安全气道
8—气体继电器 9、20—高压套管 10、19—低压套管 11—分接开关 12、16—油箱
13—铁心 14—绕组及绝缘 15、17—放油阀 18—散热器 21—防爆管

三相电力变压器主要由铁心、绕组、油箱和冷却装置、保护装置等部件组成。

1. 铁心

铁心是三相变压器的磁路部分,与单相变压器一样,它也是由 0.35mm 厚的硅钢片叠压(或卷制)而成。20 世纪 70 年代以前生产的电力变压器铁心采用热轧硅钢片,其缺点是变压器体积大,损耗大,且效率低。20 世纪 80 年代起生产的新型电力变压器铁心均用高磁导率、低损耗的冷轧晶粒取向硅钢片制作,以降低损耗,提高变压器的效率,这类变压器称为低损耗变压器,以 S7(SL7)及 S9 系列为代表产品。国家电力部规定从 1985 年起,新生产及新上网的变压器必须是低损耗电力变压器。

三相电力变压器铁心均采用心式结构,如图 2-5 所示。通常心式结构的铁心采用交叠式的叠装工艺,即把剪成条状的硅钢片用两种不同的排列法交错叠放,每层将接缝错开叠装,如图 2-6 所示。这种交叠式铁心的优点是,各层磁路的接缝相互错开,气隙小,故空载电流较小。另外,交叠式铁心的夹紧装置简单经济,且可靠性高,因而这种铁心在国产电力变压器中得到广泛采用。其主要不足之处是铁心及绕组的装配工艺较复杂。

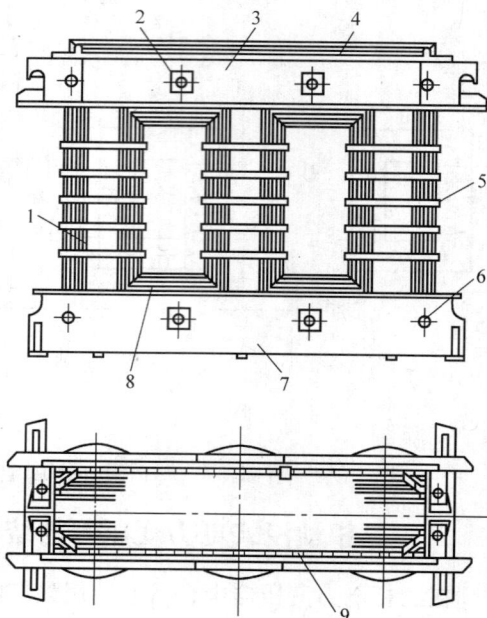

图 2-5 三相三铁心柱铁心的外形

1—铁心柱 2—夹紧螺栓 3—上夹件 4—上铁轭
5—无纬玻璃丝带 6—方铁螺栓 7—下夹件
8—下铁轭 9—夹件绝缘

随着高磁导率、低损耗的冷轧晶粒取向硅钢片在电力变压器中被广泛采用,由于这类硅钢片在沿轧制方向有较小的损耗和较高的磁导率,如仍采用图 2-6 所示的叠装方式,当磁通从垂直轧制的方向通过时,则在转角处会引起附加损耗。因此,广泛采用图 2-7 所示的 45°斜切硅钢片进行叠装。

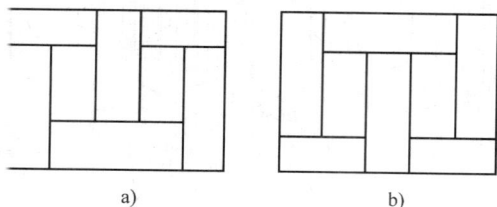

图 2-6 三相交叠式铁心叠片方式
a) 奇数层 b) 偶数层

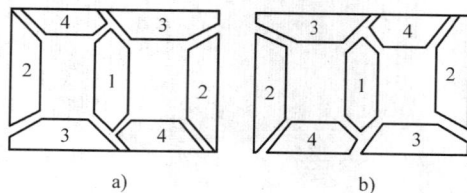

图 2-7 冷轧硅钢片的叠片方式
a) 奇数层 b) 偶数层

铁心叠装好以后,必须将铁心柱及铁轭部分固紧成为一个整体。老式产品均在硅钢片中间冲孔,再用夹紧螺栓穿过圆孔固紧。夹紧螺栓与硅钢片之间必须有可靠的绝缘,否则硅钢片会被夹紧螺栓短路,使涡流增加而引起过热,造成硅钢片及绕组烧坏。目前生产的变压器的铁心柱部分已改用环氧无纬玻璃丝带绑扎，如图2-5所示；而铁轭部分仍用夹紧螺栓及上、下夹件夹紧，使整台变压器铁心成为一个坚实的整体。

铁心柱的截面形状与变压器的容量有关，单相变压器及小型三相电力变压器采用正方形或长方形截面，如图2-8a 所示；在大、中型三相电力变压器中，为了充分利用绕组内圆的空间，通常采用阶梯形截面，如图2-8b、c 所示。阶梯形的级数越多，变压器的结构越紧凑，但叠装工艺越复杂。

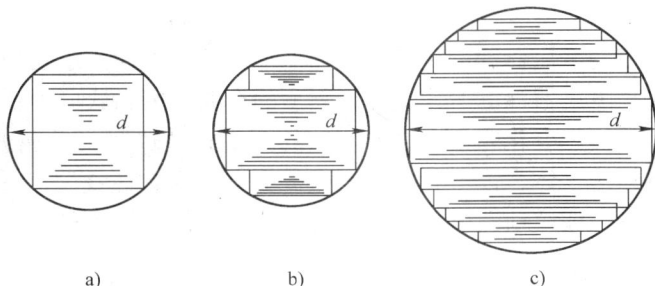

图 2-8　铁心柱截面形状
a) 正方形　b) 阶梯形　c) 多级阶梯形

叠片式铁心的主要缺点是：铁心的剪冲及叠装工艺比较复杂，不仅给制造而且给修理带来许多不便，同时由于接缝的存在也增加了变压器的空载损耗。随着制造技术的不断成熟，像单相变压器一样，卷制式铁心结构已在500kV·A 以下容量的三相电力变压器中被广泛采用，主要代表型号有 S11 及 S13 系列，其优点是体积小、损耗低、噪声小、价格低，已开始批量生产。

变压器铁心的最新发展趋势是采用铁基、铁镍基、钴基等非晶带材料代替硅钢。我国已生产 SH11 系列非晶合金电力变压器，它具有体积小、效益高、节能等优点，极有发展前途。

2. 绕组

绕组是三相电力变压器的电路部分。一般用绝缘纸包的扁铜线或扁铝线绕成。绕组与单相变压器一样有同心式绕组和交叠式绕组。当前新型的绕组结构为箔式绕组，绕组用铝箔或铜箔氧化技术和特殊工艺绕制，使电力变压器整体性能得到较大的提高，我国已开始批量生产。

绕组制作完成后，再将图2-5所示变压器铁心的上夹件拆开，并将上部的铁轭硅钢片拆去，随后将三相高、低压绕组套在三个铁心柱上，再重新装好上铁轭和上夹件，得到图2-9所示的电力变压器器身。

3. 油箱和冷却装置

由于三相变压器主要用于电力系统中进行电能的传输，因此其容量都比较大，电压也比较高，目前国产的高电压、大容量三相电力变压器 OSF-PSZ—360000/500 已批量生产（容量为 36 万 kV·A，电压为 500kV，每台变压器的质量达到 250t）。为了保证铁心和绕组具有一定的散热和绝缘能力，均将其置于绝缘的变压器油内，如图 2-4 所示。为

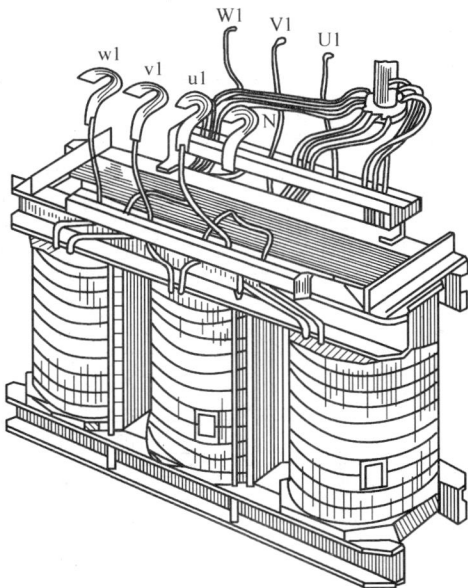

图 2-9　电力变压器器身

了增加散热面积,一般在油箱四周加装散热装置,老型号电力变压器则在油箱四周加焊扁形散热油管,如图2-4a所示。新型电力变压器以采用片式散热器散热为多,如图2-4b所示。容量大于10000kV·A的电力变压器采用风吹冷却或强迫油循环冷却装置。

较多的变压器在油箱上部还安装有储油柜,它通过连接管与油箱相通。储油柜内的油面高度随变压器油的热胀冷缩而变动。储油柜使变压器油与空气的接触面积大大减小,从而减缓了变压器油的老化速度。新型的全充油密封式电力变压器则取消了储油柜,运行时变压器油的体积变化完全由设在侧壁的膨胀式散热器(金属波纹油箱)来补偿,变压器端盖与箱体焊为一体,设备免维护,运行安全可靠,在我国以S9—M系列、S10—M系列、S11系列全密封波纹油箱电力变压器为代表,现已开始大量生产。

4. 保护装置

(1)气体继电器   在油箱和储油柜之间的连接管中装有气体继电器,当变压器发生故障时,内部绝缘物气化,使气体继电器动作,发出信号或使开关跳闸。

(2)防爆管(安全气道)   它安装在油箱顶部,是一个长的圆形钢筒,上端用酚醛纸板密封,下端与油箱连通。若变压器发生故障,使油箱内压力骤增时,油流会冲破酚醛纸板,以免造成变压器箱体爆裂。近年来,国产电力变压器已广泛采用压力释放阀来取代防爆管,其优点是动作精度高,延时时间短,能够自动开启及自动关闭,克服了停电更换防爆管的缺点。

5. 铭牌

在每台电力变压器的油箱上都有一块铭牌,标明变压器的型号和主要参数,可作为正确使用电力变压器时的依据,如图2-10所示。

分接位置	高压		标准代号	GB 1094.1, 2-1996			
	电压 V	电流 A	标准代号	GB 1094.3, 5-1985			
I	10 500		产品型号	S9-80/10			
II	10 000	4.6	产品代号	1 NB.710.5315.1	相数	3	相
III	9 500		额定容量	80	kV·A 额定频率	50	Hz
低压			冷却方式	ONAN	器身质量	320	kg
			使用条件	户外式	油质量	100	kg
电压 V		电流 A	联结组标号	Dyn11	总质量	500	kg
400		115.5	绝缘水平	L1	75	AC	35
阻抗电压		%	出厂序号				
			制造年月		年		月

电力变压器

中华人民共和国   变压器厂

图2-10   电力变压器的铭牌

图 2-10 所示是配电站用的降压变压器的铭牌。这种变压器可以将 10kV 的高压降为 400V 的低压，供三相负载使用。现对铭牌中的主要参数说明如下：

（1）型号

$$
\underset{\substack{\text{三相变压器}\\\text{设计序号}}}{\text{S} \quad 9} \; - \; \underset{\substack{\text{变压器容量/kV·A}}}{80} \; / \; \underset{\substack{\text{高压侧电压/kV}}}{10}
$$

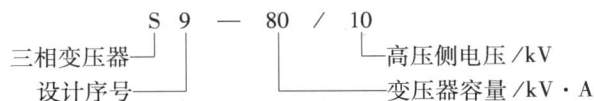

（2）额定电压 U_{1N} 和 U_{2N}　高压侧（一次绕组）额定电压 U_{1N} 是指加在一次绕组上的正常工作电压值。它是根据变压器的绝缘强度和允许发热等条件规定的。高压侧标出的三个电压值，可以根据高压侧供电电压的实际情况，在额定值的 ±5% 范围内加以选择，当供电电压偏高时可调至 10500V，偏低时则调至 9500V，以保证低压侧的额定电压为 400V 左右。

低压侧（二次绕组）额定电压 U_{2N} 是指变压器在空载时，高压侧加上额定电压后，二次绕组两端的电压值。变压器接上负载后，二次绕组的输出电压 U_2 将随负载电流的增加而下降，为保证在额定负载时能输出 380V 的电压，考虑到电压变化率为 5%，故该变压器空载时二次绕组的额定电压 U_{2N} 为 400V。

在三相变压器中，额定电压均指线电压。

（3）额定电流 I_{1N} 和 I_{2N}　额定电流是指根据变压器允许发热的条件而规定的满载电流值。在三相变压器中额定电流是指线电流。

（4）额定容量 S_N　额定容量是指变压器在额定工作状态下，二次绕组的视在功率，其单位为 kV·A。

单相变压器的额定容量为 $S_N = U_{2N}I_{2N}/1000$。

三相变压器的额定容量为 $S_N = \sqrt{3}U_{2N}I_{2N}/1000$。

（5）阻抗电压　阻抗电压又称为短路电压。它标志在额定电流时变压器阻抗压降的大小。通常用它与额定电压 U_{1N} 的百分比来表示。

常用三相电力变压器的技术参数见表 2-1 及表 2-2。

表 2-1　S7（SL7）10kV 系列低损耗铜（铝）绕组无励磁调压电力变压器技术参数

型　号	额定容量/kV·A	额定电压/kV		联结组标号	损耗/kW		空载电流（%）	阻抗电压（%）	外形尺寸/mm			质量/kg			轨距/mm
		高压	低压		空载	负载			长	宽	高	总质量	油	器身	
S7															
30/10	30	6；6.3；10；10.5；11 ±5% 或 ±2×2.5%	0.4	Y，yn0 或 D，yn11	0.15	0.80	2.8	4	943	574	1035	307	87	160	400
50/10	50				0.19	1.15	2.5	4	1148	635	1096	412	101	224	550
63/10	63				0.22	1.40	2.4	4	1015	770	1140	450	112	238	400
80/10	80				0.27	1.65	2.2	4	1094	785	1136	560	134	310	550
100/10	100				0.32	2.0	2.1	4	1170	790	1166	597	135	330	
125/10	125				0.37	2.45	2.0	4	1300	818	1270	740	175	410	
160/10	160				0.46	2.85	1.9	4	1360	818	1340	840	192	465	550
200/10	200				0.54	3.50	1.8	4	1410	840	1410	945	211	535	
250/10	250				0.64	4.00	1.7	4	1300	1010	1410	1175	260	655	
315/10	315				0.76	4.80	1.6	4	1470	970	1450	1280	273	728	
400/10	400				0.92	5.80	1.5	4	1680	1030	1520	1565	333	856	660
500/10	500				1.08	6.90	1.4	4	1720	1050	1643	1860	380	1025	
630/10	630				1.30	8.10	1.3	4.5	1800	1110	1765	2200	500	1220	
800/10	800				1.54	9.90	1.2	4.5	2185	1270	2210	2625	575	1450	
1000/10	1000				1.80	11.60	1.1	4.5	2185	1370	2240	2970	620	1635	820

（续）

型号	额定容量/kV·A	额定电压/kV 高压	低压	联结组标号	损耗/kW 空载	负载	空载电流(%)	阻抗电压(%)	外形尺寸/mm 长	宽	高	质量/kg 总质量	油	器身	轨距/mm
S7															
30/10	30				0.15	0.80	2.8	4	930	685	1050	310	88	145	400
50/10	50				0.19	1.15	2.5	4	1028	760	1168	460	118	226	
63/10	63				0.22	1.40	2.4	4	1075	728	1186	500	132	255	400
80/10	80				0.27	1.65	2.2	4	1224	760	1216	570	135	292	
100/10	100	6;6.3;			0.32	2.0	2.1	4	1125	795	1390	685	170	390	
125/10	125	10;10.5;11			0.37	2.45	2.0	4	1177	798	1452	750	190	370	
160/10	160				0.46	2.85	1.9	4	1210	808	1530	915	217	472	550
200/10	200	±5%	0.4	Y,yn0	0.54	3.50	1.8	4	1270	880	1560	1070	270	595	
250/10	250	或		或 D,yn11	0.64	4.00	1.7	4	1488	885	1630	1216	285	638	
315/10	315	±2×2.5%			0.76	4.80	1.6	4	1520	970	1730	1410	354	770	
400/10	400				0.92	5.80	1.5	4	1570	1065	1815	1748	409	904	660
500/10	500				1.08	6.90	1.4	4	1630	1030	1930	2057	507	1100	
630/10	630				1.30	8.10	1.3	4.5	1713	1280	2160	2720	755	1415	
800/10	800				1.54	9.90	1.2	4.5	1916	1330	2640	3200	847	1700	
1000/10	1000				1.80	11.60	1.1	4.5	2125	1560	2900	3980	1048	2100	820

表 2-2 S9 10kV 系列三相铜线低损耗电力变压器技术参数

额定容量/kV·A	电压组合/kV 高压	高压分接范围(%)	低压	联结组标号	损耗/kW 空载	负载	空载电流(%)	阻抗电压(%)	质量/kg 油	器身	总质量	外形尺寸/mm 长	宽	高	轨距/mm
30				Y,yn0	0.13/	0.60/	2.1/		90	195	335	985	560	1095	400
50					0.17/0.17	0.87/0.97	2.0/2.2		107	260	466	1010	620	1150	400
63					0.20/0.20	1.04/1.14	1.9/2.1		123	325	570	1050	685	1200	400
80					0.24/0.25	1.25/1.40	1.8/2.0		140	385	640	1115	747	1255	550
100	6:				0.29/0.30	1.50/1.65	1.6/1.8		141	406	665	1115	747	1255	550
125	6.3:	±2×2.5%	0.4		0.34/0.35	1.80/1.95	1.5/1.7		180	505	820	1178	808	1410	550
160	10:	或 ±5%		Y,yn0	0.39/0.40	2.20/2.40	1.4/1.6	4.0	200	570	970	1210	820	1440	550
200	10.5:			D,yn11	0.47/0.48	2.60/2.80	1.3/1.5		231	657	1070	1266	835	1500	550
250	11				0.56/0.58	3.05/3.30	1.2/1.4		312	776	1294	1286	900	1540	660
315					0.67/0.69	3.65/3.90	1.1/1.3		330	919	1516	1568	915	1600	660
400					0.80/0.82	4.30/4.60	1.0/12		320	1046	1659	1568	915	1600	660
500					0.96/0.98	5.10/5.40			345	1090	1765	1718	1040	1650	660
630					1.15/1.18	6.20/6.60	0.9/1.1	4.5	564	1678	2664	1772	1055	2000	820

第三节 三相电力变压器的联结组

一、三相变压器绕组的联结

三相电力变压器高、低压绕组的出线端都分别给予标记，以供正确连接及使用变压器。常用变压器的绕组首端和末端标记见表 2-3。

表 2-3　绕组首端和末端的标记

绕组名称	单相变压器		三相变压器		中性点
	首　端	末　端	首　端	末　端	
高压绕组	U1	U2	U1、V1、W1	U2、V2、W2	N
低压绕组	u1	u1	u1、v1、w1	u2、v2、w2	n
中压绕组	$U1_m$	$U2_m$	$U1_m$、$V1_m$、$W1_m$	$U2_m$、$V2_m$、$W2_m$	N_m

　　在三相电力变压器中，不论是高压绕组，还是低压绕组，我国均采用星形联结及三角形联结两种方法。

　　星形联结是把三相绕组的末端 U2、V2、W2（或 u2、v2、w2）连接在一起，而把它们的首端 U1、V1、W1（或 u1、v1、w1）分别用导线引出，如图 2-11a 所示。

　　三角形联结是把一相绕组的末端和另一相绕组的首端连在一起，顺次连接成一个闭合回路，然后从首端 U1、V1、W1（或 u1、v1、w1）用导线引出，如图 2-11b、c 所示。其中图 2-11b 的三相绕组按 U2W1、W2V1、V2U1 的次序连接，称为逆序（逆时针）三角形联结。而图 2-11c 的三相绕组按 U2V1、W2U1、V2W1 的次序连接，称为顺序（顺时针）三角形联结。

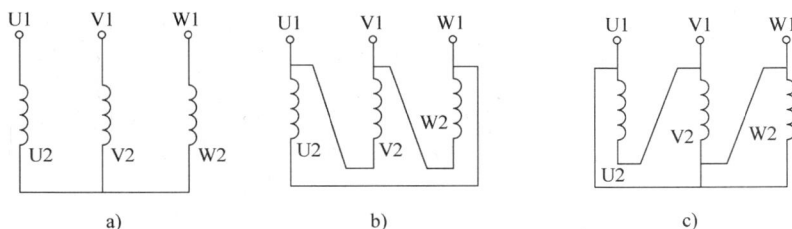

图 2-11　三相绕组的联结
a）星形联结　b）三角形联结（逆序）　c）三角形联结（顺序）

　　对于三相变压器高、低压绕组用星形联结和三角形联结，在旧的国家标准中分别用 Y 和 △ 表示。而新的国家标准规定：高压绕组星形联结用 Y 表示，三角形联结用 D 表示，中性线用 N 表示。低压绕组星形联结用 y 表示，三角形联结用 d 表示，中性线用 n 表示。

　　三相变压器一、二次绕组不同接法的组合形式有：Y，y；YN，d；Y，d；Y，yn；D，y；D，d 等，其中最常用的组合形式有三种，即 Y，yn；YN，d 和 Y，d。不同形式的组合，各有优缺点。对于高压绕组来说，接成星形最为有利，因为它的相电压只有线电压的 $1/\sqrt{3}$，当中性点引出接地时，绕组对地绝缘的要求降低了。而对于大电流的低压绕组，采用三角形联结可以使导线截面比星形联结时小到 $1/\sqrt{3}$，且便于绕制，所以大容量的变压器通常采用 Y，d 或 YN，d 联结。容量不太大而且需要中性线的变压器，广泛采用 Y，yn 联结，以适应照明与动力混合负载需要的两种电压。

　　上述各种接法中，一次绕组线电压与二次绕组线电压之间的相位关系是不同的，这就是所谓三相变压器的联结组。三相变压器联结组不仅与绕组的绕向和首末端的标记有关，而且还与三相绕组的联结方式有关。理论与实践证明，无论怎样联结，一、二次绕组线电动势的相位差总是 30° 的整数倍。因此，国际上规定，标志三相变压器一、二次绕组线电动势的相位关系用时钟表示法，即规定一次绕组线电动势 $\dot{E}_{UV}$ 为长针，永远指向钟面上的"12"，二次绕组线电动势 $\dot{E}_{uv}$ 为短针，它指向钟面上的哪个数字，该数字则为该三相变压器的联结组标号。现就 Yy 联结和 Yd 联结的变压器分别加以分析。

二、Yy 联结组

如图 2-12 所示，变压器一、二次绕组都采用星形联结，且首端为同名端，故一、二次绕组相互对应的相电动势之间相位相同，因此对应的线电动势之间的相位也相同，如图 2-12b 所示，当一次绕组线电动势 $\dot{E}_{UV}$（长针）指向时钟的"12"时，二次绕组线电动势 $\dot{E}_{uv}$（短针）也指向"12"，这种联结方式称为 Y，y0 联结组，如图 2-12c 所示。

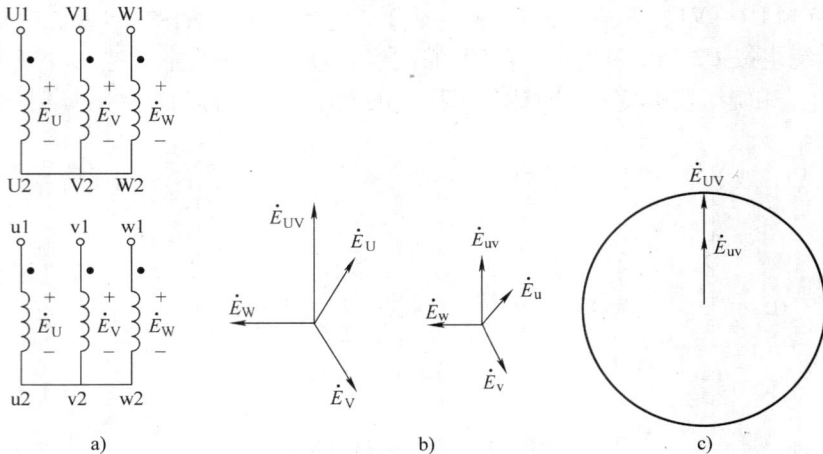

图 2-12 Y，y0 联结组
a）接线图 b）矢量图 c）时钟表示图

若在图 2-12a 所示的联结中，变压器一、二次绕组的首端不是同名端，而是异名端，则二次绕组的电动势矢量均反向，$\dot{E}_{uv}$ 将指向时钟的"6"，成为 Y，y6 联结组，其矢量图读者可很容易地自行画出。

三、Yd 联结组

如图 2-13 所示，变压器一次绕组用星形联结，二次绕组用三角形联结，且二次绕组 u 相的首端 u1 与 v 相的末端 v2 相连，即如图 2-11b 所示的逆序连接，且一、二次绕组的首端为同名端，则对应的矢量图如图 2-13b 所示。其中 $\dot{E}_{uv} = -\dot{E}_{v}$，它超前 $\dot{E}_{UV}$ 30°，指向时钟"11"，故为 y，d11 联结组，如图 2-13c 所示。

在 Y，d 联结组中，变压器一次绕组仍用星形联结，二次绕组仍为三角形联结，但二次绕组 u 相的首端 u1 与 w 相末端 w2 相连，即如图 2-11c 所示的顺序连接，且一、二次绕组的首端为同名端，则通过分析可知 $\dot{E}_{uv}$ 就是 $\dot{E}_u$，它滞后 $\dot{E}_{UV}$ 30°，指向时钟"1"，故为 Y，d1 联结组。

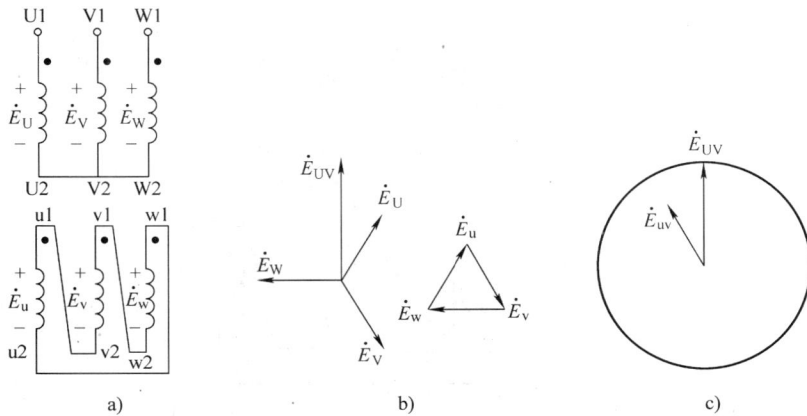

图 2-13 Y，d11 联结组
a) 接线图 b) 矢量图 c) 时钟表示图

三相电力变压器的联结组标号还有许多种，但实际上为了制造及运行方便的需要，国家标准规定了三相电力变压器只采用五种标准联结组，即 Y，yn0；YN，d11；YN，y0；Y，y0 和 Y，d11。五种标准联结的接线图见表 2-4。

表 2-4 五种标准联结组接线图 （GB/T 1094.1—1996）

联结图		矢量图		联结组标号	
高压	低压	高压	低压	新标准	旧标准
				Y，yn0	Y/Y$_N$–12
				Y，d11	Y/Δ–11
				YN，d11	Y$_N$/Δ–11

（续）

联结图		矢量图		联结组标号	
高压	低压	高压	低压	新标准	旧标准
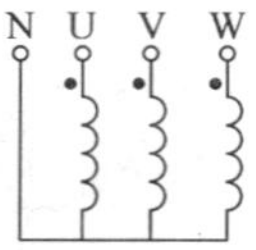	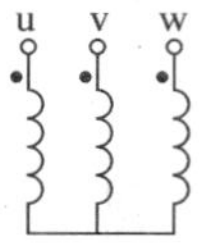	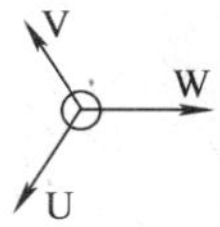	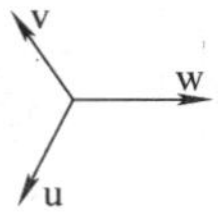	YN,y0	$Y_N/Y-12$
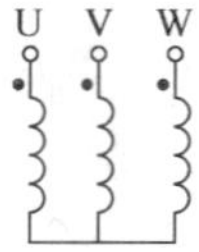	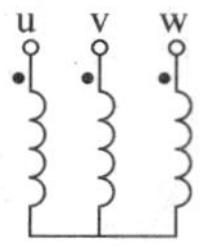	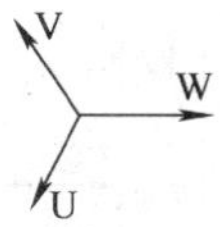	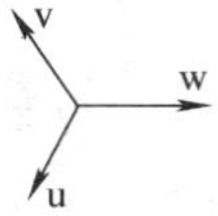	Y,y0	$Y/Y-12$

在上述五种联结组中，Y，yn0 联结组是经常碰到的，它用于容量不大的三相配电变压器，低压侧电压为 400～230V，用以供给动力和照明的混合负载。一般这种变压器的最大容量为 1800kV·A，高压额定电压不超过 35kV。此外，Y，y0 联结组不能用于三相变压器组，只能用于三铁心的三相变压器。

第四节 三相电力变压器的并联运行

三相变压器的并联运行是指几台三相变压器的高压绕组及低压绕组分别连接到高压电源及低压电源母线上，共同向负载供电的运行方式。

在变电站上，总的负载经常由两台或多台三相电力变压器并联供电，其原因是：

1）变电站所供负载一般来讲总是在若干年内不断发展、不断增加的，随着负载的不断增加，要求相应地增加变压器的台数，因此采用并联供电方式可以减少建站、安装时的一次投资。

2）当变电站所供负载有较大的昼夜或季节波动时，可以根据负载的变动情况，随时调整投入并联运行的变压器台数，以提高变压器的运行效率。

3）当某台变压器需要检修（或故障）时，可以切换下来，而将备用变压器投入并联运行，这样将大大提高供电的可靠性。

为了使变压器能正常地投入并联运行，各并联运行的变压器必须满足以下条件：

①一、二次绕组的电压应相等，即电压比应相等。

②联结组标号必须相同。

③短路阻抗（即短路电压）应相等。

对于实际并联运行的变压器，其电压比不可能绝对相等，其短路电压也不可能绝对相等，允许有极小的差动，但变压器的联结组标号则必须要相同。下面分别说明这些条件。

1. 电压比不等时的并联运行

设两台同容量的变压器 T1 和 T2 并联运行，如图 2-14a 所示，其电压比有微小的差别。其一次绕组接在同一电源电压 U_1 下，二次绕组并联后，也应有相同的 U_2，但由于电压比不同，两个二次绕组之间的电动势有一定差别，假设 $E_1 > E_2$，则电动势差值 $\Delta E = E_1 - E_2$ 会在两个二次绕组之间形成环流 I_C，如图 2-14b 所示，这个电流称为平衡电流，其值与两台变压器的短路阻抗 Z_{S1} 和 Z_{S2} 有关。即

$$I_C = \frac{\Delta E}{Z_{S1} + Z_{S2}}$$

变压器的短路阻抗不大，故在不大的 ΔE 下也会有很大的平衡电流。变压器空载运行时，平衡电流流过绕组时会增大空载损耗，平衡电流越大则损耗会更多。变压器负载时，二次侧电动势高的那一台电流增大，而另一台则减少，可能使前者超过额定电流而过载，后者则小于额定电流值。所以，有关变压器的标准中规定，并联运行的变压器，其电压比误差不允许超过 ±0.5% 。

2. 联结组标号不同时变压器的并联运行

如果两台变压器的电压比和短路阻抗均相等，但是联结组标号不同时并联运行，则其后果十分严重。因为联结组标号不同时，两台变压器二次绕组电压的相位差就不同，它们线电压的相位差至少为 30°，因此会产生很大的电压差 ΔU_2。图 2-15 所示为 Y，y0 和 Y，d11 两台变压器并联，二次绕组线电压之间的电压差 ΔU_2，其数值为

$$\Delta U_2 = 2U_{2N}\sin\frac{30°}{2} = 0.518U_{2N}$$

这样大的电压差将在两台并联变压器二次绕组中产生比额定电流大得多的空载环流，导致变压器损坏，故联结组标号不同的变压器绝不允许并联运行。

3. 短路阻抗（短路电压）不等时变压器的并联运行

设两台容量相同、电压比相等、联结组标号也相同的三相变压器并联运行，现在来分析它们的负载如何均衡分配。设负载为对称负载，则可取其一相来分析。

如这两台变压器的短路阻抗也相等，则流过两台变压器中的负载电流也相等，即负载均匀分布，这是理想情况。如果短路阻抗不等，设 $Z_{s1} > Z_{s2}$，则由于两台变压器一次绕组接在同一电源上，电压比及联结组又相同，故二次绕组的感应电动势及输出电压均应相等，但由于 Z_s 不等（见图 2-14b），由欧姆定律可得 $Z_{s1}I_1 = Z_{s2}I_2$，其中 I_1 为流过变压器 T1 绕组的电流（负载电流），I_2 为流过变压器 T2 绕组的电流（负载电流）。由此公式可见，并联运行时，负载电流的分配与各台变压器的短路阻抗成反比，短路阻抗小的变压器输出的电流要大，短路阻抗大的输出电流较小，则其容量得不到充分利用。因此，国家标准规定：并联运行的变压器其短路电压比不应超过 10% 。

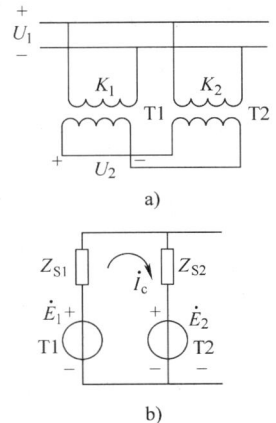

图 2-14 电压比不等时的
并联运行

a) 电路原理 b) 环流形成

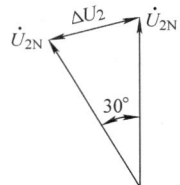

图 2-15 Y，y0 和 y，d11
两台变压器并联
运行的电压差

变压器的并联运行，还存在一个负载分配的问题。两台同容量的变压器并联，由于短路阻抗的差别很小，可以做到接近均匀的分配负载。当容量差别较大时，合理分配负载是困难的，特别是担心小容量的变压器过载，而使大容量的变压器得不到充分利用。为此，要求投入并联运行的各变压器中，最大容量与最小容量之比不宜超过 3:1。

第五节　三相电力变压器的使用与检查

一、国产三相电力变压器的使用

目前我国使用量最大的电力变压器是容量在 30 ～ 6300kV·A 之间的中小型三相电力变压器，常见的以及最近已投入批量生产的三相电力变压器主要系列有

（1）SJL 系列　该系列变压器为我国 20 世纪 70 年代以前的产品，容量范围为 20 ～ 6300kV·A，铁心用 0.35mm 的 D43 热轧硅钢片，高压侧带无励磁调压开关，调压范围为 ±5%。这种变压器现已不再生产，但目前仍有在电网上使用。

（2）SJL1 系列油浸式变压器　该系列变压器为 SJL 系列的改进产品，其容量范围不变，由于铁心采用 0.35mm 厚的 D330 冷轧硅钢片，空载损耗比 SJL 系列降低了 30% ～ 50%，且质量也较前者轻。这种系列的变压器也不再生产，但目前仍在电网上使用，但不准新装上网。

（3）S7（SL7）系列油浸式变压器　20 世纪 80 年代起，我国研制并生产出高效节能低损耗电力变压器，铁心采用优质冷轧晶粒取向硅钢片，45°全斜接缝，高强度漆包线，在结构上采用先进的全斜无冲孔粘带绑扎铁心及片式散热器等，且工艺水平也得到进一步改善与提高。这些使变压器的损耗大为降低，且体积小，质量轻。自 1985 年起，国家电力管理部门规定新生产及投入运行的必须是低损耗电力变压器。

（4）S9、S10 系列油浸式变压器　20 世纪 90 年代中期起，我国又开始生产 S9 系列高效节能低损耗电力变压器，铁心采用优质冷轧晶粒取向硅钢片，45°全斜接缝，在铁心夹紧、绕组及器身的固定方面采取了一些有效措施，提高了产品的可靠性；由于采用条型分接开关，不仅降低了油箱的高度，而且使变压器的总损耗比 S7 系列又降低了约 23%，因而成为 S7 系列变压器的替代产品。而 S10 系列与 S9 系列相比的最大特点是 S10 系列的空载损耗比有明显的降低，因此对一、二班制生产的企业及农村电力网，当变压器有较长时间处于轻载或空载运行状态，则 S10 系列变压器更具节能效果。

（5）S11、S13 系列油浸式变压器　它们分别为三相平面及三相立体三角形卷制条型变压器，即铁心不是像一般三相电力变压器一样用叠片结构，而是采用冷轧晶粒取向硅钢片卷制而成，因此铁心制造工艺较简单，接缝间隙小，进一步降低了变压器损耗，被称为最新一代配电变压器，现已开始批量生产。

（6）SC（B）9、SC（B）10 系列树脂浇注干式变压器　20 世纪末期，由于高层建筑的发展和某些工业企业、交通运输业的需要，对变压器的安全、可靠运行提出了越来越高的要求，取消易燃、易爆的变压器油，改用环氧树脂浇注的干式变压器越来越被人们关注。这类变压器的优点是无毒、阻燃、散热性好、体积小、噪声低、运行可靠、环保性能优越、使用寿命长，因此特别适用于高层建筑、地下铁道、繁华市区等人口密集场所，在我国一些大城

市中其使用比例已占 20% 以上，欧、美等发达国家则更多。

（7）箱式变压器　最早系从美国引进，故又称为美国箱式变压器，它将高压进线柜和低压出线柜附于变压器本身内，外露的仅为变压器油箱及散热装置，高、低压引出线用电缆引入与引出，所以变压器的整体安全性好，可直接放置在地面上。目前在我国已被广泛采用于住宅区照明动力用电的配电变压器。

（8）SH11 系列非晶合金油浸式变压器　变压器铁心已不再用传统的硅钢片制作，而是采用铁基、铁镍基、钴基等非晶带材料制作。非晶合金变压器具有体积小、效益高、节能等优点。特别是空载损耗小，因而对每天有较长时间处于轻载或空载状态运行时节能效果更明显，我国已开始生产 10kV、500kV·A 以下非晶合金变压器。

二、三相电力变压器的检查

1. 使用中的常规检查

以装有储油柜的变压器为例，检查内容包括：

1）检查瓷套管是否清洁，有无裂纹与放电痕迹，螺纹有无损坏及其他异常现象，如果出现异常应尽快停电更换。

2）检查各密封处有无渗油和漏油现象，严重的应及时处理。

3）检查储油柜的油位高度及油色是否正常，若发现油面过低应加油。

4）检查箱顶油面温度计的温度与室温之差是否低于 55°C。

5）定期进行油样化验及观察硅胶是否吸潮变色，需要时进行更换。

6）注意变压器的声响与原来相比是否正常。

7）察看防爆管的玻璃膜是否完整，或压力释放阀的膜盘是否顶开。

8）检查油箱接地情况。

9）观察瓷管引出排及电缆头接头处有无发热变色、火花放电及异状，如有此现象，应立即停电检查，找出原因后修复。

10）察看高、低压侧电压及电流是否正常。

11）冷却装置是否正常，油循环是否破坏。

2. 三相电力变压器的故障检查

（1）观察法　变压器的故障如过载、短路、接触不良、打火等通常都反映在发热上，变压器油温上升，有气体、油冲出，有焦味，有爆裂声、打火声等，可以观察变压器上的保护装置是否动作；防爆膜是否冲破；喷出油的颜色是否变黑或有焦味（变黑、有焦味说明故障严重）；上层油温是否超过 85°C；液面是否正常；各连接部位是否漏油；箱内有无不正常声音。总之通过看、闻、听就可大致判断变压器是否有问题。

（2）测试法　对于观察无法进一步判断的问题，必须用仪表测试才能作出正确的判断。

1）绕组绝缘电阻的测量。用 2500V 绝缘电阻表测量相间和每相对地的绝缘电阻，可以判明变压器绝缘破坏的情况。对于 6~10kV 电力变压器绝缘电阻要求是：变压器油的温度为 10~20°C 时应为 600~300MΩ；30~40°C 时应为 150~80MΩ；50~60°C 时应为 45~24MΩ；70~80°C 时应为 13~8MΩ。

2）绕组的直流电阻测量。绕组的直流电阻往往测量的是两根相线之间的线电阻，小容量变压器可用单臂电桥测量，电桥精度为 0.5 级；大容量变压器可用双臂电桥（可测 1Ω 以下电阻）测量，电桥精度为 0.2 级。三相线电阻值相差不超过 2%，其公式为

$$\frac{R_D - R_C}{R_P} \times 100\% \leqslant 2\%$$

式中　R_D——最大线电阻；

　　　R_C——最小线电阻；

　　　R_P——三相线电阻平均值。

当分接开关在不同位置，测得的电阻值相差很大时，就可能是分接开关接触有问题。变压器绕组直流电阻测量可查出匝间短路、断路、引线与套管接触不良等。

3）测量各分接头上的电压比，高压侧应接电压互感器测量，要求各相绕组相同分接头位置上测出的电压比应与铭牌值相符，相差不应超过 1%。

4）测定额定电压下的空载电流 I_0，I_0 应在 I_N 的 5% 左右。

技能训练3　三相变压器的极性和联结组的接线

一、训练目的

1）学会用实验方法测定三相变压器一、二次绕组极性的方法。

2）练习三相变压器各种联结组的接线及三相自耦调压器的使用。

二、训练器材

1）三相变压器，500 ~ 1000V·A，1 台。

2）指针式万用表，500 型或 MF—30 型，1 只。

3）绝缘电阻表，500V，1 只。

4）交流电压表，0 ~ 450V，1 只。

5）单相调压器，1kV·A，0 ~ 250V，1 台。

6）单相胶壳刀开关，1 只。

7）三相调压器，3kV·A，0 ~ 450V，1 台。

8）三相刀开关，1 只。

9）灯泡，220V、60W，3 个。

三、训练内容及步骤

1. 三相变压器一、二次绕组的测定

首先用万用表的电阻挡测量三相变压器的 12 个出线端，区分开 6 个绕组，假设被测试变压器为降压变压器，则直流电阻大的 3 个绕组为一次绕组（高压绕组），暂定出线端标记 U1、U2、V1、V2、W1、W2。直流电阻小的 3 个绕组为二次绕组（低压绕组），暂定出线端标记 u1、u2、v1、v2、w1、w2。

2. 三相变压器一、二次绕组绝缘电阻的核查

为保证三相变压器在进行实验时的人身及设备安全，必须核查绕组的绝缘电阻应符合要求，具体核查内容有：

（1）一次绕组对地绝缘电阻　将 3 个一次绕组串联，用绝缘电阻表测量一次绕组对地

绝缘电阻值为_____ MΩ。

（2）二次绕组对地绝缘电阻　测量二次绕组对地绝缘电阻值为_____ MΩ。

（3）一、二次绕组间的绝缘电阻　将 3 个一次绕组串联为一组，将 3 个二次绕组串联为另一组，测量一、二次绕组间的绝缘电阻值为_____ MΩ。

对 500V 以下的变压器，上述绝缘电阻值均不能低于 0.5MΩ，通常均在几兆欧以上。

3. 三个一次绕组极性的测定

按图 2-16 所示进行接线，将一次绕组的 V2 与 W2 相连，在绕组 U1U2 上用自耦调压器加上约 $0.5U_N$ 的电压（接法可参看实验实训一），用电压表测出下列数值：

$U_{V1V2} =$ _____ V, $U_{W1W2} =$ _____ V, $U_{V1W1} =$ _____ V。

若 $U_{V1W1} = |U_{V1V2} - U_{W1W2}|$，则标记正确；若 $U_{V1W1} = |U_{V1V2} + U_{W1W2}|$，则标记错误，应把 V 相或 W 相中任一相的端点标记互换。

用同样的方法，在绕组 V1V2 上加约 $0.5U_N$ 的电压，决定 U、W 相的端点标记，测定好以后，把三个一次绕组首末端作好正式标记。

4. 每相一、二次绕组极性的测定

与技能训练 1 相同，可用直流法或交流法来测定每相一、二次绕组的极性。现介绍交流测量法，如图 2-17 所示，即将 V 相绕组 V2 与 v2 相连，在绕组 V1V2 上用自耦调压器加上约 $0.5U_N$ 的电压，用电压表测出下列数值：

$U_{V1v1} =$ _____ V, $U_{V1V2} =$ _____ V, $U_{v1v2} =$ _____ V。

若 $U_{V1v1} = |U_{V1V2} - U_{v1v2}|$，则标记正确；反之，则应把标记互换。

同理测定 U 相及 W 相的极性，测定好后，把 3 个二次绕组首末端作好正式标记。

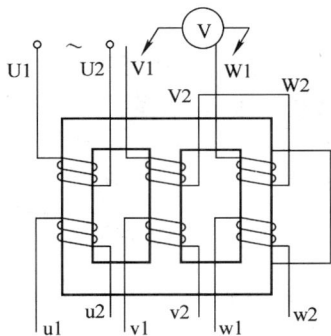

图 2-16　测定相间极性接线　　　　　图 2-17　测定一、二次绕组极性接线

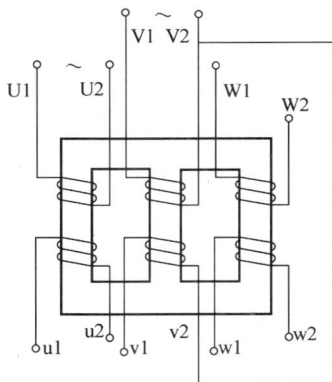

5. Y，y0 联结组的接法

将三相变压器的一、二次绕组接成 Y，y0 联结组，接线方法如图 2-12 所示。接好后将一次绕组 U1、V1、W1 接三相交流电源（注意加在一次绕组上的相电压不能超过该绕组额定电压），用交流电压表测量下列电压：

$U_{UV} =$ _____ V, $U_{U1U2} =$ _____ V, $U_{uv} =$ _____ V, $U_{u1u2} =$ _____ V。

6. Y，d11 联结组的接法

将三相变压器的一、二次绕组接成 Y，d11 联结组，接线方法如图 2-13 所示。接好后将一次绕组 U1、V1、W1 接三相交流电源（注意加在一次绕组上的相电压不能超过该绕组额定电压），用交流电压表测量下列电压：

U_{UV} = _____ V，U_{U1U2} = _____ V，U_{uv} = _____ V，U_{u1u2} = _____ V。

7. 三相调压器的使用

1）按图 2-18 所示原理电路图接线。

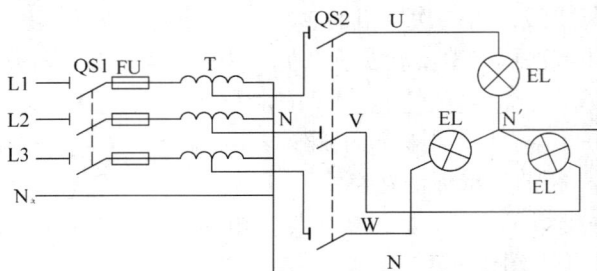

图 2-18 三相负载的星形联结原理电路

2）检查接线无误后，将三相调压器手柄旋到输出电压为零的位置，闭合三相电源刀开关 QS1 及 QS2。

3）调节三相调压器的输出手柄，使输出的相电压 U_P = 220V。

4）用电压表分别测量负载对称（三个灯泡均为 60W）时加在各个灯泡上的电压 $U_{UN'}$、$U_{VN'}$、$U_{WN'}$ 以及中性点间的电压 $U_{NN'}$，并观察各灯泡的发光亮度。将三相自耦调压器手柄旋回零位。

5）调节三相自耦调压器手柄，使加在每相白炽灯上的电压为 50V、110V、150V、180V、220V、240V，分别观察不同输出电压时白炽灯的发光情况（不亮、微亮、较暗、正常、强光），填入表 2-5 中。

表 2-5 自耦调压器的使用

白炽灯两端电压 U_P/V	50	110	150	180	220	240
白炽灯发光情况						

四、注意事项

1）三相变压器的三个一次绕组及三个二次绕组必须判别清楚，绝对不能弄错。

2）加在三相变压器一次绕组上的电压（电源电压）绝对不能超过额定电压。

3）三相变压器一、二次绕组的同极性端判定必须正确，若判定不正确，则在进行 Y，d11 联结组实验时，由于二次绕组为三角形联结，自成闭合回路，回路中将有很大的短路电流而导致变压器烧损，为防止意外事故发生，可在闭合回路中的某一段电路用熔丝代替导线进行连接，这样万一接错，则熔丝熔断，可防止烧损变压器。

4）用绝缘电阻表测对地绝缘电阻时必须注意：将绝缘电阻表接线柱"L"接被测绕组的导电部分，接线柱"E"接被测变压器的铁心部分。均速摇动绝缘电阻表手柄，使转速达到 120r/min 左右，1min 后读数。

5）使用自耦调压器时，必须严格按照正确使用方法进行，每次通电前和使用完断电前，应将手柄置于"0"位上。

6）在使用自耦变压器时必须注意，当 u1u2 两端电压超过 220V 后，应很快将手柄旋动使电压为 240V 左右，并立即观察白炽灯发光亮度，然后即将手柄迅速退回到"0"位，以免在 240V 处停留时间过长，烧损白炽灯。

7）通电试验前应由教师检查线路无误后方可进行。

8）注意人身及设备的安全。

本 章 小 结

1. 目前世界各国使用的电能均为由各类发电站发出的三相交流电能，该三相交流电能经变压器升压后，远距离输送给用户，再经过变压器的降压后供各类用电负载使用。因此变压器是供电系统的重要电气设备。

2. 由于电能在输送及分配过程中均需靠变压器来实现，因此变压器效率的高低对降低电能损耗，充分利用能源有着重要的关系，因此我国强制推行使用低损耗高效节能变压器。

3. 输、配电系统中的变压器一般均为三相电力变压器，其结构型式目前主要为油浸式，它除了铁心及绕组外，还有油箱、变压器油、散热冷却装置及保护装置等部分。

4. 电力变压器在实际运行时，会遇到几台变压器并联运行的问题。进行并联运行最关键的一点是变压器的联结组必须相同，联结组是由一次和二次绕组的连接方式决定的。除了联结组标号以外，变压器的一、二次绕组电压应相等，变压器的短路阻抗也应尽量相等。

复习思考题

1. 在电能的输送过程中为什么都采用高电压输送？
2. 在电力系统中为什么变压器的总容量要远远大于发电设备的总装机容量？
3. 为什么在电力系统中要求广泛采用低损耗变压器作为输、配电变压器？
4. 三相油浸式电力变压器主要由哪几部分组成？各部分的作用是什么？
5. 简述目前我国生产的高效节能型三相电力变压器与 20 世纪 70 年代前生产的三相电力变压器从材料及结构上有哪些不同？
6. 三相电力变压器的电压变化率 $\Delta U\% = 5\%$，要求该变压器在额定负载下输出的相电压为 $U_2 = 220V$，求该变压器二次绕组的额定相电压 U_{2N}。
7. 什么叫三相变压器的联结组？常用的联结组有哪几种？
8. 什么叫变压器的并联运行？研究并联运行有什么实用意义？
9. 变压器并联运行必须满足哪些条件？

第三章　其他变压器

第一节　自耦变压器

一、自耦变压器的结构特点及用途

前面叙述的变压器，其一、二次绕组是分开绕制的，它们虽然安装在同一铁心上，但相互之间是绝缘的，即一、二次绕组之间只有磁的耦合，而没有电的直接联系。这种变压器称为双绕组变压器。如果把一、二次绕组合二为一，使二次绕组成为一次绕组的一部分，这种只有一个绕组的变压器称为自耦变压器，如图 3-1 所示。可见自耦变压器的一、二次绕组之间除了有磁的耦合外，还有电的直接联系。由下面的分析可知，自耦变压器可节省铜和铁的消耗量，从而减小变压器的体积、重量，降低制造成本，且有利于大型变压器的运输和安装。在高压输电系统中，自耦变压器主要用来连接两个电压等级相近的电力网，作联络变压器之用。实验室常用具有滑动触点的自耦调压器获得可任意调节的交流电压。此外，自耦变压器还常用做异步电动机的起动补偿器，对电动机进行减压起动。

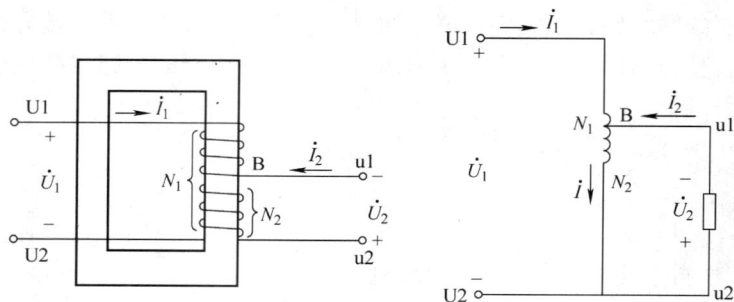

图 3-1　自耦变压器的工作原理

二、电压、电流及容量关系

自耦变压器也是利用电磁感应原理工作的，当给一次绕组 U1U2 的两端施加交变电压 U_1 时，铁心中产生交变的磁通，并分别在一次绕组及二次绕组中产生感应电动势 E_1 及 E_2，它们也有下述关系：

$$U_1 \approx E_1 = 4.44 f N_1 \Phi_m$$
$$U_2 \approx E_2 = 4.44 f N_2 \Phi_m$$

因此，自耦变压器的电压比 K 为

$$K = \frac{E_1}{E_2} = \frac{N_1}{N_2} \approx \frac{U_1}{U_2} \tag{3-1}$$

前面已经讲过变压器一、二次绕组中的电流与一、二次绕组的匝数成反比，即

$$K = \frac{I_2}{I_1} \tag{3-2}$$

在相位上 I_1 和 I_2 互差 $180°$。

流经公共绕组中的电流 I 的大小为

$$I = I_2 - I_1 \tag{3-3}$$

由此可见，流经公共绕组中的电流总是小于输出电流 I_2。当电压比 K 接近于 1 时，则 I_1 与 I_2 的数值相差不大，即公共绕组中的电流 I 很小，因而这部分绕组可用截面积较小的导线绕制，以节约用铜量，并减小自耦变压器的体积与重量。

理论分析和实践都可以证明：当一、二次绕组电压之比接近于 1 时，或者说不大于 2 时，自耦变压器的优点比较显著，当电压比大于 2 时，好处就不多了。所以实际应用的自耦变压器，其电压比一般在 1.2 ~ 2.0 的范围内。因此在电力系统中，用自耦变压器把 110kV、220kV 和 330kV 的高压电力系统连接成大规模的动力系统。自耦变压器的缺点在于：一、二次绕组的电路直接连在一起，造成高压侧的电气故障会波及到低压侧，这是很不安全的。因此，要求自耦变压器在使用时必须正确接线，且外壳必须接地，并规定安全照明变压器不允许采用自耦变压器结构形式。

自耦变压器不仅用于降压，也可作为升压变压器。

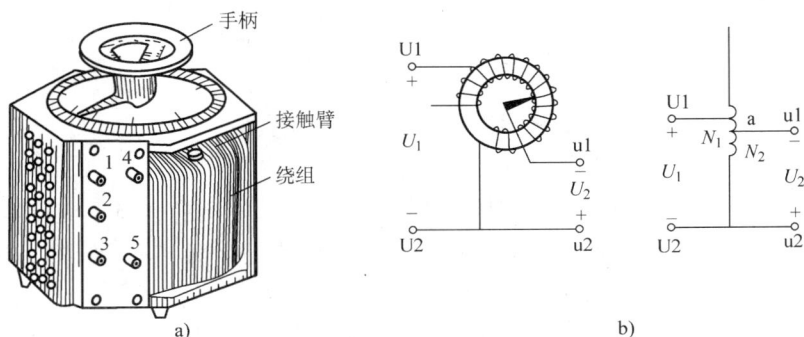

图 3-2　自耦变压器
a) 外形　b) 电路原理

如果把自耦变压器的抽头做成滑动触点，就可构成输出电压可调的自耦变压器。为了使滑动接触可靠，这种自耦变压器的铁心做成圆环形，其上均匀分布绕组，滑动触点由电刷构成，由于其输出电压可调，因此称为自耦调压器，其外形和电路原理如图 3-2 所示。自耦变压器的一次绕组匝数 N_1 固定不变，并与电源相连，一次绕组的另一端点 U2 和滑动触点 a 之间的绕组 N_2 就作为二次绕组。当滑动触点 a 移动时，输出电压 U_2 随之改变，这种调压器的输出电压 U_2 可低于一次绕组电压 U_1，也可稍高于一次绕组电压。如实验室中常用的单相调压器，一次绕组输入电压 $U_1 = 220V$，二次绕组输出电压 $U_2 = 0 \sim 250V$，在使用时要注意：

一、二次绕组的公共端 U2 或 u2 接零线，U1 端接电源相线，u1 端和 u2 端作为输出。此外还必须注意自耦变压器在接电源之前，必须把手柄转到零位，使输出电压为零，以后再慢慢顺时针转动手柄，使输出电压逐步上升。

以上介绍的是在单相交流电源上使用的单相自耦变压器，如果把三个单相自耦变压器叠合起来，通过一根轴（及手柄）集中控制，就构成了可以在三相交流电源上使用、用于调节三相交流电压大小的三相自耦变压器，在实验室内应用较多。

常用单相及三相自耦变压器的技术数据见表 3-1。

表 3-1　自耦变压器的技术数据

型　　号	输出容量 /kV·A	相　　数	输入电压 /V	负载电压 /V	最大输出电流 /A
TDGC—0.5/0.5	0.5				2
TDGC—1/0.5	1				4
TDGC—2/0.5	2				8
TDGC—3/0.5	3				12
TDGC—5/0.5	5	1	220	0~250	20
TDGC—10/0.5	10				40
TDGC—15/0.5	15				60
TDGC—20/0.5	20				80
TSGC—5/0.5	5			0~500	6
TSGC—10/0.5	10			0~250	26.8
TSGC—10/0.5	10	3	380		16
TSGC—15/0.5	15				20
TSGC—20/0.5	20			0~430	26.8
TSGC—30/0.5	30				40

第二节　仪用互感器

电工仪表中的交流电流表一般可直接用来测量 5~10A 以下的电流，交流电压表可直接用于测量 450V 以下的电压。而在实践中有时往往需测量几百安、几千安的大电流及几千、几万伏的高电压，此时必须加接仪用互感器。

仪用互感器是作为测量用的专用设备，分为电流互感器和电压互感器两种。它们的工作原理与变压器相同。

使用仪用互感器的目的有：一是为了测量人员的安全，使测量回路与高压电网相互隔离；二是扩大测量仪表（电流表及电压表）的测量范围。

仪用互感器除用于交流电流及交流电压的测量外，还用于各种继电保护装置的测量系统，因此仪用互感器的应用很广，下面分别介绍。

一、电流互感器

在电工测量中用来按比例变换交流电流的仪器称为电流互感器。

电流互感器的基本结构及工作原理与单相变压器相似，它也有两个绕组：一次绕组串联在被测量的交流电路中，流过的是被测电流 I_1，它一般只有一匝或几匝，用粗导线绕制；二次绕组匝数较多，与交流电流表（或电能表、功率表）相接，如图 3-3 所示。图 3-4 所示为电流互感器的外形。

由变压器工作原理可得：

$$\frac{I_1}{I_2} = \frac{N_2}{N_1} = K_i$$

故 $\qquad I_1 = K_i I_2 \qquad (3-4)$

K_i 称为电流互感器的额定电流比，标注在电流互感器的铭牌上，只要读出接在电流互感器二次线圈一侧电流表的读数，则一次电路的待测电流就很容易从式 (3-4) 中得到。一般二次电流表用量程为 5A 的仪表。只要改变接入的电流互感器的变流比，就可测量大小不同的一次电

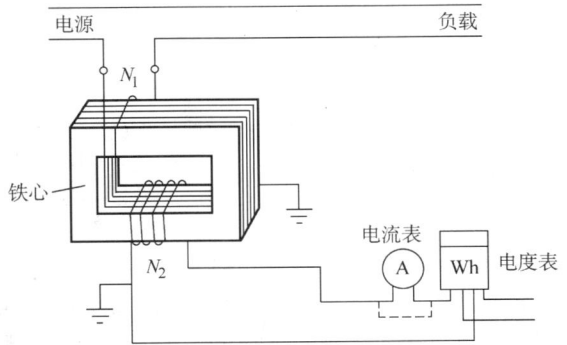

图 3-3 电流互感器接线原理

流。在实际应用中，与电流互感器配套使用的电流表已换算成一次电流，其标度尺即按一次电流分度，这样可以直接读数，不必再进行换算。例如按 5A 制造的与额定电流比为 600/5 的电流互感器配套使用的电流表，其标度尺即按 600A 分度。

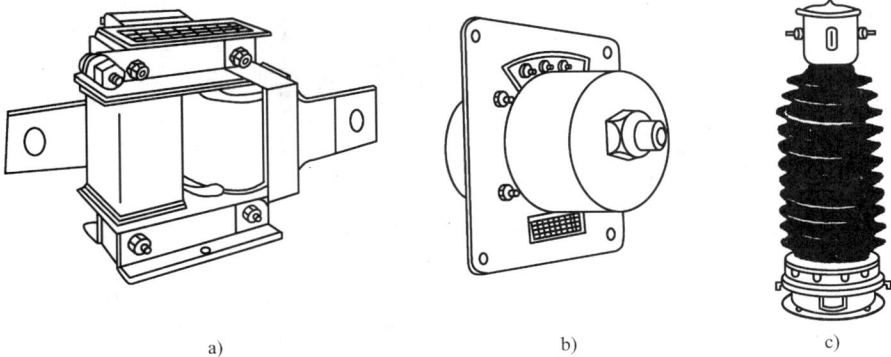

图 3-4 电流互感器的外形
a) LQG—0.5 系列　b) LDZJ1—10 系列　c) LCWD2—35 系列

使用电流互感器时必须注意以下事项：

1）电流互感器的二次绕组绝对不允许开路。因为二次绕组开路时，电流互感器处于空载运行状态，此时一次绕组流过的电流（被测电流）全部为励磁电流，使铁心中的磁通急剧增大，一方面使铁心损耗急剧增加，造成铁心过热，烧损绕组；另一方面将在二次绕组上感应出很高的电压，可能使绝缘击穿，并危及测量人员和设备的安全。因此在一次电路工作时如需检修或拆换电流表、功率表的电流线圈，必须先将电流互感器的二次绕组短接。

2）电流互感器的铁心及二次绕组一端必须可靠接地，如图 3-3 所示，以防止绝缘击穿后电力系统的高压危及工作人员及设备的安全。

例 1 有一台三相异步电动机，型号为 Y2—280S—4，额定电压为 380V，额定电流为

1∽0A，额定功率为75kW，试选择电流互感器的规格，并计算流过电流表的实际电流。

解   为了确保测量的准确性，又考虑到电动机允许可能出现的短时过负载等因素，应使被测电流约为满量程的 1/2～3/4，因此选择电流互感器额定电流为200A。其电流比为

$$K_i = \frac{200}{5} = 40$$

流过电流表的电流 I_2 可由式（3-4）计算得到，即

$$I_2 = \frac{I_1}{K_i} = \frac{140}{40}A = 3.5A$$

利用互感器原理制造的便携式钳形电流表如图3-5所示。它的铁心可以张开，将被测载流导线钳入铁心窗口中，被测导线相当于电流互感器的一次绕组，铁心上绕二次绕组，与测量仪表相连，可直接读出被测电流的数值。其优点是测量线路电流时不必断开电路，使用方便。

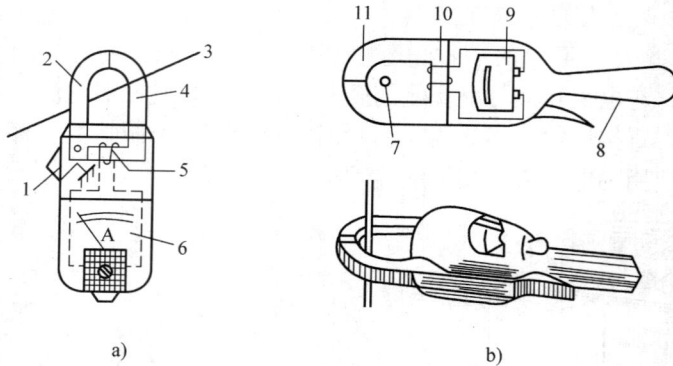

图3-5   钳形电流表

a）袖珍型   b）通用型

1—压块   2—可动铁心   3—载流导线   4—固定铁心   5、10—二次绕组
6、9—电流表表头   7—被测导线   8—压动手柄   11—铁心

使用钳形电流表时，应使被测导线处于窗口中央，否则会增加测量误差；若不知被测电流的大小，应将量程选择开关置于大量程上，以防损坏表计；若被测电流过小，可将被测导线在钳口内多绕几圈，然后将读数除以所绕匝数；使用时还要注意安全，保持与带电部分的安全距离，如被测导线的电压较高时，还应戴绝缘手套和使用绝缘垫。

与变压器一样，式（3-4）仅是一个近似计算公式，即用电流互感器进行电流测量时存在一定的误差，根据误差的大小，电流互感器分为0.2、0.5、1.0、3.0、10.0等级别。如0.5级的电流互感器表示在额定电流时，测量误差最大不超过±0.5%。电流互感器的精确度等级越高，测量误差越小，但价格越昂贵。

二、电压互感器

在电工测量中用来按比例变换交流电压的仪器称为电压互感器。图3-6所示为电压互感器的外形。

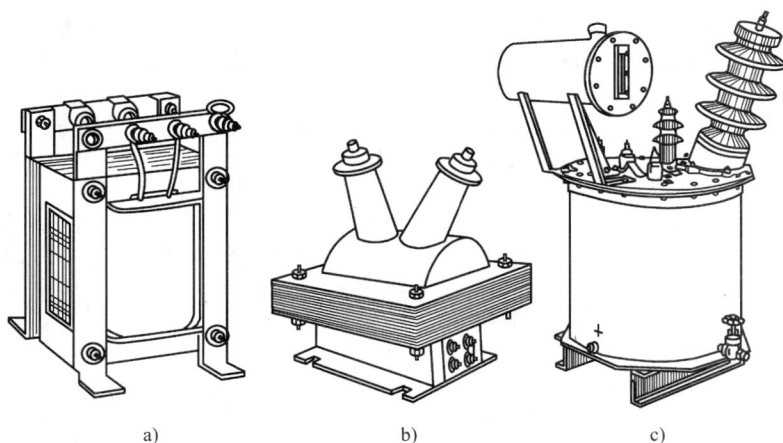

图 3-6 电压互感器的外形

a）JDG—0.5 系列 b）JDZJ—10 系列 c）JDJJ—35 系列

电压互感器的基本结构及工作原理与单相变压器很相似。它的一次绕组（一次线圈）匝数为 N_1，与待测电路并联；二次绕组（二次线圈）匝数为 N_2，与电压表并联，如图 3-7 所示。其一次电压为 U_1，二次电压为 U_2，因此电压互感器实际上是一台降压变压器，其电压比 K_u 为

$$K_u = \frac{U_1}{U_2} = \frac{N_1}{N_2} \qquad (3\text{-}5)$$

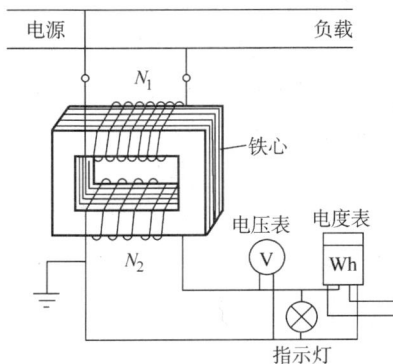

图 3-7 电压互感器接线原理

通常情况下，K_u 标注在电压互感器的铭牌上，只要读出二次电压表的读数，一次电路的电压即可由式（3-5）得出。一般二次电压表均采用量程为 100V 的仪表。只要改变接入的电压互感器的电压比，就可测量高低不同的电压。在实际应用中，与电压互感器配套使用的电压表已换算成一次电压，其标度尺即按一次电压分度，这样可以直接读数，不必再进行换算。例如按 100V 制造的与额定电压比为 10000/100 的电压互感器配套使用的电压表，其标度尺即按 10000V 分度。

使用电压互感器时必须注意以下事项：

1）电压互感器的二次绕组在使用时绝不允许短路。若二次绕组发生短路，将产生很大的短路电流，导致电压互感器烧坏。

2）电压互感器的铁心及二次绕组的一端必须可靠接地，如图 3-7 所示，以保证工作人员及设备的安全。

3）电压互感器有一定的额定容量，使用时二次绕组回路不宜接入过多的仪表，以免影响电压互感器的测量精度。

例2 用变压比为 10000/100 的电压互感器，变流比为 100/5 的电流互感器扩大量程，

其电流表读数为 3.0A，电压表读数为 66V，试求被测电路的电流、电压各为多少？

解 因为电流互感器负载电流等于电流表的读数乘上电流互感器的电流比，即

$$I_1 = \frac{N_2}{N_1}I_2 = K_i I_2 = \frac{100}{5} \times 3.0\text{A} = 60\text{A}$$

而电压互感器所测电压等于电压表的读数乘上电压互感器的电压比，即

$$U_1 = \frac{N_1}{N_2}U_2 = K_u U_2 = \frac{10000}{100} \times 66\text{V} = 6600\text{V}$$

被测电路的电流为 60A，电压为 6600V。

第三节 电焊变压器

一、电焊变压器的结构特点

交流弧焊机由于结构简单、成本低廉、制造容易和维护方便而被广泛采用。电焊变压器是交流弧焊机的主要组成部分，它实质上是一台特殊的降压变压器。在焊接中，为了保证焊接质量和电弧的稳定燃烧，对电焊变压器提出了如下要求：

1）电焊变压器在空载时，应有一定的空载电压，通常 $U_0 = 60 \sim 75\text{V}$，以便于起弧。另一方面，为了操作者的安全，空载起弧电压又不能太高，最高不宜超过 85V。

2）在负载时，电压应随负载的增大而急剧下降，即应有陡降的外特性，如图 3-8 所示。通常在额定负载时的输出电压约 30V。

3）在短路时，短路电流 I_{SC} 不应过大，以免损坏交流弧焊机。

4）为了适应不同的焊接工件和焊条的需要，要求电焊变压器输出的电流能在一定范围内进行调节。

为了满足上述要求，电焊变压器必须具有较大的漏

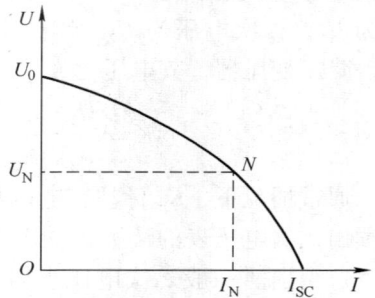

图 3-8 焊接电流与电弧
电压的关系曲线

抗，而且可以进行调节。因此，电焊变压器的结构特点是：铁心的气隙比较大，一次、二次绕组不是同心套装在一个铁心柱上，而是分装在不同的铁心柱上，再用磁分路法、串联可变电抗器法及改变二次绕组的接法等来调节焊接电流。工业上使用的交流弧焊机类型很多，如拍头式、动铁心式、动线圈式和综合式等，都是依据上述原理制造的。

二、磁分路动铁心式弧焊机

磁分路动铁心式弧焊机是较具代表性的一类交流弧焊机，图 3-9a 所示为 BX1 系列磁分路动铁心式弧焊机的外形，其基本结构及工作原理如下：

该型交流弧焊机的电焊变压器为磁分路动铁心式结构，它的铁心由固定铁心和活动铁心两部分组成。固定铁心为"口"字形，在固定铁心两边的方柱上绕有一次绕组和二次绕组。活动铁心安装在固定铁心中间的螺杆上，当摇动铁心调节装置手轮时，螺杆转动，活动铁心

就沿着导杆在固定铁心的方口中移动，从而改变固定铁心中的磁通，调节焊接电流。它的绕组由一次绕组及二次绕组组成，一次绕组绕在固定铁心的一边。二次绕组由两部分组成，一部分与一次绕组绕在同一边，另一部分绕在铁心的另一侧，如图 3-9b 所示。前一部分绕组起建立电压的作用，后一部分绕组相当于电感线圈。焊接电流的粗调靠变更二次绕组接线板上连接片的接法来实现的，接法 II 用于焊接电流大的场合，接法 I 用于焊接电流小的场合。焊接电流的细调节则是通过手轮移动铁心的位置，改变漏抗，从而得到均匀的电流调节。BX1 系列交流弧焊机有三种型号：BX1—135 的焊接电流调节范围为 25～150A，用于薄钢片的焊接；BX1—330 的焊接电流调节范围为 50～450A，BX1—500 则为 50～680A，可用来焊接不同厚度的低碳钢板。

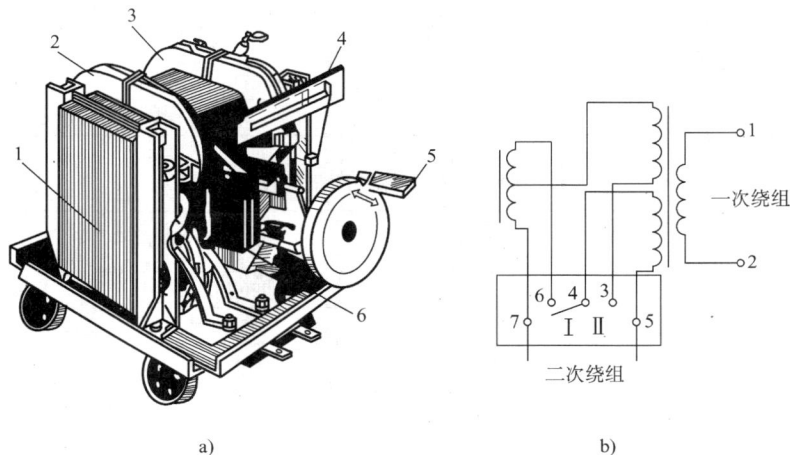

图 3-9　磁分路动铁心式弧焊机
a）外形　b）电路
1—铁心　2—二次绕组　3—一次绕组　4—指示装置　5—动铁心调节　6—动铁心

三、动圈式弧焊机

动圈式弧焊机的典型产品是 BX3 系列。它的焊接电流调节是靠改变一次绕组和二次绕组之间的距离（从而改变它们之间的漏抗大小）来实现的。还可将一次及二次绕组串联或并联来扩大电流调节范围。动圈式弧焊机的结构如图 3-10 所示，一次绕组是固定的，而二次绕组可借助于调节机构在中间铁心柱上上下移动，从而改变了一、二次绕组之间的距离。距离越大，漏抗就越大，输出电压降低，焊接电流变小。

BX1 及 BX3 系列弧焊变压器的技术数据见表 3-2 及表 3-3。

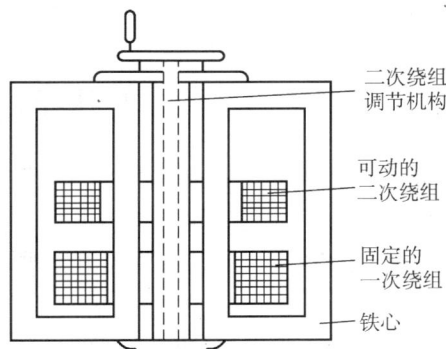

图 3-10　动圈式电焊变压器的结构

表 3-2　BX1 系列弧焊变压器的技术数据

项　目 \ 型　号	BX1—135		BX1—330		BX1—500
一次侧电源电压/V	220	380	220	380	380
二次侧空载电压/V	60～75		60～70		60
二次侧工作电压/V	30		30		30
一次侧额定电流/A	41 或 23.5		96 或 56		82.5
额定焊接电流/A	135		330		500
电流调节范围/A	25～150		50～450		50～680
额定输入容量/kV·A	8.7		21		31
额定暂载率（%）	65		65		60
效率（%）	78		80		81.5
功率因数	0.48		0.50		0.61
用途	焊接 58mm 钢片		焊接 3～30mm 低碳钢板		焊接 3～40mm 低碳钢板

表 3-3　BX3 系列弧焊变压器的技术数据

项　目 \ 型　号		BX3—120			BX3—300			BX3—500		
电源电压/V		220 或 380			220 或 380			220 或 380		
电流调节范围/A	接法 I	20～55			40～125			60～190		
	接法 II	50～160			115～400			170～670		
空载电压/V	接法 I	75			75			70		
	接法 II	65			60			60		
工作电压/V		25			30			30		
额定暂载率（%）		60			60			60		
效率		81			83			87		
功率因数		0.45			0.53			0.52		
各暂载率时（%）		100	60	35	100	60	35	100	60	35
输入容量/kV·A		6.5	8.2	11	15.9	20.5	27.5	25.8	33.2	44.5
一次电流/A	220V	29.5	37.2	50	72.5	93.5	125	117	151	202
	380V	17	21.5	29	41.8	54	72	68	87.4	117
二次电流/A		93	120	160	232	300	400	388	500	670

第四节　整流变压器

早先，大功率直流电源一直由直流发电机来产生，虽然直流发电机发出的直流电压比较平滑，波形好，但其主要缺点是体积大、价格贵、效率较低，因而随着半导体技术的飞速发展，从 20 世纪 70 年代起，由整流电路供电的整流电源逐步取代了直流发电机，成为产生直流电源的主要方法。

用来单独给整流电路供电的电源变压器叫整流变压器，它是整流装置中的重要组成部分。

一、整流变压器的作用

1）一般情况下，整流电路所需要的供电电压与电网电压往往不一致，这就需要用整流变压器把电网电压变换成整流电路要求的电压。

2）在大容量整流电路中，为了得到平稳的直流电压，往往采用多相整流电路（如六相整流、十二相整流），这就需要用到三相整流变压器，其二次侧接成六相或十二相。

3）为了尽可能减少电网与整流装置之间的相互干扰，要求把整流后的直流电路与电网交流电路彼此隔离，这种情况下也要用到整流变压器。

二、整流变压器的结构与工作特点

1）普通电源变压器的负载一般都是恒定的阻抗，因此其输入与输出的电流、电压波形一般都是正弦波，而且一、二次绕组的视在功率也相等。

由于整流变压器的二次绕组所接整流器件只在一个周期的部分时间内轮流导电，所以二次绕组中流过的电流是非正弦电流，含有直流分量，如图 3-11 中的 I_d 所示。它将使铁心因损耗增加而发热，另外往往二次绕组的视在功率也比一次绕组的要大。

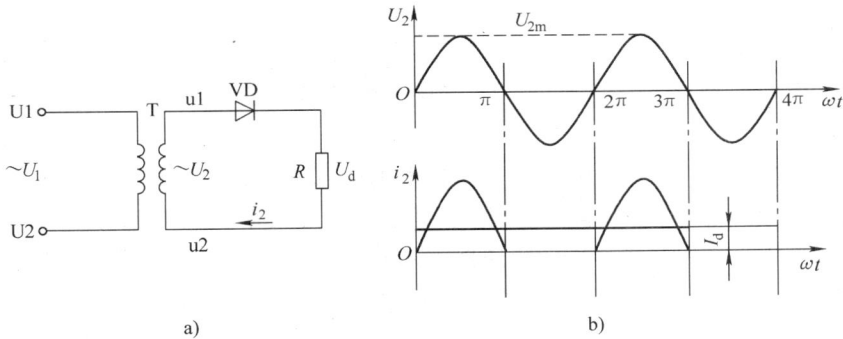

图 3-11　单相半波整流
a）电路　b）波形

2）当整流器件被击穿而发生短路时，变压器中将流过很大的短路电流，因此整流变压器的漏抗较大，它输出的直流电压外特性较软，其外形结构较为矮胖，机械强度要求好。

3）由于整流变压器二次绕组中可能产生过电压而损坏绝缘层，因此需要加强绝缘处理。

第五节　小功率电源变压器

小功率电源变压器是专门用作某些小功率负载的供电电源之用，按工作频率的不同可分为工频电源变压器、中频电源变压器和高频电源变压器。按铁心结构型式的不同可分为 E 形及口形变压器铁心、C 形变压器、R 形变压器、O 形（环形）变压器。下面分别作简单介绍。

1. 按工作频率分类

（1）工频电源变压器　工频电源变压器是指工作在 50~60Hz 频率下的电源变压器。常用的有控制变压器、行灯变压器、灯丝变压器、各种专用仪器及设备的电源变压器等。它主要由铁心及绕组两部分组成，铁心用 0.35mm 或 0.5mm 冷轧或热轧硅钢片制成，绕组套装在铁心上。

（2）中频电源变压器　中频电源变压器是指工作在 400~1000Hz 频率下的电源变压器。由于工作频率的上升，为减小涡流损耗，其铁心用 0.2mm 冷轧硅钢片制成，且铁心中的磁感应强度 B 一般取得较低。它既可工作在正弦波电压下，有时也可能工作在方波（或矩形波）电压下。其他结构与工频电源变压器相同。

（3）高频电源变压器　高频电源变压器是指工作在 10~20kHz 频率下的电源变压器。它主要用于开关稳压电源的变换器中，它的结构特点有：

1）不能使用普通硅钢片制作铁心，一般均用铁氧体磁心。它的电阻率高，故涡流损耗小。

2）由于绕组中通过的是高频电流，因此集肤效应使导线中心部分电流密度变小，从而减小了导线的有效面积，引起发热，故通常使用多股高频铜导线或薄铜箔绕制绕组。

3）高频电源变压器的工作温度不能超过 70℃，否则铁氧体的电磁性能将急剧下降。

2. 按铁心结构分类

（1）E 形及口形铁心变压器　由这类铁心制成的心式变压器及壳式变压器外形如图 1-4a、b 所示。

（2）C 形变压器　该型铁心结构及变压器的外形分别如图 1-3f、图 1-4c 所示。由于冷轧硅钢带的磁感应强度 B 比较高，加上绝缘等级较高（为 B 级或 H 级），故比 E 形及口形铁心变压器体积小，用铜量省。C 形变压器在铁心制作及装配过程中要注意以下几点：

1）在加工时应保证每对铁心的接触面尽量平滑，以保证接触面积大，间隙小，各对铁心相互间不宜互换。

2）铁心不能松散，通常用钢带将铁心箍紧，并焊牢，否则通电时会出现噪声，并使变压器的空载电流加大。

3）铁心装配时，可在端面涂 204 胶或其他胶合剂，使铁心装配好后，很快固化，将铁心固紧。C 形变压器的结构有心式及壳式两种，图 1-4 所示 c 为心式结构，称为 C 形心式变压器，国产型号为 XCD 型。C 形壳式变压器即是将两个铁心组合在一起而成，其型号为XED 型。

（3）R 形变压器　R 形变压器是在 C 形变压器的基础上形成的，其外形如图 3-12所示。它主要由铁心和绕组组成。其主要结构特点是铁心为整体结构，即铁心由一根在下料机上切割而成的由窄到宽，再由宽到窄连续均匀过渡的晶粒取向冷轧硅钢带卷绕而成。铁心卷绕好后绑扎紧并浸漆处理成型。由于铁心不切割，因此磁路无空气隙，磁阻小，使变压器的空载损耗小，温升低。另外，由于变压器铁心截面为圆形，因而绕组也是圆形，节省了用铜量，使变压器体积小，重量轻，噪声低。常采用卧式结构，特别适合于高密度安装的设备中。

R 形变压器的骨架是用 PBT 塑料模压而成，由内外 2 个圆柱形骨架构成。每个圆柱形骨架又由 2 个半圆柱形薄壳构成，如图 3-13 所示。绕线时将 2 个半圆柱形的薄壳拼装在圆形铁心上，构成可在铁心上转动的圆形骨架，使骨架绕铁心转动而绕成，绕完内层绕组，再在外面套上外层骨架，绕制外层绕组。

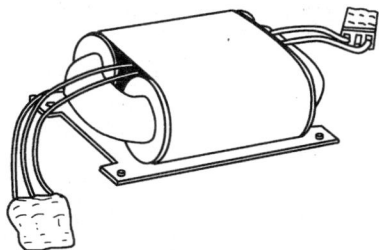

图 3-12　R 形变压器

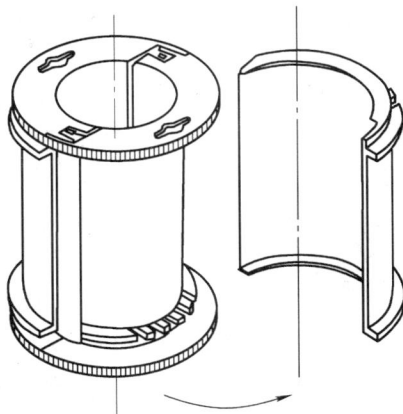

图 3-13　R 形变压器线圈骨架

　　（4）O 形变压器　O 形变压器又称为环形变压器，其外形如图 3-14 所示。工作在工频电源下的 O 形变压器其铁心用晶粒取向冷轧硅钢带或合金钢带绕制而成，再经过扎紧及绝缘处理等过程，形成 O 形铁心。因此 O 形变压器也具有 R 形变压器的优点，且铁心制作简单，能充分利用铁心的磁性能，漏磁小。其主要不足之处是由于铁心截面呈矩形，因此线圈绕制困难，一般需用专门的绕线机绕制。

图 3-14　O 形（环形）变压器

　　随着电子技术的飞速发展，高频变压器、脉冲变压器、开关电源及逆变器等大多采用环形铁心结构，但其铁心材料则用非晶态及超微晶态合金和铁氧体，其工作频率可高达数十万赫。由于材料、工作频率和使用条件等不同，因此它们与一般工频变压器的计算与绕制也有所不同，要考虑到导线的集肤效应、绕组的分布电容和漏感等影响。

本　章　小　结

　　1）自耦变压器是一、二次绕组共用同一绕组的变压器，这是它与其他变压器的主要区别。一、二次绕组的电压、电流、匝数关系也与双绕组变压器一样。如果把自耦变压器的抽头做成滑动的触点，就构成输出电压可调节的自耦变压器，广泛用于各实验室及试验部门。

　　2）仪用互感器分电压互感器和电流互感器两大类，它们的工作原理与双绕组变压器一样，主要用于交流电压及交流电流的测量中，用来扩大交流电压表及交流电流表测量交流电压和交流电流的量程。必须注意安全、正确地使用。

　　3）电焊变压器是交流弧焊机的主要组成部分，用来将 380V 的交流电压降压为电焊所需的电压。为了适应电焊的工作需要，它的结构与一般的变压器又有所不同。其二次绕组允许短暂的短路；外特性下降得很剧烈；二次绕组输出电流可以在大范围内调节以满足不同规格焊件的焊接需要。

4）用来单独给整流电路供电的变压器叫整流变压器，它主要也是由铁心和绕组两部分构成。

5）小功率电源变压器是见得最多的一种变压器，也是比较容易损坏和需要修理或更换的变压器，应会正确使用和维修这类小功率变压器。

复习思考题

1. 自耦变压器的结构特点是什么？自耦变压器的优点有哪些？
2. 使用自耦变压器的注意事项有哪些？
3. 一台容量为 2kV·A 的单相自耦变压器，已知 $U_1 = 220V$，$N_1 = 264$ 匝。试问：（1）如果要使输出电压 $U_2 = 200V$，应在绕组什么地方抽头？满载时的电流 I_1 及 I_2 各为多少？此时流过自耦变压器公共绕组中的电流 I 为多少？（2）如果输出电压 $U_2' = 50V$，求此时公共绕组中的电流 I' 为多少？
4. 电流互感器的作用是什么？能否在直流电路中使用？为什么？
5. 使用电流互感器进行测量时应注意哪些事项？
6. 电压互感器的作用是什么？能否在测量直流电压时使用？为什么？
7. 使用电压互感器进行测量时应注意哪些事项？
8. 电焊工艺对焊接变压器提出哪些要求？
9. 电焊变压器的结构特点有哪些？
10. 什么是整流变压器？使用整流变压器的作用是什么？
11. 小功率电源变压器主要用途是什么？它可分哪些种类？
12. 分别说明工频、中频、高频电源变压器的结构特点。
13. 除了传统的 E 形及口形铁心变压器外，新型结构的小功率电源变压器还有哪几种？它们各有什么特点？

第四章　三相异步电动机

第一节　电机概述

电机是一种实现电能与机械能相互转换的电磁装置。其运行原理基于电磁感应定律。电机的种类与规格很多，按其电流类型分类，可分为直流电机和交流电机两大类。按其功能的不同交流电机可分为交流发电机和交流电动机两大类。目前广泛采用的交流发电机是同步发电机，这是一种由原动机拖动旋转（例如火力发电厂的汽轮机、水电站的水轮机）产生交流电能的装置。当前世界各国的电能几乎均由同步发电机产生。交流电动机则是指由交流电源供电将交流电能转变为机械能的装置。根据电动机转速的变化情况，可分为同步电动机和异步电动机两类。同步电动机是指电动机的转速始终保持与交流电源的频率同步，不随所拖动的负载变化而变化的电动机，它主要用于功率较大，转速不要求调节的生产机械，如大型水泵、空气压缩机、矿井通风机等上面。而异步电动机是指由交流电源供电，电动机的转速随负载变化而稍有变化的旋转电机，这是目前使用最多的一类电动机。按供电电源的不同，异步电动机又可分为三相异步电动机和单相异步电动机两大类。三相异步电动机由三相交流电源供电，由于其结构简单、价格低廉、坚固耐用、使用维护方便，因此在工、农业及其他各个领域中都获得了广泛的采用。据我国及世界上一些发达国家的统计表明，在整个电能消耗中，电动机的耗能约占60% ~67%，而在整个电动机的耗能中，三相异步电动机又居首位。单相异步电动机取用单相交流电源，电动机功率一般都比较小，主要用于家庭、办公场所等只有单相交流电源的场所，用于电风扇、空调、电冰箱、洗衣机等电器设备中。各种常用电机的分类如下：

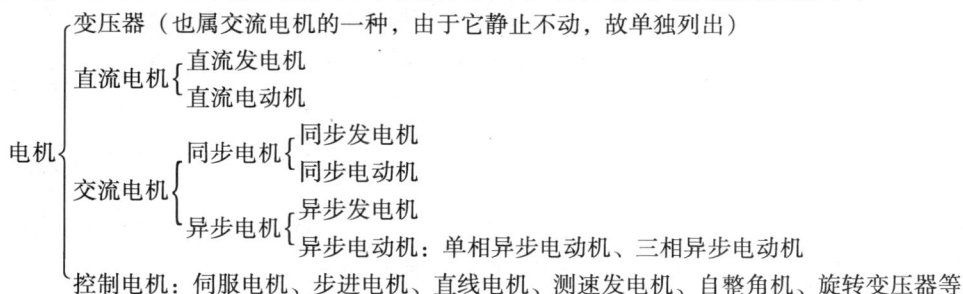

变压器（也属交流电机的一种，由于它静止不动，故单独列出）

电机
- 直流电机
  - 直流发电机
  - 直流电动机
- 交流电机
  - 同步电机
    - 同步发电机
    - 同步电动机
  - 异步电机
    - 异步发电机
    - 异步电动机：单相异步电动机、三相异步电动机
- 控制电机：伺服电机、步进电机、直线电机、测速发电机、自整角机、旋转变压器等

第二节　三相异步电动机的工作原理

一、旋转磁场

1. 旋转磁场及其产生

图 4-1 所示为异步电动机旋转原理示意图，在一个可旋转的马蹄形磁铁中间，放置一只

可以自由转动的笼型短路线圈，也称为笼形转子。当转动马蹄形磁铁时，笼型转子就会跟着一起旋转。这是因为当磁铁转动时，其磁感线（磁通）切割笼型转子的导体，在导体中因电磁感应而产生感应电动势，由于笼型转子本身是短路的，在电动势作用下导体中就有电流流过，该电流的方向如图4-2所示。该电流又和旋转磁场相互作用，产生转动力矩，驱动笼型转子随着磁场的转向而旋转起来，这就是异步电动机的简单工作原理。

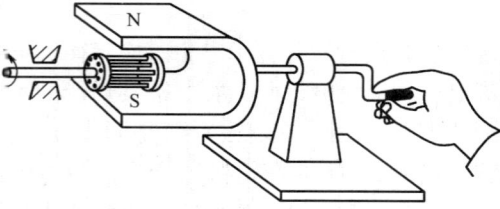

图4-1 异步电动机原理示意图

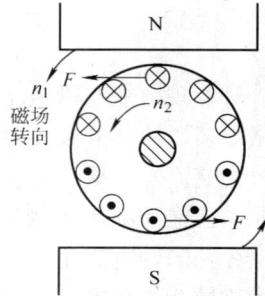

图4-2 异步电动机工作原理

实际使用的异步电动机其旋转磁场不可能靠转动永久磁铁来产生，因为电动机的职能是将电能转换成机械能。下面先分析旋转磁场产生的条件，再分析三相异步电动机的工作原理。

图4-3a所示为三相异步电动机定子绕组结构示意图。在定子铁心上冲有均匀分布的铁心槽，在定子空间各相差120°电角度的铁心槽中布置有三相绕组U1U2、V1V2、W1W2，三相绕组接成星形联结，如图4-3b所示。现向定子三相绕组中分别通入三相交流电 i_U、i_V、i_W，各相电流将在定子绕组中分别产生相应的磁场，如图4-3c所示。

1）在 $\omega t = 0$ 的瞬间，$i_U = 0$，故 U1U2 绕组中无电流；i_V 为负，假定电流从绕组末端 V2 流入，从首端 V1 流出；i_W 为正，则电流从绕组首端 W1 流入，从末端 W2 流出。绕组中电流产生的合成磁场如图4-3c位置①所示。

2）$\omega t = \dfrac{\pi}{2}$ 瞬间，i_U 为正，电流从首端 U1 流入、末端 U2 流出；i_V 为负，电流仍从末端 V2 流入，首端 V1 流出；i_W 为负，电流从末端 W2 流入、首端 W1 流出。绕组中电流产生的合成磁场如图4-3c位置②所示，可见合成磁场顺时针转过了90°。

3）继续按上法分析，在 $\omega t = \pi$、$\dfrac{3}{2}\pi$、2π 的不同瞬间三相交流电在三相定子绕组中产生的合成磁场，可得到如图4-3c中位置③、④、⑤所示的变化，观察这些图中合成磁场的分布规律可见：合成磁场的方向按顺时针方向旋转，并旋转了一周。

由此可以得出如下结论：在三相异步电动机定子铁心中布置结构完全相同、在空间各相差120°电角度的三相定子绕组，分别向三相定子绕组通入三相交流电，则在定子、转子与空气隙中产生一个沿定子内圆旋转的磁场，该磁场称为旋转磁场。

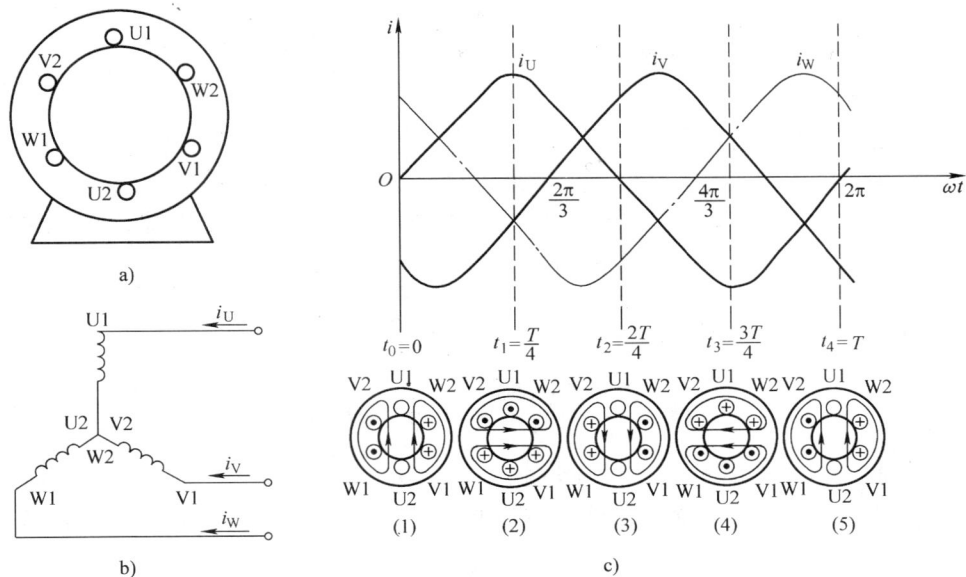

图 4-3 两极定子绕组的旋转磁场

a）三相绕组位置示意图 b）三相绕组中通入三相交流电 c）三相交流电产生的旋转磁场

2. 旋转磁场的旋转方向

由图 4-3c 可以看出，三相交流电的变化次序（相序）为 U 相达到最大值——→V 相达到最大值——→W 相达到最大值。将 U 相交流电接 U 相绕组，V 相交流电接 V 相绕组，W 相交流电接 W 相绕组，则产生的旋转磁场的旋转方向为 U 相——→V 相——→W 相（顺时针旋转），即与三相交流电的变化相序一致。如果任意调换电动机两相绕组所接交流电源的相序，即 U 相交流电仍接 U 相绕组，将 V 相交流电改与 W 相绕组相接，W 相交流电与 V 相绕组相接，可以对照图 4-3c 分别绘出 $\omega t = 0$ 及 $\omega t = \frac{\pi}{2}$ 瞬时的合成磁场图，如图 4-4 所示。由图可见，此时合成磁场的旋转方向已变为反时针旋转，即与图 4-3c 的旋转方向相反。

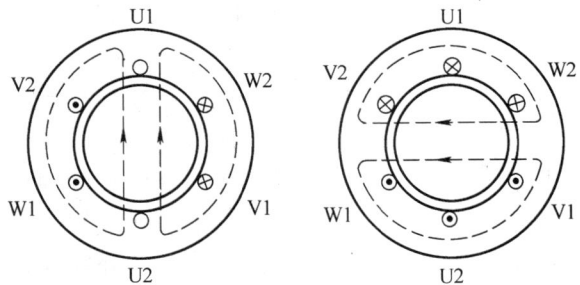

图 4-4 旋转磁场转向的改变

由此可以得出结论：旋转磁场的旋转方向决定于通入定子绕组中的三相交流电源的相序，且与三相交流电源的相序 U ——→V ——→W 的方向一致。只要任意调换电动机两相绕组所接交流电源的相序，旋转磁场即反转。这个结论很重要，因为后面将要分析到三相异步电动机的旋转方向与旋转磁场的转向一致，因此要改变电动机的转向，只要改变旋转磁场的转向即可。

3. 旋转磁场的旋转速度

理论分析及实践证明，旋转磁场的转速可用公式表示为

$$n_1 = \frac{60f_1}{p} \tag{4-1}$$

式中　f_1——交流电的频率（Hz）；

　　　p——电动机的磁极对数；

　　　n_1——旋转磁场的转速，又称同步转速（r/min）。

例1　通入三相异步电动机定子绕组中的交流电频率 $f = 50\text{Hz}$，试分别求电动机磁极对数 $p = 1$、$p = 2$、$p = 3$ 及 $p = 4$ 时旋转磁场的转速 n_1。

解　当 $p = 1$　　　　　$n_1 = \dfrac{60f_1}{p} = \dfrac{60 \times 50}{1}\text{r/min} = 3000\text{r/min}$

当 $p = 2$　　　　　$n_1 = \dfrac{60f_1}{p} = \dfrac{60 \times 50}{2}\text{r/min} = 1500\text{r/min}$

同理当 $p = 3$ 时，$n_1 = 1000\text{r/min}$，当 $p = 4$ 时，$n_1 = 750\text{r/min}$

上述四个数据很重要，因为目前使用的各类三相异步电动机的转速与上述四种转速密切有关（均稍小于上述四种转速）。例如：Y132S—2 型三相异步电动机（$p = 1$）的额定转速 $n = 2900\text{r/min}$；Y132S—4（$p = 2$）型的额定转速 $n = 1440\text{r/min}$；Y132S—6（$p = 3$）型为 960r/min；Y132S—8（$p = 4$）为 710r/min

二、三相异步电动机的旋转原理

1. 转子旋转原理

图 4-5 所示为一台三相笼型异步电动机定子与转子剖面图。转子上的 6 个小圆圈表示自成闭合回路的转子导体。当向三相定子绕组 U1U2、V1V2、W1W2 中通入三相交流电后，由前面分析可知，将在定子、转子及其空气隙内产生一个同步转速为 n_1，在空间按顺时针方向旋转的磁场。该旋转的磁场将切割转子导体，在转子导体中产生感应电动势，由于转子导体自成闭合回路，因此该电动势将在转子导体中形成电流，其电流方向可用右手定则判定。在使用右手定则时必须注意，右手定则的磁场是静止的，导体在作切割磁感线的运动，而这里正好相反。为此，可以相对地把磁场看成不动，而导体以与旋转磁场相反的方向（逆时针）去切割磁感线，从而可以判定出在该瞬间转子导体中的

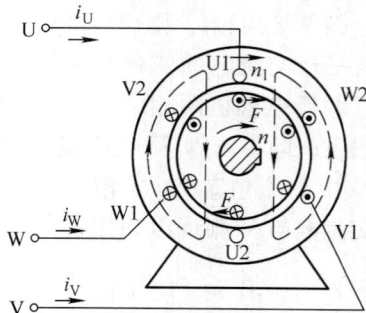

图 4-5　三相异步
电动机工作原理

电流方向如图中所示，即电流从转子上半部的导体中流出，流入转子下半部导体中。有电流流过的转子导体将在旋转磁场中受电磁力 F 的作用，其方向可用左手定则判定，如图中箭头所示，该电磁力 F 在转子轴上形成电磁转矩，使异步电动机以转速 n 旋转。由此可以归纳出三相异步电动机的旋转原理为：在定子三相绕组中通入三相交流电时，在电动机气隙中即形成旋转磁场；转子绕组在旋转磁场的作用下产生感应电流；载有电流的转子导体受电磁力的作用，产生电磁转矩使转子旋转。由图 4-5 可见，电动机转子的旋转方向与旋转磁场的

旋转方向一致。因此要改变三相异步电动机的旋转方向只需改变旋转磁场的转向即可。

2. 转差率 s

由上面的分析还可以看出，转子的转速 n 一定要小于旋转磁场的转速 n_1，如果转子转速与旋转磁场转速相等，则转子导体就不再切割旋转磁场，转子导体中就不再产生感应电动势和电流，电磁力 F 将为零，转子就将减速。因此异步电动机的"异步"就是指电动机转速 n 与旋转磁场转速 n_1 之间存在着差异，两者的步调不一致。又由于异步电动机的转子绕组并不直接与电源相接，而是依据电磁感应来产生电动势和电流，获得电磁转矩而旋转，因此又称感应电动机。

把异步电动机旋转磁场的转速，即同步转速 n_1 与电动机转速 n 之差称为转速差，转速差与旋转磁场转速 n_1 之比称为异步电动机的转差率 s，即

$$s = \frac{n_1 - n}{n_1} \tag{4-2}$$

转差率 s 是异步电动机的一个重要物理量，s 的大小与异步电动机运行情况密切有关。

3. 异步电动机的三种运行状态

（1）电动机运行状态（$0 < s < 1$） 前面讨论的是气隙旋转磁场与转子中感应电流之间形成的电磁转矩两者方向相同，即为电动机运行状态，输入电功率，输出机械功率。

1）当异步电动机在静止状态或刚接上电源，即电动机刚开始起动的一瞬间，转子转速 $n = 0$，则对应的转差率 $s = 1$。

2）如转子转速 $n = n_1$，则转差率 $s = 0$。

3）异步电动机在正常状态下运行时，转差率 s 在 $0 \sim 1$ 之间变化。

4）三相异步电动机在额定状态（即加在电动机定子三相绕组上的电压为额定电压，电动机输出的转矩为额定转矩）下运行时，额定转差率 s_N 约在 $0.01 \sim 0.06$ 之间。由此可以看出三相异步电动机的额定转速 n_N 与同步转速 n_1 较为接近。我们在例 1 后面给出的一组数据即说明了这一点。下面再举一例予以说明。

例 2 已知 Y2—160M—4 型三相异步电动机的同步转速 $n_1 = 1500\text{r/min}$，额定转差率 $s_N = 0.027$，试求该电动机的额定转速 n_N。

解 由 $s_N = \frac{n_1 - n_N}{n_1}$ 可得：

$$n_N = (1 - s_N)n_1 = (1 - 0.027) \times 1500\text{r/min} = 1460\text{r/min}$$

5）当三相异步电动机空载时（即轴上没有拖动机械负载，电动机空转），由于电动机只需克服空气阻力及摩擦阻力，故转速 n 与同步转速 n_1 相差甚微，转差率 s 很小，约为 $0.004 \sim 0.007$。

（2）发电机状态（$s < 0$） 若异步电动机定子绕组接三相交流电源，而转子由机械外力拖动与旋转磁场同方向转动，且使转子转速 n 超过同步转速 n_1，即 $n > n_1$，则 $s < 0$。此时，转子导体与旋转磁场的相对切割方向与电动状态时正好相反，故转子绕组中的电动势及电流和电动状态时相反，电磁转矩 T 也反向成为阻力矩。机械外力必须克服电磁转矩做功，以保持 $n > n_1$。即电机此时输入机械功率，输出电功率，处于发电状态运行，如图 4-6a 所示。故

异步电动机的运行状态是可逆的，既可作电动机运行，又可作发电机运行。

（3）电磁制动状态（$1 < s$）　若异步电动机转子受外力的作用，使转子转向与旋转磁场转向相反，则 $s > 1$，如图 4-6c 所示，此时旋转磁场与在转子导体上产生的电磁转矩两者方向仍相同，故电磁转矩方向与转子受力方向相反，即此时的电磁转矩属制动转矩性质。此状态时一方面定子绕组从电源吸取电功率，另一方面外加力矩克服电磁转矩做功，向电机输入机械功率，它们均变成电机内部的热损耗。

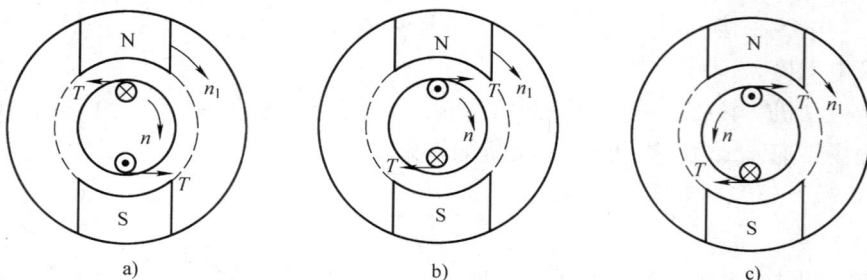

a)　　　　　　　b)　　　　　　　c)

图 4-6　转差率 s 与异步电动机运行状态

a）发电机状态　b）电动机状态　c）电磁制动状态

第三节　三相异步电动机的结构

三相异步电动机种类繁多，按其外壳防护方式的不同可分开启型（IP11）、防护型（IP22）（IP23）、封闭型（IP44）（IP54）三大类，其中开启型现已很少使用。由于封闭型结构能防止固体异物、水滴等进入电动机内部，并能防止人与物体触及电动机带电部位与运动部位，因此其运行安全性能良好，因而成为目前使用最广泛的结构型式。按电动机转子结构的不同又可分为笼型异步电动机和绕线转子异步电动机。图 4-7 所示为笼型异步电动机的外形；图 4-8 所示为绕线转子异步电动机的外形。另外，异步电动机还可按其工作电压的高低不同，分为高压异步电动机和低压异步电动机。按其工作性能的不同，分为高起动转矩异步电动机和高转差异步电动机。按其外形尺寸及功率的大小可分为大型、中型、小型异步电动机等。

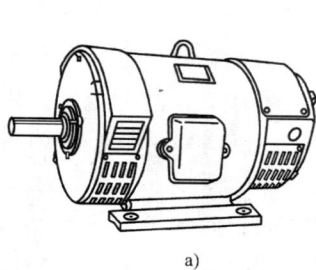
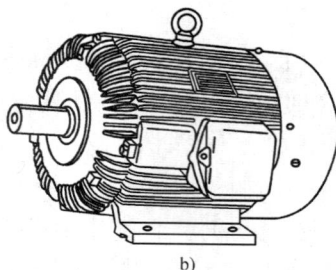
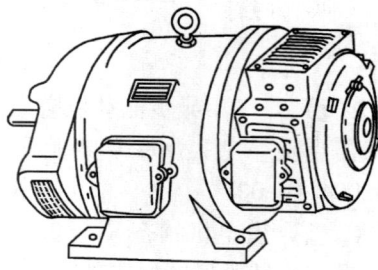

a)　　　　　　　b)

图 4-7　三相笼型异步电动机的外形

a）防护式　b）封闭式

图 4-8　三相绕线转子异步
电动机的外形

虽然三相异步电动机种类较多，但基本结构均由定子和转子两大部分组成，定子和转子之间有空气隙。

图 4-9 所示为封闭型三相笼型异步电动机结构，其主要组成部分如下：

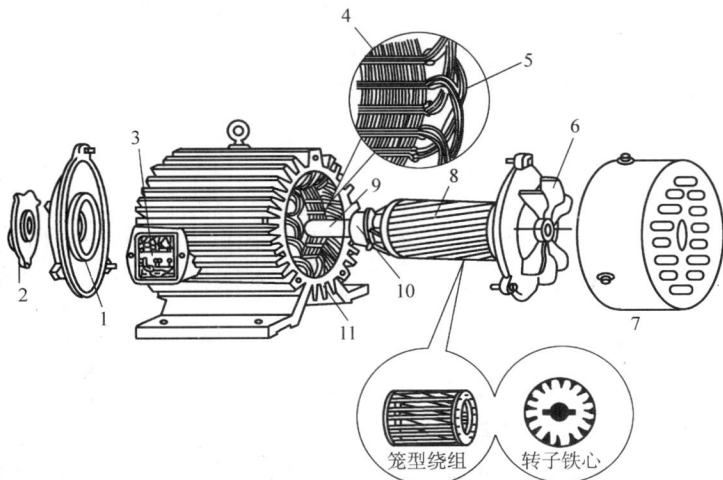

图 4-9　三相笼型异步电动机的组成
1—端盖　2—轴承盖　3—接线盒　4—定子铁心　5—定子绕组
6—风扇　7—罩壳　8—转子　9—转轴　10—轴承　11—机座

一、定子

定子是指电动机中静止不动的部分，主要包括定子铁心、定子绕组、机座、端盖、罩壳等，如图 4-9 所示。

1. 定子铁心

定子铁心作为电动机磁通的通路，对铁心材料的要求是既要有良好的导磁性能，剩磁小，又要尽量降低涡流损耗，一般用 0.35～0.5mm 厚表面有绝缘层的硅钢片（涂绝缘漆或硅钢片表面具有氧化膜绝缘层）叠压而成。在定子铁心的内圆冲有沿圆周均匀分布的槽，如图 4-10 所示，在槽内嵌放三相定子绕组。

目前使用的三相异步电动机铁心材料大多为热轧硅钢片，从降低三相异步电动机制造成本角度出发是可行的，但由于热轧硅钢片的铁损耗较大，使整台电动机的效率降低；从节约能源角度出发，国家经贸委规定，从 2003 年起停止生产热轧硅钢片，因此今后我国生产的三相异步电动机均必须是以冷轧硅钢片为导磁材料的节能型电动机。

定子铁心的槽型有开口型、半开口型、半闭口型三种，如图 4-11 所示。半闭口型槽的优点是电动机的效率和功率因数较高；其缺点是绕组嵌线和绝缘都较困难，一般用于小型低压电动机中。半开口型槽可以嵌放成形绕组，故一般用于大型、中型低压电动机中。开口型槽用以嵌放成形绕组。所谓成形绕组即成形并经过绝缘处理的绕组，因此开口型槽内绕组绝缘方法比半闭口槽方便，主要用在高压电动机中。定子铁心制作完成后再整体压入机座内，随后在铁心槽内嵌放定子绕组。

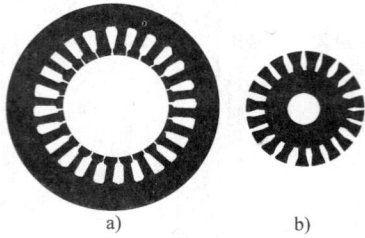

图 4-10　铁心冲片
a）定子铁心冲片　b）转子铁心冲片

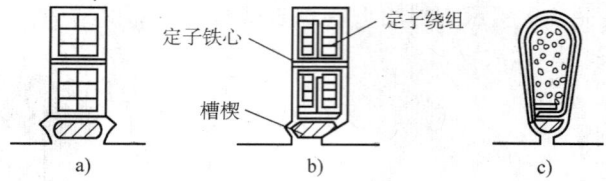

图 4-11　定子铁心槽型
a）开口型　b）半开口型　c）半闭口型

2. 定子绕组

定子绕组作为电动机的电路部分，通入三相交流电产生旋转磁场。它由嵌放在定子铁心槽中的线圈按一定规则连接成三相定子绕组。小型异步电动机定子三相绕组一般采用高强度漆包圆铜线绕成。大中型异步电动机则用漆包扁铜线或玻璃丝包扁铜线绕成。成形绕组则外包绝缘层后，再整体嵌放在定子铁心槽内。三相异步电动机的三相定子绕组根据其在铁心槽内的布置方式不同可分为单层绕组和双层绕组。单层绕组用于功率较小（一般在 15kW 以下）的三相异步电动机中，而功率稍大的三相异步电动机则采用双层绕组。有关绕组将在第四节中专门介绍。三相定子绕组之间及绕组与定子铁心槽间均垫以绝缘材料绝缘，定子绕组在槽内嵌放完毕后再用胶木槽楔紧固。常用的薄膜类绝缘材料有聚酯薄膜青壳纸、聚酯薄膜、聚酯薄膜玻璃漆布箔及聚四氟乙稀薄膜。

三相异步电动机定子绕组的主要绝缘项目有以下三种：

（1）对地绝缘　定子绕组整体与定子铁心之间的绝缘。

（2）相间绝缘　各相定子绕组之间的绝缘。

（3）匝间绝缘　每相定子绕组各线匝之间的绝缘。

定子三相绕组的结构完全对称，一般有 6 个出线端 U1、U2、V1、V2、W1、W2 置于机座外部的接线盒内，根据需要接成星形（⅄）或三角形（△），如图 4-12 所示。也可将 6 个出线端接入控制电路中实行星形与三角形的换接。

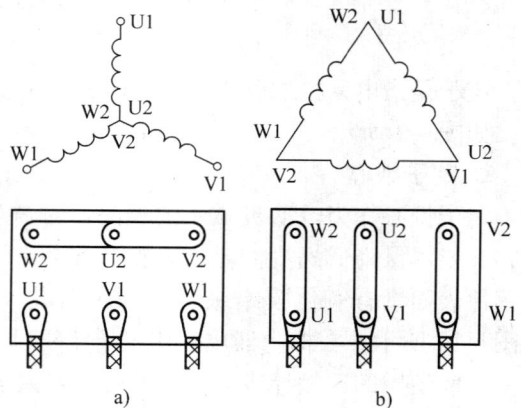

图 4-12　三相异步电动机出线端
a）星形联结　b）三角形联结

3. 机座

机座的作用是固定定子铁心和定子绕组，并通过两侧的端盖和轴承来支承电动机转子。同时可保护整台电动机的电磁部分和发散电机运行中产生的热量。

机座通常为铸铁件，大型异步电动机机座一般用钢板焊成，而有些微型电动机的机座则采用铸铝件以降低电动机的重量。封闭式电动机的机座外面有散热筋以增加散热面积，防护式电动机的机座两端端盖开有通风孔，使电动机内外的空气可以直接对流，以利于散热。

4. 端盖

借助置于端盖内的滚动轴承将电动机转子和机座联成一个整体，端盖一般均为铸钢件，微型电动机则用钢板或铸铝件。

二、转子

转子指电动机的旋转部分，主要包括转子铁心、转子绕组、风扇、转轴等。

1. 转子铁心

转子铁心作为电动机磁路的一部分，一般用 0.35 ~ 0.5mm 硅钢片冲制叠压而成，硅钢片外圆冲有均匀分布的孔，用来安置转子绕组。通常都是用定子铁心冲落后的硅钢片来冲制转子铁心，如图 4-10b 所示。一般小型异步电动机的转子铁心直接压装在转轴上，而大、中型异步电动机（转子直径在 300 ~ 400mm 以上）的转子铁心则借助于转子支架压在转轴上。

为了改善电动机的起动及运行性能，笼型异步电动机转子铁心一般都采用斜槽结构（即转子槽并不与电动机转轴的轴线在同一平面上，而是扭斜了一个角度），如图 4-9 所示。

2. 转子绕组

转子绕组用来切割定子旋转磁场，产生感应电动势和电流，并在旋转磁场的作用下受力而使转子转动，分笼型转子和绕线转子两类，笼型和绕线转子异步电动机即由此得名。

（1）笼型转子　通常有两种不同的结构形式，中小型异步电动机的笼型转子一般为铸铝式转子，即采用离心铸铝法，将熔化了的铝浇铸在转子铁心槽内成为一个整体，将转子两端的短路环和风扇叶片一起铸成，如图 4-13a 所示。随着压力铸铝技术的不断完善，目前不少工厂已改用压力铸铝工艺来替代离心铸铝。由于压力铸铝的质量优于离心铸铝，因此离心铸铝法将被逐步淘汰。

另一种结构形式为铜条转子，即在转子铁心槽内放置没有绝缘的铜条，铜条的两端用短路环焊接起来，形成一个笼型的形状，如图 4-13b 所示。铜条转子制造较复杂，价格较高，主要用于功率较大的异步电动机上。

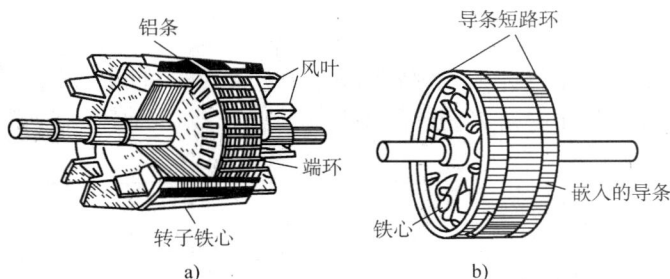

图 4-13　三相笼型异步电动机转子
a）铸铝转子　b）铜条转子

（2）绕线转子　三相异步电动机的另一种结构形式是绕线转子异步电动机。它的定子部分与笼型异步电动机相同，即也由定子铁心、三相定子绕组和机座等构成。其主要不同之处是转子绕组，图4-14所示为绕线转子异步电动机的转子结构及接线原理。转子绕组的结构形式与定子绕组相似，也采用由绝缘导线绕成的三相绕组或成形的三相绕组嵌入转子铁心槽内，并作星形联结，三个引出端分别接到压在转子轴一端并且互相绝缘的铜制集电环上，再通过压在集电环上的三个电刷与外电路连接。外电路与变阻器连接，该变阻器也采用星形联结。这些内容在后面将会叙述。调节该变阻器的电阻值就可达到调节电动机转速的目的。而笼型异步电动机的转子绕组由于被本身的端环直接短路，故转子电流无法按需要进行调节。因此在某些对起动性能及调速有特殊要求的设备（如起重设备、卷扬机械、鼓风机、压缩机、泵类等），较多采用绕线转子异步电动机。

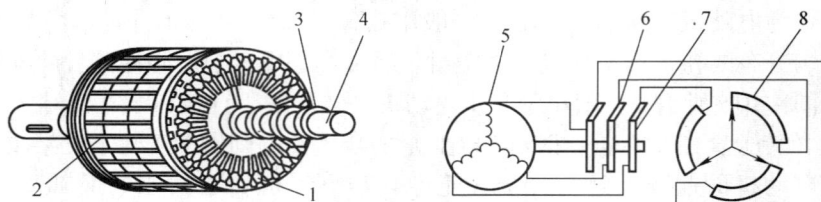

图4-14 三相绕线转子异步电动机转子结构及接线原理

1—转子绕组 2—转子铁心 3、7—集电环 4—转轴

5—转子绕组 6—电刷 8—起动电阻

三、其他附件

（1）轴承 轴承用来连接转动部分与固定部分，目前都采用滚动轴承以减小摩擦阻力。

（2）轴承端盖 轴承端盖用来保护轴承，使轴承内的润滑脂不致溢出，并防止灰、砂脏物等浸入润滑脂内。

（3）风扇 风扇用于冷却电动机。

四、气隙

为了保证三相异步电动机的正常运转，在定子与转子之间有空气隙。气隙的大小对三相异步电动机的性能影响极大。气隙大，则磁阻大，由电源提供的励磁电流大，使电动机运行时的功率因数低。但气隙过小时，将使装配困难，容易造成运行中定子与转子铁心相碰，一般空气隙约 $0.2 \sim 1.5 \mathrm{mm}$。

五、电动机铭牌

在三相异步电动机的机座上均装有一块铭牌，如图4-15所示。铭牌上标出了该电动机的型号及主要技术数据，供正确使用电动机时参考。

三相异步电动机		
型号 Y2-132S-4	功率 5.5kw	电流 11.7A
频率 50Hz	电压 380V	接法 △	转速 1440r/min
防护等级 IP44	重量 68kg	工作制 S1	F 级绝缘
×× 电机厂		

图4-15 三相笼型异步电动机铭牌

1. 型号（Y2—132S—4）

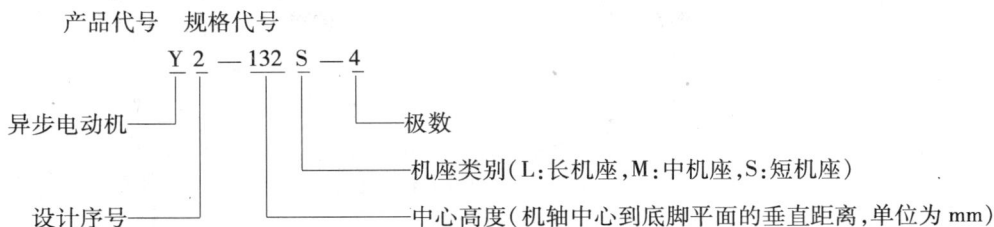

产品代号 规格代号

Y 2 — 132 S — 4

异步电动机 ——┐

设计序号 ——┘

极数

机座类别（L:长机座,M:中机座,S:短机座）

中心高度（机轴中心到底脚平面的垂直距离,单位为 mm）

因为电动机的中心高度越大，电动机的容量也就越大，因此三相异步电动机按容量分类与中心高度有关。中心高度在 $80 \sim 315mm$ 的为小型，中心高度在 $315 \sim 630mm$ 的为中型，$630mm$ 以上的为大型。在同样的中心高度下，机座长则铁心长，相应的电动机容量较大。

2. 额定功率 P_N（5.5kW）

表示电动机在额定工作状态下运行时，允许输出的机械功率，单位为 kW。

3. 额定电流 I_N（11.7A）

表示电动机在额定工作状态下运行时，定子电路输入的线电流，单位为 A。

4. 额定电压 U_N（380V）

表示电动机在额定工作状态下运行时，定子电路所加的线电压，单位为 V。

三相异步电动机的额定功率 P_N 与其他额定数据之间有如下关系

$$P_N = \sqrt{3} U_N I_N \cos\varphi_N \eta_N \times 10^{-3} \tag{4-3}$$

式中 $\cos\varphi_N$——额定功率因数；

η_N——为额定效率。

5. 额定转速（1440r/min）

表示电动机在额定工作状态下运行时的转速，单位为 r/min。

6. 接法（△）

表示电动机定子三相绕组与交流电源的联结方法，对 J02、Y 及 Y2 系列电动机而言，国家标准规定凡 3kW 及以下者均采用星形联结；4kW 及以上者均采用三角形联结。

7. 防护等级（IP44）

表示电动机外壳防护的方式。IP11 是开启型，IP22、IP23 是防护型，IP44 是封闭型。

8. 频率（50Hz）

表示电动机使用交流电源的频率，单位为 Hz。

9. 绝缘等级

表示电动机各绕组及其他绝缘部件所用绝缘材料的等级。绝缘材料按耐热性能可分为 7 个等级，见表 4-1。目前国产电机使用的绝缘材料等级为 B、F、H、C 四个等级。

表 4-1 绝缘材料耐热性能等级

绝缘等级	Y	A	E	B	F	H	C
最高允许温度/℃	90	105	120	130	155	180	大于180

10. 定额工作制

指电动机按铭牌值工作时，可以持续运行的时间和顺序。电动机定额分连续定额、短时定额和断续定额三种，分别用 S1、S2、S3 表示。

（1）连续定额（S1）　表示电动机按铭牌值工作时可以长期连续运行。

（2）短时定额（S2）　表示电动机按铭牌值工作时只能在规定的时间内短时运行。我国规定的短时运行时间为 10min、30min、60min 及 90min 四种。

（3）断续定额（S3）　表示电动机按铭牌值工作时，运行一段时间就要停止一段时间，周而复始地按一定周期重复运行。每一周期为 10min，我国规定的负载持续率为 15%、25%、40% 及 60% 四种（如标明 40% 则表示电动机工作 4min 就需休息 6min）。

例 3　已知 Y2—132S—4 型三相异步电动机的额定数据为：$P_N = 5.5\text{kW}$，$I_N = 11.7\text{A}$，$U_N = 380\text{V}$，$\cos\varphi_N = 0.83$，定子绕组采用三角形联结，试求电动机的效率 η_N。

解　由式（2-3）可得：

$$\eta_N = \frac{P_N}{\sqrt{3}U_N I_N \cos\varphi_N \times 10^{-3}} = \frac{5.5 \times 10^3}{\sqrt{3} \times 380 \times 11.7 \times 0.83} = 0.86$$

由本例数据可以看到 I_N 的数值大小约是 P_N 的两倍，这是额定电压为 380V 的三相异步电动机的一般规律（特别是 2 极和 4 极电动机更接近），因此在今后实际应用中，根据三相异步电动机的功率即可估算出电动机的额定电流，即每千瓦按 2A 电流估算。

第四节　三相异步电动机的定子绕组

绕组是三相异步电动机的主要组成部分，是产生旋转磁场、实现能量转换的关键部件，也是容易损坏的部位。所以掌握定子绕组的基本结构及联结方法，是进行故障处理及维修的先决条件。三相异步电动机的定子绕组是由许多嵌放在定子铁心槽内的线圈按照一定的规律分布、排列并连接而成的。为满足异步电动机的运行要求，必须保证各相绕组的形状、尺寸及匝数都相同，且在空间的分布应彼此相差 120° 电角度；并要求绕组的绝缘性能和机械强度可靠，制造工艺简单，用铜量少，散热条件好，检修方便。

一、定子绕组的分类

三相异步电动机的定子绕组一般采用分布绕组的形式。若按槽内层数来分，可分为单层绕组、双层绕组和单双层混合绕组。按每极每相所占槽数来分，可分为整数槽绕组和分数槽绕组；若按绕组的结构和形状来分，又可分为链式绕组、同心式绕组、交叉式绕组、叠绕组和波绕组等。

二、定子绕组的常用术语

1. 线圈、线圈组、绕组

线圈也称为绕组元件，是构成绕组的最基本单元，它是用绝缘导线（圆线或扁线）按一定形状绕制而成的，可由一匝或多匝组成；多个线圈连接成一组就称为线圈组；由多个线圈或线圈组按照一定的规律连接在一起就形成一相绕组，三相异步电动机定子有三相绕组。

图 4-16 所示为常用线圈示意图。图中，线圈嵌入铁心槽内的直线部分称为有效边，是
进行电磁能量转换的部分；伸出铁心槽外的
部分，仅起连接作用，不能直接转换能量，
称为端部。在不影响电动机电磁性能和工艺
操作的前提下，应尽量缩短线圈的端部，以
节约导线和减小损耗。

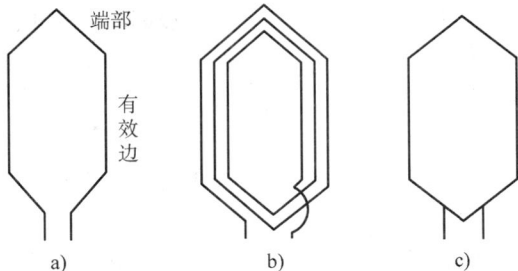

图 4-16　线圈示意图

a) 单匝线圈　b) 多匝线圈　c) 多匝简化图

2. 极距 τ

定子绕组一个磁极所占有定子圆周的距
离称为极距，一般用定子槽 z_1 数来表示，即

$$\tau = \frac{z_1}{2p} \qquad (4\text{-}4)$$

式中　$2p$——磁极数。

3. 线圈节距 y

一个线圈的两个有效边所跨定子圆周的距离称为节距，一般也用定子槽数来表示。如：
某线圈的一个有效边嵌放在第 1 槽，而另一个有效边嵌放在第 6 槽，则其节距 $y = (6-1)$
槽 = 5 槽。从绕组产生最大磁通势或电动势的要求出发，节距 y 应接近于极距 τ，即

$$y \approx \tau = \frac{z_1}{2p} \qquad (4\text{-}5)$$

当 $y = \tau$ 时，称为整距绕组；$y < \tau$ 时，称为短距绕组。

4. 机械角度和电角度

一个圆周所对应的几何角度为 360°，该几何角度就称为机械角度。而从电磁方面来看，
导体每经过一对磁极 N、S，其电动势就完成一个交变周期，也即电动势的相位变化了 360°，
这种交变电动势或电流在交变过程中所经历的角度就称为电角度。显然，对于两极电动机，
极对数 $p = 1$，这时机械角度等于电角度；对于四极电动机，$p = 2$，这时导体每旋转一周要
经过两对磁极，对应的电角度为 $2 \times 360° = 720°$。依此类推，若电动机有 p 对极，则

$$\text{电角度} = p \times \text{机械角度} \qquad (4\text{-}6)$$

5. 每极每相槽数 q

每相绕组在每个磁极下所占有的槽数就叫做每极每相槽数，可由下式计算

$$q = \frac{z_1}{2pm} \qquad (4\text{-}7)$$

式中　m——相数。

例 4　Y2—90L—4 型三相异步电动机，定子槽数 $z_1 = 24$，$2p = 4$，试求极距 τ 和每极每
相槽数 q 为多少？

解　根据式（4-4）得：

$$\tau = \frac{z_1}{2p} = \frac{24}{4}\text{槽} = 6\ \text{槽}$$

$$q = \frac{z_1}{2pm} = \frac{24}{2 \times 2 \times 3}\text{槽} = 2\ \text{槽}$$

q 个槽所占的区域称为一个相带。通常情况下，三相异步电动机每个磁极下可按相数分为三个相带。因为一个磁极对应的电角度为 180°，所以每个相带占有的电角度为 60°，称为 60°相带。少数情况下（如单绕组变极电动机中）三相异步电动机也有采用 120°相带。

6. 极相组

将一个磁极下属于同一相的线圈按一定方式串联成的线圈组叫极相组。极相组是一个很重要的概念，因为在画绕组展开图时，均把极相组作为一个单元来画，最后再把它们连接起来，分别组成三相定子绕组。在电动机定子绕组实际制作时，一般也是把一相绕组分成若干个极相组绕制成，再分别嵌线，最后将其连接成一相绕组。

三、三相定子绕组的分布与连接

三相异步电动机定子绕组的作用是产生对称的旋转磁场，因此要求定子绕组是对称的三相绕组，其分布、排列与连接应按下列要求进行：

1）各相绕组在每个磁极下应均匀分布，以达到磁场的对称。为此，先将定子槽数按极数均分，每一等分代表 180°电角度（称为分极）；再把每极下的槽数分为三个区段（即相带），每个相带占 60°电角度（称为分相）。

2）各相绕组的电源引出线应彼此相隔 120°电角度。

3）同一相绕组的各个有效边在同性磁极下的电流方向应相同，而在异性磁极下的电流方向相反。

4）同相线圈之间的连接应顺着电流方向进行。

5）为了节省用铜量，线圈的端接部分长度应尽量短。

四、三相单层绕组

单层绕组是指每一个槽内只有一条线圈边，整个绕组的线圈数等于定子槽数一半的绕组。单层绕组可分为链式绕组、同心式绕组和交叉式绕组等几种形式。绕组的结构通常用展开图来表示。根据上节所述对三相绕组的分布、排列和连接要求，可绘出三相单层绕组的展开图。下面举例说明常用的三相单层绕组的结构及展开图的绘制方法和步骤。

1. 链式绕组

链式绕组是由相同节距线圈组成的，其结构特点是构成绕组的线圈一环套一环，形如长链，现举例说明如下。

例 5 有一台 Y2—90L—4 型三相异步电动机，其定子绕组形式为单层链式，定子槽数 $z_1 = 24$，极数 $2p = 4$，相数 $m = 3$，节距 $y = 5$（即 1—6）槽，试绘出该定子绕组的展开图。

解 （1）分极、分相

每极所占槽数

$$\tau = \frac{z_1}{2p} = \frac{24}{2 \times 2} \text{槽} = 6 \text{槽}$$

每极每相槽数

$$q = \frac{z_1}{2pm} = \frac{24}{2 \times 2 \times 3} \text{槽} = 2 \text{槽}$$

如图 4-17a 所示，首先将定子全部槽数按极数均分，则每极下分有 6 槽。磁极按 S、N、

S、N 排列。然后将每个磁极下的槽数按相数均分为 3 个相带，则每个相带占有 2 槽。因为一个磁极下有三个相带，则每对磁极共有 6 个相带，将这 6 个相带按 U1、W2、V1、U2、W1、V2 的顺序排列。各相所属磁极和槽号见表 4-2。

表 4-2　各相所属磁极和槽号

槽号　　相带 磁极	U1	W2	V1	U2	W1	V2
第一对极	1、2	3、4	5、6	7、8	9、10	11、12
第二对极	13、14	15、16	17、18	19、20	21、22	23、24

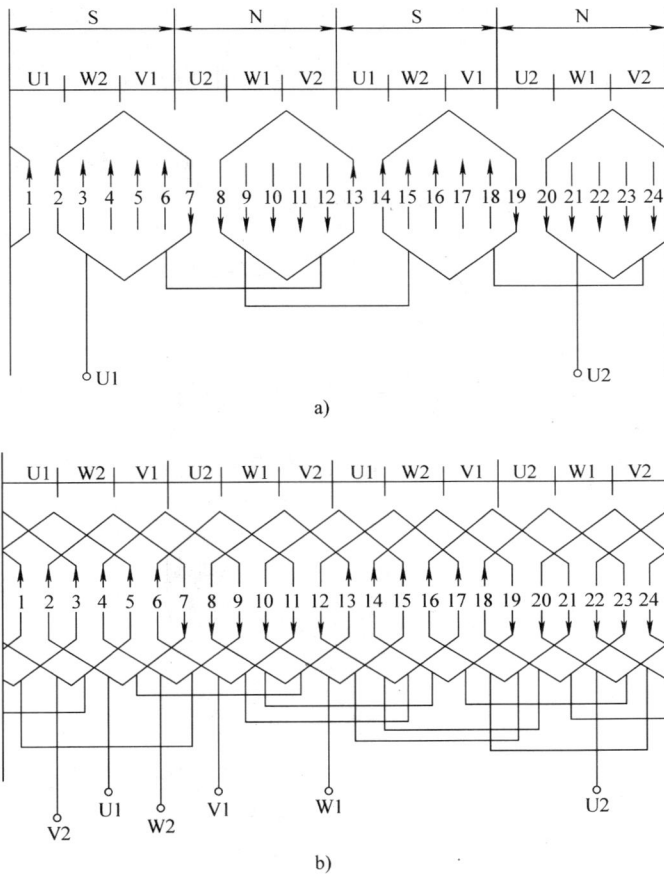

图 4-17　24 槽 4 极单层链式绕组展开图

a）分极、分相图、U 相绕组　b）三相绕组

（2）标出同一相中线圈两有效边的电流方向　按相邻两个磁极下线圈边中电流方向相反的原则进行，如果设 S 极下线圈边的电流方向向上，则 N 极下线圈边的电流方向向下，如图 4-17a 中箭头方向所示。

（3）按绕组节距的要求把相邻异极性下同一相槽中的线圈边连成线圈　由图 4-17a 可

知 U 相绕组包含第 1、2、7、8、13、14、19、20 共 8 个槽中的线圈边，线圈边 1、2 与 7、8 分别处于 S 极与 N 极下面，它们的电流方向相反，所以线圈边 1、2 中的任意一个与线圈边 7、8 中的任意一个都可以组成一个线圈；同样 13、14 中任意一个与 19、20 中任意一个也都可以组成一个线圈。本题中，$y = 5$，故可将 U 相带下 8 个槽中的导体组成以下 4 个线圈：2—7、8—13、14—19、20—1，如图 4-17a 所示的 U 相绕组。

同理，V 相的 4 个线圈为 6—11、12—17、18—23、24—5；W 相的 4 个线圈为 10—15、16—21、22—3、4—9；如图 4-17b 所示。

（4）确定各相绕组的电源引出线　各相绕组的电源引出线应彼此相隔 120°电角度。由于相邻两槽间相隔的电角度为 $\dfrac{360° \times p}{z_1} = \dfrac{360° \times 2}{24} = 30°$，则 120°电角度应相隔 $\dfrac{120°}{30°} = 4$ 槽。

现将 U 相电源引出线的首端 U1 定在第 2 槽，则 V 相首端 V1 应定在第 6 槽（2 + 4）；W 相首端 W1 定在第 10 槽，如图 4-17b 所示。

（5）顺电流方向连接同相线圈　将 U 相各线圈沿电流方向连接起来，便形成 U 相绕组的展开图，如图 4-17a 所示。U 相线圈的连接顺序如下：

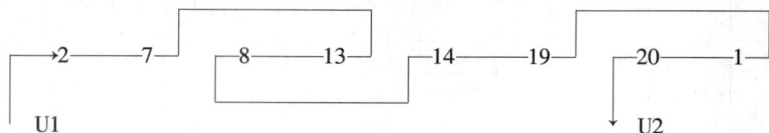

显然，上述的连接方法是各线圈的头与头相连、尾与尾相连，这种串联方法称为反串联。

按同样的方法，可连成 V 相和 W 相绕组，从而得到三相绕组的展开图，如图 4-17b 所示。其中，V 相绕组的连接顺序为：

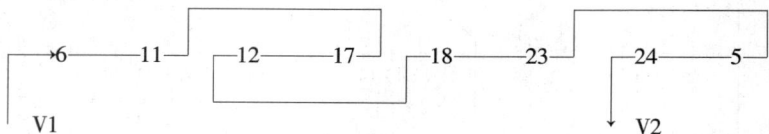

W 相绕组的连接顺序为：

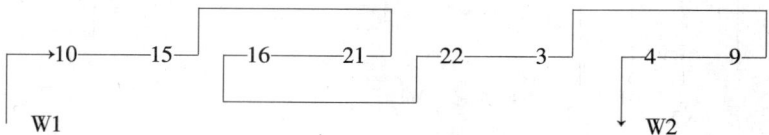

国产 JO2—21—4 型、JO2—22—4 型、Y90S—4 型、Y802—4 型、Y2—90S—4 型、Y2—802—4 型等三相异步电动机的定子绕组采用的都是这种型式的绕组。

三相异步电动机定子绕组实际接线时，为了能清楚看出各线圈组之间的连接方式，常采用两种简化了的接线图，简称概念图和圆形接线图，其绘制步骤如下：

①定子绕组的概念图。如图 4-18a 所示，用一个小方块代表定子绕组的一个极相组，在每个小方块上面用箭头表示该极相组的电流方向，定子绕组相邻极相组的电流方向应相反。顺着电流方向把每相的各极相组连接起来所得到的接线图，即是定子绕组的概念图。

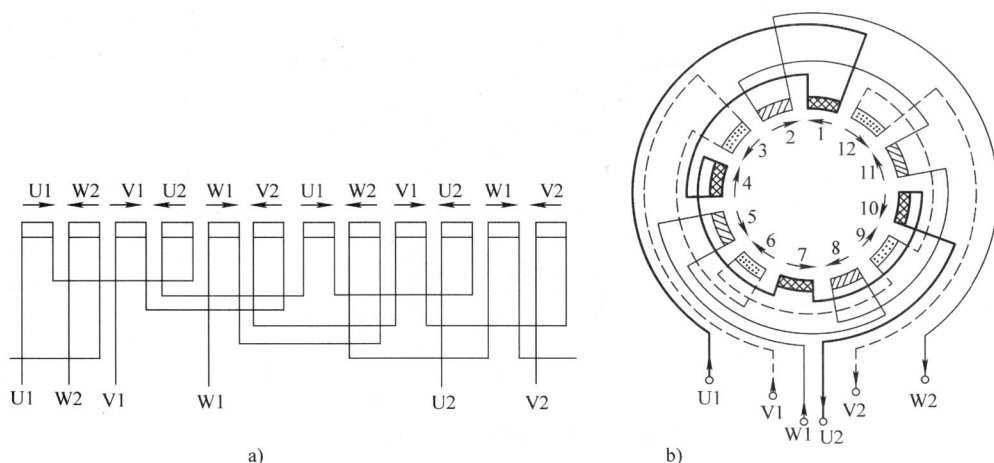

图 4-18 定子绕组的简化图

a）定子绕组概念图 b）定子绕组圆形接线图

②定子绕组的圆形接线图。如图 4-18b 所示，将定子圆周按极相组均分成 $2pm$ 圆弧段，每段表示一个极相组，每一个极相组都用一根带箭头的短圆弧线来表示，箭头所指方向表示电流的参考方向，相邻极相组的电流方向应相反。可以设想将定子绕组绕轴 OO' 剖开，并分别向左、右方向展开成平面，就成为概念图。顺次给每个极相组编号，再将各相按电流方向串联起来，即可得到三相绕组的圆形接线图。

2. 同心式绕组

同心式绕组的结构特点是：各相绕组均由不同节距的同心线圈经适当连接而成。若将图 4-17a 中属 U 相绕组的铁心槽，以 1 与 8 组成一个大线圈，2 与 7 组成一个小线圈，大小线圈相套形成一个同心式极相组。同理 13 与 20 组成大线圈，14 与 19 组成小线圈形成另一个同心式极相组，两个极相组串联成 U 相绕组，如图 4-19 所示，即为同心绕组展开图。

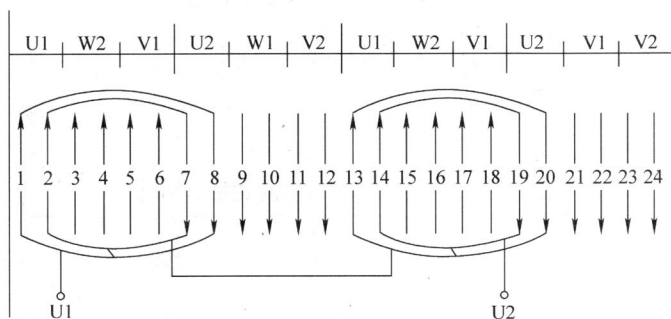

图 4-19 24 槽 4 极单层同心绕组展开图

国产 Y100L—2 等小型 2 极三相异步电动机，定子槽数为 $z_1 = 24$ 时，为了绕组便于嵌线，定子绕组常采用单层同心式绕组，其绕组展开图，如图 4-20 所示，读者可自行分析。

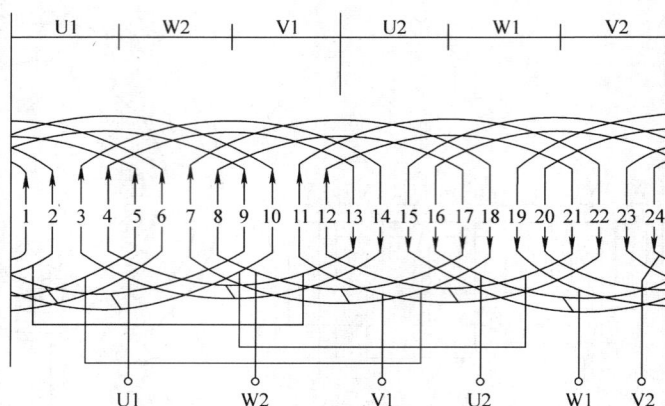

图4-20　24槽2极单层同心绕组展开图

国产 JO2 系列 11-2、12-2、31-2、32-2、41-2、42-2、51-2、52-2 和 Y100L—2 型、Y2—100L—2 型等三相异步电动机的定子绕组都属于这种绕组形式。

3. 交叉式绕组

交叉式绕组主要用于 q 为奇数（如 $q = 3$）的 4 极或 2 极的小型三相异步电动机定子中。这种绕组实质上是同心式绕组和链式绕组的一个综合。由于采用了不等距的线圈，它比同心式绕组的端部短，且便于布置。下面举例说明交叉式绕组的结构及构成方法。

例 6 国产 Y132S—4 型三相异步电动机，其定子绕组采用单层交叉式绕组。定子槽数 $z_1 = 36$ 槽，极数 $2p = 4$，相数 $m = 3$，大线圈节距为 8（1—9）槽，小线圈节距为 7（1—8）槽，试绘出其三相绕组展开图。

解　（1）分极、分相　有关数据计算如下：

每极下所占槽数

$$\tau = \frac{z_1}{2p} = \frac{36}{2 \times 2} 槽 = 9 \text{ 槽}$$

每极每相槽数

$$q = \frac{z_1}{2pm} = \frac{36}{2 \times 2 \times 3} 槽 = 3 \text{ 槽}$$

由计算可知，该电动机每极下共 9 槽，整个定子可分为 $4 \times 3 = 12$ 个相带，每个相带内有 3 个槽。按例 5 的分极、分相方法对本题进行分极、分相，可得定子各槽及其中导体所属的磁极和相带见表 4-3。

表 4-3　定子各槽及导体所属磁极和相带

磁极 ＼ 相带 槽号	U1	W2	V1	U2	W1	V2
第一对极	1、2、3	4、5、6	7、8、9	10、11、12	13、14、15	16、17、18
第二对极	19、20、21	22、23、24	25、26、27	28、29、30	31、32、33	34、35、36

（2）标出同一相中线圈边的电流方向　同例 5 一样，S 极下线圈边的电流方向向上，N 极下线圈边的电流方向向下，如图 4-21a 所示。

（3）按绕组节距要求将各线圈边依电流方向连接成线圈　因大线圈节距为 8 槽，小线圈节距为 7 槽，则对 U 相绕组来说，可将线圈边 2 与 10 和 3 与 11 连成一个双联（两个线圈联在一起）的大线圈组；而线圈边 12 与 19 组成一个小线圈组。再将线圈边 20 与 28 和 21 与 29 组成另一个大线圈组；30 与 1 组成另一个小线圈组，如图 4-21a 所示。

同理可知：V 相的 4 个线圈组为：8-16 和 9-17；18-25；26-34 和 27-35；36-7。W 相的 4 个线圈为 14-22 和 15-23；24-31；32-4 和 33-5；6-13，如图 4-21b 所示。

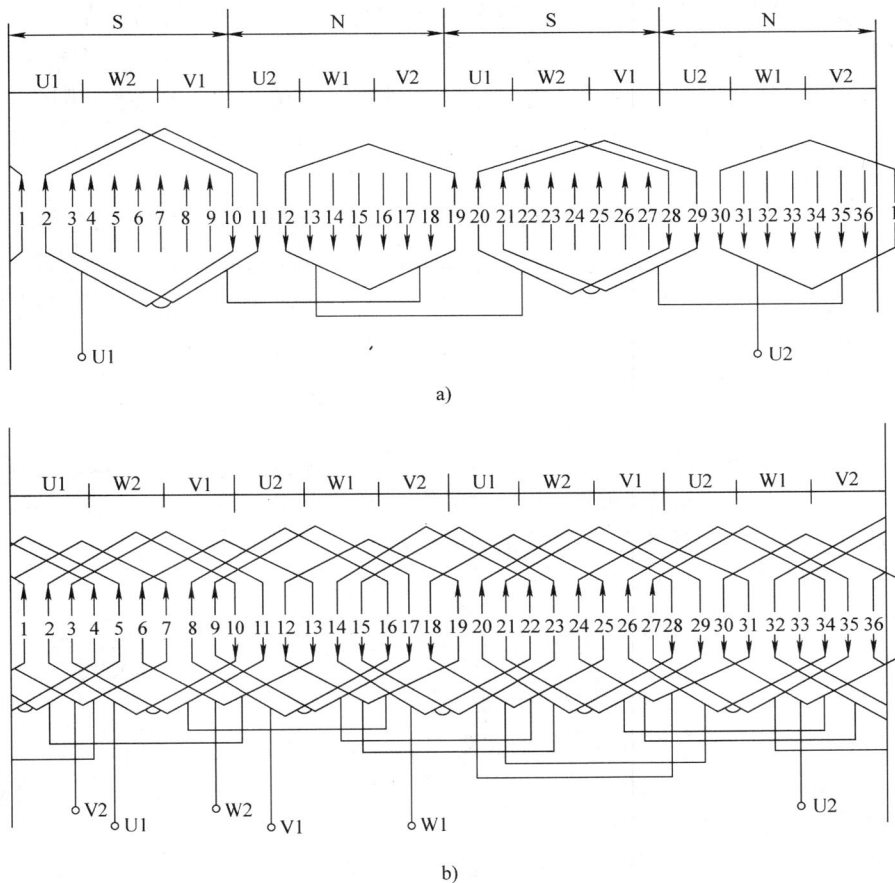

图 4-21　三相 36 槽 4 极单层交叉式绕组展示图

a) U 相绕组　b) 三相绕组

（4）确定各相绕组的电源引出线　两相邻槽间的电角度为 $\dfrac{360° \times p}{z_1} = \dfrac{360° \times 2}{36} = 20°$，故 U、V、W 三相绕组的电源引出线首端应互隔 120°，即 6 槽。因此，若 U 相首端（U1）定在第 2 槽，则 V 相首端应定在第 8 槽，W 相首端应定在第 14 槽，如图 4-21b 所示。

（5）沿电流方向连接同相线圈　采用"首首相连，尾尾相连"的反串联法，将 U 相绕组的 4 个线圈组沿电流方向连接起来，可得 U 相绕组的展开图，如图 4-21a 所示；再将 V 相和 W 相绕组的 4 个线圈组沿电流方向按反串联接法连接起来，可得三相绕组的展开图，如

图 4-21b 所示。

国产 J02—31—4 型、J02—32—4 型、Y112M—4 型、Y132M—4 型、Y2—112M—4 型、Y2—132M—4 型等三相异步电动机的定子绕组，都是属于这一种型式的绕组。

单层绕组的组成最主要的是确定三相绕组的各个线圈在定子槽中的分布规律，只要保证每相绕组所属的槽号及电流方向不变，改变绕组元件的端接形式，对电磁效果就基本上没有影响。上面讨论的三种形式的单层绕组，它们从外部结构上看虽各不相同，但从产生的电磁效果角度看则基本上是一致的。因此到底选用哪种结构形式，主要要从缩短端接部分的长度（即节省有色金属）出发，当然也要考虑到嵌线工艺的可能性。同心式绕组因端接部分较长，一般只在嵌线比较困难的 2 极电动机（$2p=2$）中采用，功率较小的 4 极、6 极、8 极电动机采用链式绕组，少部分的 2 极、4 极电动机采用交叉式绕组。

单层绕组的优点是结构简单，嵌线比较方便，槽的利用率高（因无层间绝缘）。其最大的缺点是产生的磁场和电动势波形较差（与正弦波相差较大），从而使电动机铁损和噪声都较大，起动性能不良，故多用于小容量的三相异步电动机中。国产三相异步电动机通常功率在 10kW 以下采用单层绕组。

五、三相双层绕组

双层绕组是指每个铁心槽内有上层和下层两个线圈边，每个线圈的一条边嵌放在某一槽的上层，而另一条边则嵌放在相隔约一个极距的另一槽的下层，槽内的上、下层线圈边之间用绝缘材料相互绝缘，双层绕组的线圈数正好等于槽数。

双层绕组的主要优点有：

1）可以采用短距绕组 $\left(一般约为\ y=\dfrac{5}{6}\tau\right)$，以使绕组产生的旋转磁场波形更接近于正弦波形，从而降低电动机的损耗、噪声及振动。

2）所有线圈具有相同的形状和尺寸，便于加工和制造。

3）可以组成较多的并联支路，便于制造大容量的三相异步电动机，一般功率在 10kW 以上的国产电动机都采用双层绕组。

4）绕组端部排列整齐，有利于散热和增加机械强度。

双层绕组从结构特点上可分为双层叠绕组和双层波绕组两类，广泛使用的是双层叠绕组。以下将双层叠绕组介绍如下。双层叠绕组在嵌线时，两个互相串联的线圈，总是后一个叠在前一个的上面，所以称为叠绕组，下面举例说明双层叠绕组的构成。

例 7　有一台国产 J02—61—4 型三相异步电动机，其定子绕组采用双层叠绕的形式，定子槽数为 $z_1=36$ 槽，极数 $2p=4$，线圈节距 $y=7$（即 1—8）槽，试绘出该定子绕组的展开图。

解　（1）分极、分相　有关数据计算如下：

每极下所占槽数（极距）　　　$\tau=\dfrac{z_1}{2p}=\dfrac{36}{2\times2}槽=9\ 槽$

每极每相槽数　　　　　　　$q=\dfrac{z_1}{2pm}=\dfrac{36}{2\times2\times3}槽=3\ 槽$

故由计算可知，该电动机每极下共有 9 槽，整个定子可分为 $4\times3=12$ 个相带，每个相带内有 3 个槽。按例 5 的分极、分相方法，可确定各相带内的槽号见表 4-4。

表 4-4　各极各相带槽号排列

槽号 磁极 ＼ 相带	U1	W2	V1	U2	W1	V2
第一对极	1、2、3	4、5、6	7、8、9	10、11、12	13、14、15	16、17、18
第二对极	19、20、21	22、23、24	25、26、27	28、29、30	31、32、33	34、35、36

（2）标出同一相线圈边中的电流方向　同例 5，S 极下线圈边中的电流方向向上，N 极下线圈边中的电流方向向下。

（3）按节距要求连接组成线圈，并组成极相组　以 U 相为例，如图 4-22a 所示，因大线圈节距 $y = 7$ 槽，则第 1 槽的上层边与第 8 槽的下层边连接起来构成线圈 1，第 2 槽的上层边与第 9 槽的下层边连接起来构成线圈 2，依此类推，即可构成定子绕组 U 相的全部 12 个线圈（1、2、3、10、11、12、19、20、21、28、29、30）。图中，实线表示上层边，虚线表示下层边，每个线圈都由一根实线和一根虚线组成，各线圈的编号都用其上层边所在的槽号表示。

将线圈 1、2、3 串联起来，19、20、21 串联起来，就分别组成了两个对应于 S 极下 U1 相带的极相组；将线圈 10、11、12 串联起来，28、29、30 串联起来，又分别组成了两个对应于 N 极下 U2 相带的极相组，如图 4-22a 所示。

（4）确定各相绕组的出线端　定子相邻两槽间的电角度为 $\dfrac{360° \times p}{z_1} = \dfrac{360° \times 2}{36} = 20°$，由于 U、V、W 三相绕组出线端的首端应互隔 120° 电角度，即 $\dfrac{120°}{20°} = 6$ 槽，因此，若将 U 相出线端的首端（U1）定在第 1 槽，则 V 相首端应定在第 7 槽，W 相首端应定在第 13 槽，如图 4-22b 所示。

（5）沿电流方向将各极相组连接起来　U 相绕组中各线圈的电流方向如图 4-22a 所示。沿电流方向将 U 绕组的 4 个极相组按"头接头、尾接尾"的方法连接起来，即得到了 U 相绕组的展开图，如图 4-22a 所示。

各线圈之间的串联顺序如下：

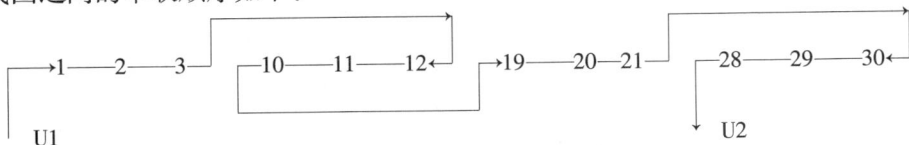

用同样的方法，可构成 V 相和 W 相绕组的展开图，从而组成三相绕组展开图，如图 4-22b 所示。

上述绕组的连接方式是各相绕组的四个极相组串联成一条支路，故并联支路数 $a = 1$。实际中，由于电动机的功率较大时，流过定子绕组中的电流比较大，为了制造工艺方便起见，通常要求各相绕组的几个极相组并联连接，即并联支路数 $a > 1$。在本例中若要求 $a = 2$，则各线圈之间的连接顺序为

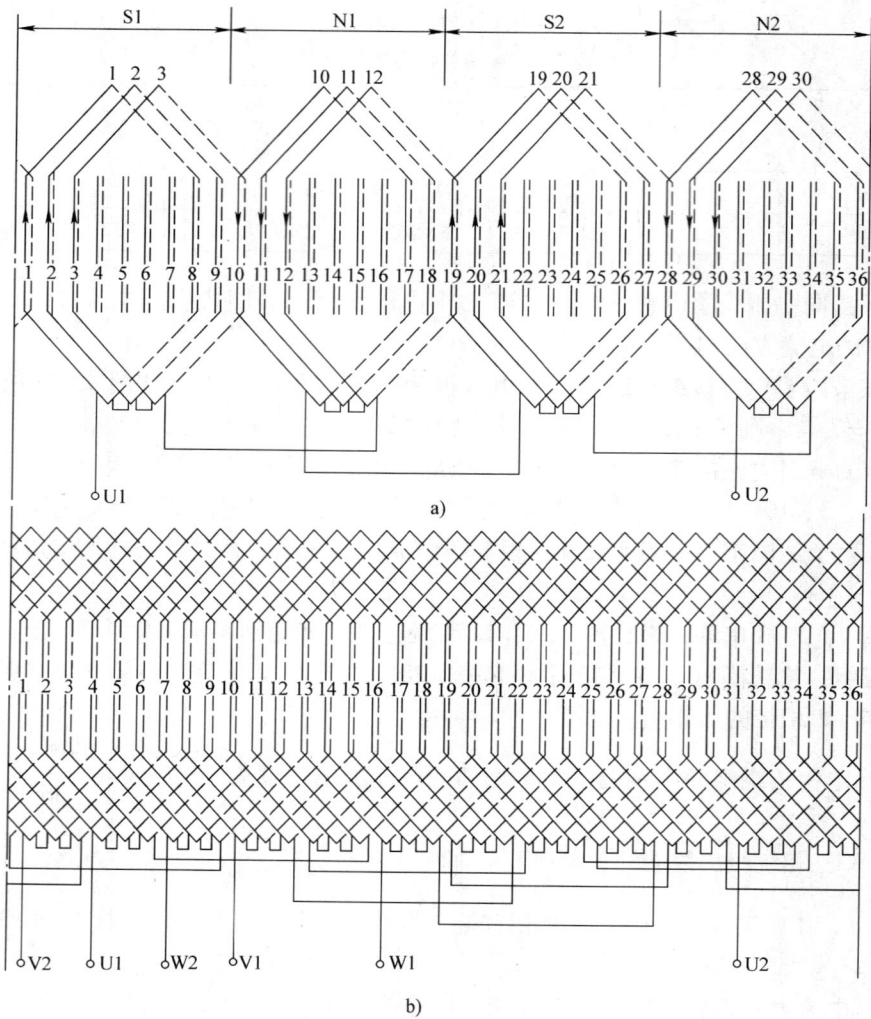

图 4-22　三相双层叠绕组展开图

a) U 相绕组　b) 三相绕组

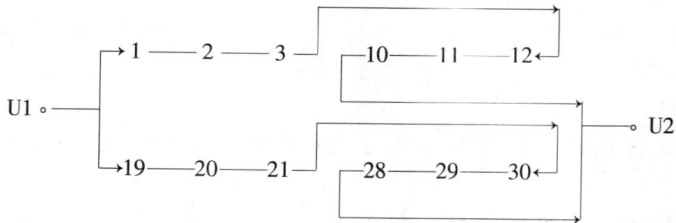

　　由以上分析可知，三相绕组若采用双层绕组结构时，每一相的极相组正好等于电动机的磁极数，即每相有 $2p$ 个极相组，而每个极相组可以单独成为一条支路，因此双层绕组的最大并联支路数 $a=2p$。

对于国产 JO2 系列、Y 系列及 Y2 系列三相异步电动机的定子绕组，其功率在 10kW 左右时，均采用双层叠绕组。当然其磁极对数、定子铁心槽数和极距各不相同。

第五节 三相异步电动机的运行原理与特性

一、三相异步电动机的运行原理

异步电动机的工作原理与变压器有许多相似之处，如异步电动机的定子绕组与转子绕组相当于变压器的一次绕组与二次绕组。变压器是利用电磁感应把电能从一次绕组传递给二次绕组，异步电动机定子绕组从电源吸取的能量也是靠电磁感应传递给转子绕组的，因此可以说变压器是不动的异步电动机。变压器与异步电动机的主要区别有：变压器铁心中的磁场是脉动磁场，而异步电动机气隙中的磁场是旋转磁场；变压器的主磁路只有接缝间隙，而异步电动机定子与转子间有空气隙存在；变压器二次侧是静止的，输出电功率，异步电动机转子是转动的，输出机械功率。因而当异步电动机转子未动时，则转子中各个物理量的分析与计算可以用分析与计算变压器的方法进行，但当转子转动以后，则转子中的感应电动势及电流的频率就要跟着发生变化，而不再与定子绕组中的电动势及电流频率相等，随之引起转子感抗、转子功率因数等也跟着发生变化，使分析与计算较为复杂，下面我们分别进行讨论。

1. 旋转磁场对定子绕组的作用

前已叙述，在异步电动机的三相定子绕组内通入三相交流电后，即产生旋转磁场，此旋转磁场将在不动的定子绕组中产生感应电动势。

通常认为，旋转磁场按正弦规律随时间而变化，旋转磁场以转速 $n_1 = \dfrac{60f_1}{p}$ 沿定子内圆旋转，由于定子绕组是固定不动的，故定子绕组切割旋转磁场产生的感应电动势的频率与电源频率相同，也为 f_1，而感应电动势的大小为

$$E_1 = 4.44K_1N_1f_1\Phi_m \tag{4-8}$$

式中　E_1——定子绕组感应电动势有效值（V）；

　　　K_1——定子绕组的绕组系数，$K_1 < 1$；

　　　N_1——定子每相绕组的匝数；

　　　f_1——定子绕组感应电动势频率（Hz）；

　　　Φ_m——旋转磁场每极磁通最大值（Wb）。

式（4-8）与前面变压器中的感应电动势公式相比多了一个绕组系数 K_1，这是因为变压器绕组是集中绕在一个铁心上的，故在任意瞬间穿过绕组的各个线圈中的主磁通大小及方向都相同，整个绕组的电动势为各线圈电动势的代数和。而在异步电动机中，同一相的定子绕组并不是集中嵌放在一个槽内，而是分别嵌放在若干个槽内，这种绕组称为分布绕组，整个绕组的电动势是各个线圈中电动势的矢量和，比起代数和来要小些。另外，为了改善定子绕组电动势的波形和节省导线用量，一般采用短距绕组，从而使两个线圈边的电动势有一定的相位差，使短距绕组的电动势比整距绕组的电动势要小，因此乘上一个绕组系数 K_1。也就是说，K_1 是由于绕组是分布绕组和短距绕组而使感应电动势减少的倍数，$K_1 < 1$。

由于定子绕组本身的阻抗压降比电源电压要小得多，即可以近似认为电源电压 U_1 与感应电动势 E_1 相等，即

$$U_1 \approx E_1 = 4.44K_1N_1f_1\Phi_m \tag{4-9}$$

由式（4-9）可见，当外加电源电压 U_1 不变时，定子绕组中的主磁通 Φ_m 也基本不变。这个结论很重要，在后面分析三相异步电动机的运行特性时要经常用到。

旋转磁场不仅通过定子绕组，而且也与转子绕组相交链，下面分析旋转磁场对转子绕组的作用。

2. 旋转磁场对转子绕组的作用

（1）转子感应电动势及电流的频率　转子以转速 n 旋转后，转子导体切割定子旋转磁场的相对转速为 $(n_1 - n)$，因此在转子中感应出电动势及电流的频率 f_2 为

$$f_2 = \frac{p(n_1 - n)}{60} = \frac{p(n_1 - n)n_1}{60n_1} = sf_1 \tag{4-10}$$

即转子中的电动势及电流的频率与转差率 s 成正比。

当转子不动时，即 $s = 1$，则 $f_2 = f_1$。

当转子达到同步转速时，$s = 0$，则 $f_2 = 0$，即转子导体中没有感应电动势及电流。

（2）转子绕组感应电动势 E_2 的大小

$$E_2 = 4.44K_2N_2f_2\Phi_m = 4.44K_2N_2sf_1\Phi_m \tag{4-11}$$

式中　K_2——转子绕组的绕组系数；

N_2——转子每相绕组的匝数。

当转子不动时（$s = 1$），转子内的感应电动势最大。随着转子转速的增加，转子中的感应电动势 E_2 也不断下降。由于异步电动机正常运行时，s 约为 $0.01 \sim 0.06$，所以正常运行时转子中的感应电动势也只有起动瞬间的 $1\% \sim 6\%$。

（3）转子的电抗和阻抗　异步电动机中的磁通绝大部分穿过空气隙与定子和转子绕组相交链，称为主磁通 Φ，它在定子及转子绕组中分别产生感应电动势 E_1 及 E_2。另外，还有一小部分磁通仅与定子绕组相链，称为定子漏磁通，而与转子绕组相链的则称为转子漏磁通，漏磁通的变化亦将在定子及转子绕组中产生漏磁感应电动势，而在电路中则表现为电抗压降，下面将讨论转子电路内的电抗和阻抗。

$$X_2 = 2\pi f_2 L_2 = 2\pi sf_1 L_2 \tag{4-12}$$

式中　X_2——转子每相绕组的漏电抗（Ω）；

L_2——转子每相绕组的漏电感（H）。

当转子不动时（$s = 1$），此时转子电路内的电抗用 X_{20} 表示，则 $X_{20} = 2\pi f_1 L_2$，此时电抗最大；而在正常运行时，$X_2 = sX_{20}$。

由此可得

$$Z_2 = \sqrt{R_2^2 + X_2^2} = \sqrt{R_2^2 + (sX_{20})^2} \tag{4-13}$$

式中　Z_2——转子每相绕组的阻抗（Ω）；

R_2——转子每相绕组的电阻（Ω）。

可见转子绕组的阻抗在起动瞬间最大，随转速的增加（s 下降）而减小。

（4）转子电流和功率因数

①转子每相绕组的电流 I_2 为

$$I_2 = \frac{E_2}{Z_2} = \frac{sE_{20}}{\sqrt{R_2^2 + (sX_{20})^2}} \tag{4-14}$$

②转子电路的功率因数 $\cos\varphi_2$ 为

$$\cos\varphi_2 = \frac{R_2}{Z_2} = \frac{R_2}{\sqrt{R_2^2 + (sX_{20})^2}} \tag{4-15}$$

对于某一台异步电动机来说，R_2 及 X_{20} 基本上是不变的，故 I_2 与 $\cos\varphi_2$ 均随 s 的变化而变化，一般可用曲线表示出它们之间的变化关系，如图 4-23 所示。

由式（4-14）可看出：当 $s=1$ 时，则 I_2 很大，即起动时转子中的起动电流很大，在图 4-23 中也可明显地看出。当 $s \approx 0$ 时，I_2 很小，即正常运行时转子电流较小。

由式（4-15）可以看出：当 $s=1$ 时，由于 $R_2 \ll X_{20}$，故 $\cos\varphi_2 \approx \dfrac{R_2}{X_{20}}$ 很小，即电动机起动时转子功率因数很低。当 $s \approx 0$ 时，则 $\cos\varphi_2 \approx 1$，即正常运行时功率因数较高。对整台电动机而言，其功率因数应为定子的功率因数 $\cos\varphi_1$，它与转子功率因数 $\cos\varphi_2$ 不相同，但两者比较相近。

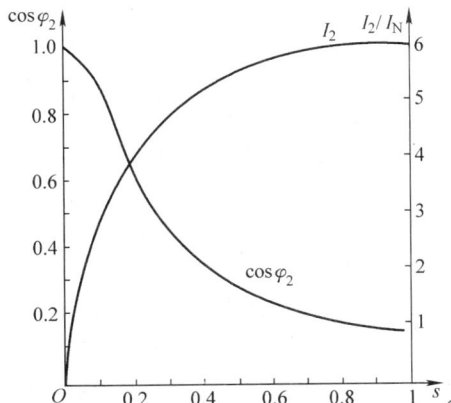

图 4-23 转子电流和转子功率因数随转差率变化的曲线

二、三相异步电动机的功率和转矩

1. 功率及效率

任何机械在实现能量的转换过程中总有损耗存在，异步电动机也不例外，因此异步电动机轴上输出的机械功率 P_2 总是小于其从电网输入的电功率 P_1，这里先举一个例子来加以说明。

例8 有一台 Y2—160M—4 型三相异步电动机输出功率（额定功率）$P_2 = 11\text{kW}$，额定电压 $U_1 = 380\text{V}$，额定电流 $I_1 = 22.3\text{A}$，电动机功率因数 $\cos\varphi_1 = 0.85$，试求额定输入功率 P_1 及输出功率与输入功率之比 η。

解 由三相交流电路的功率公式知：

$$P_1 = \sqrt{3}U_1 I_1 \cos\varphi_1 = \sqrt{3} \times 380 \times 22.3 \times 0.85\text{W} = 12.48\text{kW}$$

$$\eta = \frac{P_2}{P_1} \times 100\% = \frac{11}{12.48} \times 100\% = 88\%$$

由例8可见，电动机从电网上输入的功率 P_1 为 12.48kW，而电动机输出的功率只有 11kW，故该电动机在运行中的功率损耗 $\sum P = P_1 - P_2 = (12.48 - 11)\text{kW} = 1.48\text{kW}$。异步电动机在运行中的功率损耗有：

1）电流在定子绕组中的铜损耗 P_{Cu1} 及转子绕组中的铜损耗 P_{Cu2}。

2）交变磁通在电动机定子铁心中产生的磁滞损耗及涡流损耗，通称铁损耗 P_{Fe}。

3）机械损耗 P_t，包括电动机在运行中的机械摩擦损耗、风的阻力及其他附加损耗。

输入的功率 P_1 中有一小部分供给定子铜损耗 P_{Cu1} 和定子铁损耗 P_{Fe} 后，余下的大部分功率通过旋转磁场的电磁作用经过空气隙传递给转子，这部分功率称电磁功率 P，电磁功率中再扣除转子铜损耗 P_{Cu2} 和机械损耗 P_t 后即为输出功率 P_2，电动机的功率平衡方程式为

$$P_2 = P - P_{Cu2} - P_t = P_1 - P_{Cu1} - P_{Fe} - P_{Cu2} - P_t = P_1 - \sum P \tag{4-16}$$

式中　$\sum P$——功率损耗。

电动机的效率 η 等于输出功率 P_2 与输入功率 P_1 之比，即

$$\eta = \frac{P_2}{P_1} \times 100\% = \frac{P_1 - \sum P}{P_1} \times 100\% \tag{4-17}$$

理论分析及实践都表明，异步电动机在轻载时效率很低。国产三相异步电动机的额定效率约为 75%～92%，电动机功率越大，效率越高。负载增加时，效率随之增高，通常在额定功率的 75%～80% 时效率最高。因此在选择及使用电动机时必须注意电动机的额定功率应稍大于所拖动的负载实际功率，避免电动机额定功率比负载功率大得多的所谓"大马拉小车"现象。

由于异步电动机是一种旋转机械，而且定子与转子之间必须要有空气隙存在，使电动机在额定负载时的效率也比同容量的变压器低得多，因此如何提高异步电动机的效率一直是人们研究的一个重大课题，我国最近采取的一项重大技术更新成果就是强制推行用冷轧硅钢片作为电动机的导磁材料，可明显地降低电动机的铁损耗，另外还有采用磁性槽楔及定子绕组改用正弦绕组等措施。

2. 功率与转矩的关系

由力学知识知道：旋转体的机械功率等于作用在旋转体上的转矩 T 与它的机械角速度 Ω 的乘积，即 $P = T\Omega$，代入式（4-16），并消去 Ω 后可得：

$$T_2 = T - T_{Cu2} - T_t = T - T_0 \tag{4-18}$$

式中　T——电磁转矩；

T_0——空载转矩；

T_2——输出转矩。

其中，T_2 的大小为

$$T_2 = \frac{P_2}{\Omega} = \frac{P_2 \times 60}{2\pi n} = \frac{1000 \times 60 \times P_2}{2\pi n} = 9550\frac{P_2}{n} \tag{4-19}$$

当电动机在额定状态下运行时，式（4-19）中的 T_2、P_2、n 分别为额定输出转矩（N·m）、额定输出功率（kW）、额定转速（r/min）。

例9　有 Y160M—4 及 Y180L—8 型三相异步电动机各一台，额定功率都是 $P_2 = 11kW$，前者的额定转速为 1460r/min，后者的额定转速为 730r/min，试分别求它们的额定输出转矩。

解　（1）Y160M—4 型电动机

$$T_2 = 9550\frac{P_2}{n} = 9550 \times \frac{11}{1460}N \cdot m = 71.95N \cdot m$$

（2）Y180L—8 型电动机

$$T_2 = 9550 \frac{P_2}{n} = 9550 \times \frac{11}{730} \text{N} \cdot \text{m} = 143.9 \text{N} \cdot \text{m}$$

由此可见，对于输出功率相同的异步电动机，若极数多，则转速就低，输出转矩就大；极数少，转速高，则输出的转矩就小，在选用电动机时必须了解这个概念。

三、三相异步电动机的机械特性

对于用来拖动其他机械的电动机来说，在使用过程中最关心的是电动机输出的转矩大小、转速高低、转矩与转速之间的相互关系等问题。

由于异步电动机的转矩是由载流导体在磁场中受电磁力的作用而产生的，因此转矩的大小与旋转磁场的磁通 Φ_m、转子导体中的电流 I_2、功率因数 $\cos\varphi_2$ 及电动机的转矩常数 C_M 有关，即

$$T = C_M \Phi_m I_2 \cos\varphi_2 \tag{4-20}$$

式（4-20）在实际应用或分析时不太方便，为此可通过一定的数学换算变换为

$$T \approx \frac{C s R_2 U_1^2}{f_1 \left[R_2^2 + (s X_{20})^2 \right]} \tag{4-21}$$

式中　T——电磁转矩，在近似分析与计算中可将其看作电动机的输出转矩（N·m）；

U_1——电动机定子每相绕组上的电压（V）；

s——电动机的转差率；

R_2——电动机转子绕组每相的电阻（Ω）；

X_{20}——电动机静止不动时转子绕组每相的电抗值（Ω）；

C——电动机结构常数；

f_1——交流电源的频率（Hz）。

对一台电动机而言，它的结构常数及转子参数 C、R_2、X_{20} 是固定不变的，因而当加在电动机定子绕组上的电压 U_1 不变时（电源频率 f_1 当然也不变），由式（4-21）可以看出：异步电动机轴上输出的转矩 T 仅与电动机的转差率（亦即是电动机的转速）有关。在实际应用中为了更形象化地表示出转矩与转差率（或转速）之间的相互关系，常用 T 与 s 间的关系曲线来描述，如图 4-24 所示，该曲线通常称为异步电动机的转矩特性曲线。

在电力拖动系统中，对于由电动机拖动的机械负载给出的是负载的机械特性，为了便于分析起见，通常直接表示出电动机转速与转矩之间的关系，因此常把图 4-24 顺时针转过 90°，并把转差率 s 变换成转速 n，变成 n 与 T 之间的关系曲线，该曲线称为异步电动机的机械特性曲线，它的形状与转矩特性曲线是一样的，将在下面介绍。

下面以转矩特性曲线为例来分析异步电动机的运行性能。

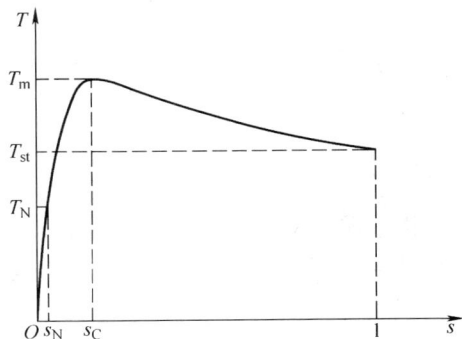

图 4-24　异步电动机的转矩特性曲线

四、三相异步电动机的运行性能

（1）起动状态　在电动机起动的瞬间，即 $n=0$（或 $s=1$）时，电动机轴上产生的转矩称为起动转矩 T_{st}（又称为堵转转矩）。若起动转矩 T_{st} 大于电动机轴上所带机械负载的转矩 T_L，则电动机就能起动；反之，电动机则无法起动。

（2）同步转速状态　当电动机转速达到同步转速时，即 $n=n_1$（或 $s=0$）时，转子电流 I_2 为零，故转矩 $T=0$。

（3）额定转速状态　当电动机在额定状态下运行时，对应的转速称为额定转速 n_N，此时的转差率称为额定转差率 s_N，而电动机轴上产生的转矩则称为额定转矩 T_N。

（4）临界转速状态　当转速为某一值 n_C 时，电动机产生的转矩最大，称为最大转矩 T_m。由数学分析知道，最大转矩 T_m 的大小只与电源电压 U_1 有关，与转子电阻 R_2 的大小无关，而产生最大转矩时的转差率 s_C（称临界转差率）可通过数学运算求得。

$$s_C = \frac{R_2}{X_{20}} \qquad (4\text{-}22)$$

式（4-22）说明，产生最大转矩时的临界转差率 s_C（亦即临界转速 n_C）与电源电压 U_1 无关，但与转子电路的总电阻 R_2 成正比，故改变转子电路电阻 R_2 的数值，即可改变产生最大转矩时的临界转差率（即临界转速），如果 $R_2=X_{20}$，$s_C=1$ 即 $n_C=0$，即说明电动机在起动瞬间产生的转矩最大（换句话说也就是电动机的最大转矩产生在起动瞬间）。所以绕线转子异步电动机可以在转子回路中串入适当的电阻，从而使起动时能获得最大的转矩。

（5）起动转矩倍数　前面已经说过，电动机刚接入电网但尚未开始转动（$n=0$）的一瞬间，轴上产生的转矩叫起动转矩（或堵转转矩）T_{st}。起动转矩必须大于电动机轴上所带的机械负载阻力矩，电动机才能起动。因此起动转矩 T_{st} 是衡量电动机起动性能好坏的重要指标，通常用起动转矩倍数 λ_{st} 表示，即

$$\lambda_{st} = \frac{T_{st}}{T_N} \qquad (4\text{-}23)$$

式中　T_N——电动机的额定转矩。

对于国产三相异步电动机 J2、J02 系列（现已淘汰）λ_{st} 约为 0.95~1.9。目前国产 Y 系列及 Y2 系列三相异步电动机该值约为 2.0，因此 Y 系列及 Y2 系列电动机的起动性能较老产品尤越。

（6）过载能力 λ　电动机产生的最大转矩 T_m 与额定转矩 T_N 之比称为电动机的过载能力 λ，即

$$\lambda = \frac{T_m}{T_N} \qquad (4\text{-}24)$$

一般情况下，三相异步电动机的 λ 值在 1.8~2.2 之间，这表明电动机在短时间内轴上所带负载只要不超过 $(1.8~2.2)T_N$，电动机仍能继续运行。因此 λ 表明电动机具有的过载能力。

由式（4-21）可得出：异步电动机的转矩 T（最大转矩 T_m 及起动转矩 T_N 也一样）与加在电动机上的电压 U_1 的平方成正比。因此电源电压的波动对电动机的运行影响很大。例如：

当电源电压降为额定电压的90%（即$0.9U_1$）时，电动机的转矩则降为额定值的81%。因此当电源电压过低时，电动机就有可能拖不动负载而被迫停转，这一点在使用电动机时必须注意。这一点在后面异步电动机的起动中也会讨论到，当异步电动机采用降低电源电压起动时，虽然对降低电动机的起动电流很有效，但带来的最大缺点就是电动机的起动转矩也随之降低，因此这种方法只适用于空载或轻载起动的电动机。

例10　有一台三相笼型异步电动机，额定功率$P_N=40kW$，额定转速$n_N=1450r/min$，过载能力$\lambda=2.2$，试求额定转矩T_N，最大转矩T_m。

解
$$T_N=9550\frac{P_N}{n_N}=9550\times\frac{40}{1450}N\cdot m=263.45N\cdot m$$
$$T_m=\lambda T_N=2.2\times263.45N\cdot m=579.59N\cdot m$$

例11　已知 Y2—132S—4 三相异步电动机的额定功率$P_N=5.5kW$，额定转速$n_N=1440r/min$，$\frac{T_{st}}{T_N}=2.3$，试求：（1）在额定电压下起动时的起动转矩T_{st}；（2）若电动机轴上所带负载的阻力矩T_L为$60N\cdot m$，当电网电压降为额定电压的90%时，该电动机能否起动？

解　（1）$T_N=9550\frac{P_N}{n_N}=9550\times\frac{5.5}{1440}N\cdot m=36.48N\cdot m$
$$T_{st}=2.3T_N=2.3\times36.48N\cdot m=83.9N\cdot m$$

（2）$\frac{T_{st}'}{T_{st}}=\left(\frac{0.9U_1}{U_1}\right)^2=0.81$
$$T_{st}'=0.81T_{st}=0.81\times83.9N\cdot m=68N\cdot m$$

由于$T_{st}'>T_L$，所以当电网电压降为额定电压的90%时，电动机也可以起动。

五、三相异步电动机的稳定运行区

电动机在运行中拖动的负载转矩T_L必须小于电动机的最大转矩T_m，电动机才有可能稳定运行，否则电动机将因拖不动负载而被迫停转。

通常异步电动机稳定运行在图4-25所示机械特性曲线的abc段上。从这段曲线可以看出，当负载转矩有较大的变化时，异步电动机的转速变化并不大，因此异步电动机具有较硬的机械特性。这个转速范围（$n_1\sim n_c$）称为异步电动机的稳定运行区。对于稳定运行区可作这样的理解，假设电动机在额定转矩T_N下运行，对应的转速为额定转速n_N，现假设负载转矩突然增大，则电动机转矩将小于负载转矩，电动机将开始减速，随着电动机转速的下降，电动机产生的转矩将不断增加，当增加到与负载转矩相等时，电动机即在该转速下稳定运行。用同样的道理可分析当负载转矩减小时，电动机将在稍高的转速下稳定运行。这也就是为什么电动机的空载转速稍高于额定转速的原因。

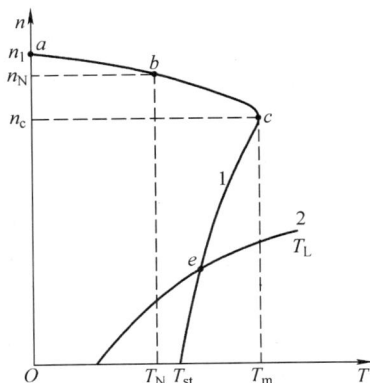

图4-25　异步电动机的
机械特性曲线

在机械特征曲线的 $T_{st}c$ 段上，随着电动机转速的下降，电动机产生的转矩也随之降低，因此该范围称为电动机的不稳定运行区，异步电动机一般不能在该区域内正常稳定运行。只有电风扇、通风机等风机型负载是一种特例。因为风机型负载的特点是阻力矩 T_L 随转速增加而急剧增加，如图 4-25 曲线 2 所示，它与电动机的转矩特性曲线相交于 e 点，并在 e 点稳定运行。当由于某种原因使电动机转速稍有增加时，则电动机产生的转矩增加较少，而负载阻力矩 T_L 增加较多，从而使电动机减速。同理，当电动机转速下降时，则电动机的电磁转矩比负载转矩 T_L 下降得要少，于是电动机加速。因此在转速变化消失后，电动机仍能恢复到稳定工作点 e 处工作。

第六节　三相异步电动机的起动

一、概述

起动是指电动机通电后转速从零开始逐渐加速到正常运转的过程。

由电动机所拖动的各种生产、运输机械及电气设备经常需要进行起动和停止，所以电动机的起动、调速和制动性能的好坏，对这些机械或设备的运行影响很大。在实际运行中，不同的机械或设备有不同的起动情况。有些机械如机床，在起动过程中接近空载，待正常运转后再加上负载；有些负载如电风扇、鼓风机起动时负载转矩很小，负载转矩随转速的平方近似或正比增加；有些机械如电梯、起重机、传动带运输机起动时的负载转矩与正常运行时一样大；有些机械如交通运输工具，要求起动时的转矩比正常运行时的转矩还要大，以利于产生加速度，使交通运输工具能很快加速。以上这些机械或设备对电动机的起动提出了不同的要求。从总体来讲，对异步电动机的起动所提出的要求主要有：

1）电动机应有足够大的起动转矩。

2）在保证足够的起动转矩前提下，电动机的起动电流应尽量小。

3）起动所需的控制设备应尽量简单、力求价格低廉，操作及维护方便。

4）起动过程中的能量损耗应尽量小。

由上节的分析知道，异步电动机在起动瞬间，定子绕组已接通电源，但转子因惯性转速从零开始增加的瞬间转差率 $s=1$，转子绕组中感应的电流很大，使定子绕组中流过的起动电流也很大，约为额定电流的 5～7 倍，虽然起动电流很大，但由于起动时功率因数很低，因此电动机的起动转矩并不大（最大也只有额定转矩的两倍左右）。因此异步电动机起动的主要问题是：起动电流大，而起动转矩并不大。

大的起动电流带来的不良后果主要有：

1）使供电线路电压下降，影响其他设备正常运行。

2）使电动机本身发热严重，损耗加大，使用寿命降低甚至损坏。

在正常情况下，异步电动机的起动时间很短（一般为几秒到十几秒），短时间的起动大电流一般不会对电动机造成损害（对于频繁起动的电动机则需要注意起动电流对电动机工作寿命的影响），但它会在电网上造成较大的电压降从而使供电电压下降，影响在同一电网上其他用电设备的正常工作，会造成正在起动的电动机起动转矩减小、起动时间延长甚至无法起动。

另一方面，由于异步电动机的起动转矩不大，因此用来拖动机械的异步电动机可先空载或轻载起动，待升速后再用机械离合器加上负载。但有的设备（如起重机械）则要求电动机能带负载起动，因此要求电动机有较大的起动转矩。为此专门设计制造了各种用途不同的三相异步电动机系列（见表 4-6）以满足不同的需要。

三相笼型异步电动机的起动方式有两种，即在额定电压下的直接起动和降低起动电压的降压起动，两种方式各有优缺点，可按具体情况正确选用。

二、三相笼型异步电动机的直接起动

所谓直接起动即是将电动机三相定子绕组直接接到额定电压的电网上来起动电动机，因此又称为全压起动。一台异步电动机能否采用直接起动应视电网的容量（变压器的容量）、电网允许干扰的程度及电动机的型式、起动次数等许多因素决定，究竟多大容量的电动机能够直接起动呢？通常认为只需满足下述三个条件中的一条即可：

1）容量在 7.5kW 以下的三相异步电动机一般均可采用直接起动。

2）当电动机起动时在电网上引起的电压降不超过 10% ~ 15% 时，就允许直接起动。

3）由独立的动力变压器供电时，允许直接起动的电动机容量不超过变压器容量的 20%。

图 4-26 三相异步电动机直接起动

最简单的直接起动控制电路可用三相刀开关和熔断器将三相笼型异步电动机直接接入交流电网，如图 4-26 所示。直接起动的优点是所需设备简单，起动时间短，缺点是对电动机及电网有一定的冲击。在实际使用中的三相异步电动机，只要允许采用直接起动，则应优先考虑使用直接起动。

三、三相笼型异步电动机的减压起动

减压起动是指起动时降低加在电动机定子绕组上的电压，起动结束后加额定电压运行的起动方式。

减压起动虽然能起到降低电动机起动电流的目的，但由于电动机的转矩与电压的平方成正比，因此减压起动时电动机的转矩减小较多，故减压起动一般适用于电动机空载或轻载起动。常用的减压起动有星—三角减压起动、串电阻（电抗）减压起动、自耦变压器减压起动及软起动器起动。

1. 星形—三角形减压起动

起动时，先把定子三相绕组作星形联结，待电动机转速升高到一定值后再改接成三角形。因此这种减压起动方法只能用于正常运行时作三角形联结的电动机上。其原理电路如图 4-27 所示。起动时将 Y—△ 转换开关 QS2 的手柄置于起动位，则电动机定子三相绕组的末端 U2、V2、W2 连成一个公共点，三相电源 L1、L2、L3 经开关 QS1 向电动机定子三相绕组的首端 U1、V1、W1 供电，电动机以星形联结起动。加在每相定子绕组上的电压为电源线电压 U_1 的 $1\sqrt{3}$ 倍，因此起动电流较小。待电动机起动即将结束时再把开关 QS2 手柄转到运行

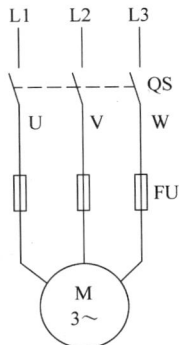

位，电动机定子三相绕组接成三角形联结，这时加在电动机每相绕组上的电压即为线电压 U_1，电动机正常运行。

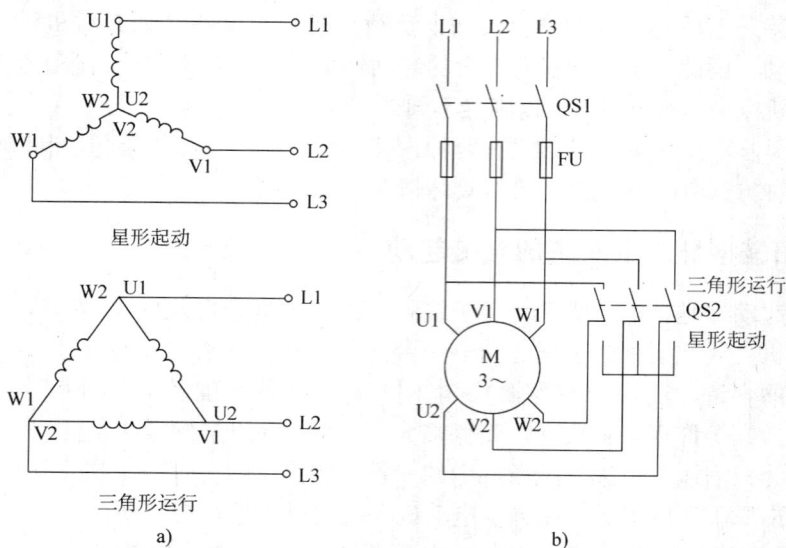

图 4-27 三相异步电动机星形—三角形减压起动

a）起动原理 b）起动电路

用星形—三角形减压起动时，起动电流为直接采用三角形联结时起动电流的 1/3，所以对降低起动电流很有效，但起动转矩也只有用三角形联结直接起动时的 1/3，即起动转矩降低很多，故只能用于轻载或空载起动的设备上。这种方法的最大优点是所需设备较少、价格低，因而获得了较为广泛的采用。由于此法只能用于正常运行时为三角形联结的电动机上，因此我国生产的 JO2 系列、Y 系列、Y2 系列三相笼型异步电动机，凡功率在 4kW 及以上者，正常运行时都采用三角形联结。

常用的手动星形—三角形起动器有 QX1、QX2、QX3 和 QX4 系列，图 4-28 所示为 QX1 系列星形—三角形起动器。起动时将手柄从停止位扳到起动位，触头 1、2、5、6、8 闭合，电动机定子绕组接成星形联结起动。起动结束后，将手柄扳到运行位，则触头 1、2、3、4、7、8 闭合，定子绕组以三角形联结全压运行。停机时，将手柄扳到中间停止位，全部触头断开，电动机停转。

2. 串联电阻（电抗）减压起动

如图 4-29 所示，电动机起动时在定子绕组中串联电阻减压，起动结束后再用开关 S 将电阻短路，全压运行。

由于串联电阻起动时，在电阻上有能量损耗而使电阻发热，故一般常用铸铁电阻片。有时为了减小能量损耗，也可用电抗器代替。

串联电阻减压起动具有起动平稳、工作可靠、起动时功率因数高等优点，另外，改变所串入的电阻值即可改变起动时加在电动机上的电压，从而调整电动机的起动转矩，不像星形—三角形减压起动那样，只能获得一种减压值。但由于其所需设备比星形—三角形减压起动

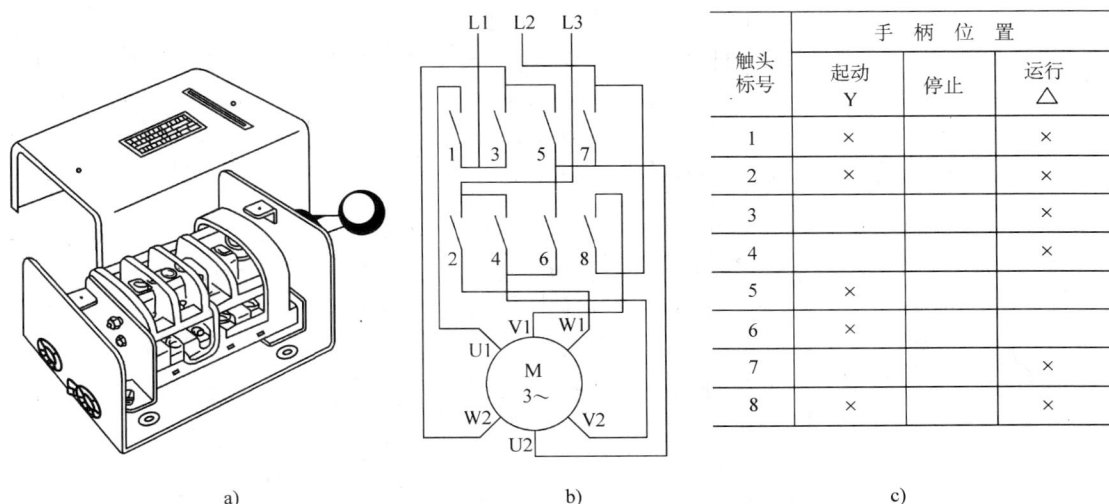

图 4-28 手动星形—三角形起动器

a）外形 b）电路原理 c）触头状态

注：×表示触头接通。

要多，投资相应较大，同时电阻上有功率损耗，不宜频繁起动，因此在这两种降压起动方法中，优先选用星形—三角形减压起动。

3. 自耦变压器（补偿器）减压起动

前面两种减压起动方法的主要缺点是随着电源供给电动机的起动电流减小的同时，电动机的起动转矩下降较多，因此只能用于轻载或空载起动。而自耦变压器减压起动的最主要特点就是在相同的起动电流下，电动机的起动转矩相应较高，它是利用自耦变压器来降低起动时加在定子三相绕组上的电压，如图 4-30 所示。起动时，先合上开关 QS，再将补偿器控制手柄（即开关 S）扳到起动位，这时经过自耦变压器降压后的交流电压加到电动机三相定子绕组上，电动机开始减压起动，待电动机转速升高到一定值后，再把 S 扳到运行位，电动机就在全压下正常运行。此时自耦变压器已从电网上被切除。

自耦变压器二次绕组有 2 ~ 3 组抽头，其电压可以分别为电源线电压 U_1 的 80%、65% 或 80%、65%、50%。

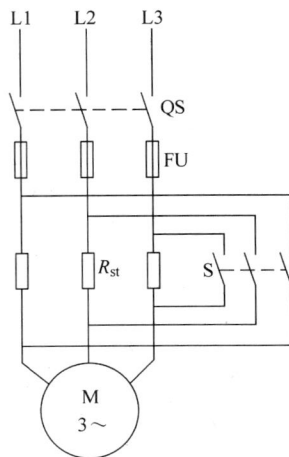

图 4-29 串电阻降压起动

在实际使用中都把自耦变压器、开关触头、操作手柄等组合在一起构成自耦减压起动器（又称为起动补偿器）。

这种起动方法的优点是可以按允许的起动电流和所需的起动转矩来选择自耦变压器的不同抽头实现减压起动，而且不论电动机定子绕组采用星形联结或三角形联结都可以使用。其缺点是设备体积大，投资较贵，不能频繁起动，主要用于带一定负载起动的设备上。

4. 软起动器（又称为智能电动机控制器 SMC）**起动**

软起动器实际上就是由微处理器来控制双向晶闸管交流调压装置。通过控制双向晶闸管的导通角来改变三相异步电动机起动时加在三相定子绕组上的电压，以控制电动机的起动特性，常用的控制模式是限流软起动控制模式，软起动时 SMC 的输出电压由零迅速增加，使输出电流（即电动机的起动电流）很快上升到 3～4 倍电动机的额定电流，然后保持输出电流基本不变，而电压则逐步上升，使电动机的转矩和电流与要求得到较好的匹配。最后使电动机加速到额定转速，起动完毕，接触器触头 KM 闭合，将晶闸管短接，电动机实现全压运行。其电路原理及起动持性曲线如图 4-31 所示。

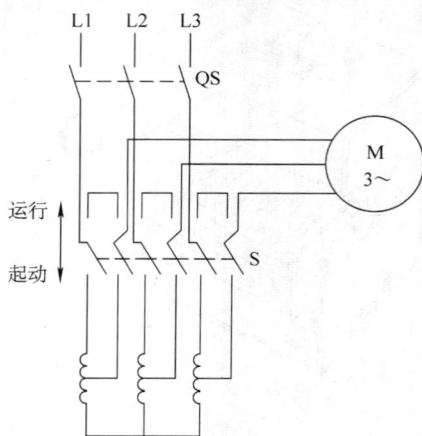

图 4-30　自耦变压器降压起动

软起动设备可以使三相异步电动机平滑起动，平滑停转或自由停转。起动电流、起动转矩和起动或软停时间可按负载需要灵活调节，减小了起动电流的冲击。电子软起动设备性能稳定，操作方便简单，显示直观，体积小且保护功能齐全。

软起动设备分为高压软起动设备和低压软起动设备两种，且有多种型号可供选择，控制的三相异步电动机的功率可从几百瓦到几百千瓦，目前已广泛应用于冶金、机械、石化、矿山等各工业领域中。

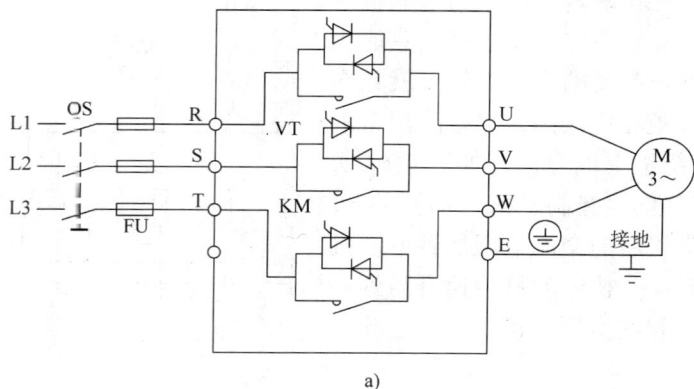

图 4-31　软起动器起动
a）起动电路原理　b）起动特性曲线

四、绕线转子异步电动机的起动

前已叙述绕线转子异步电动机与笼型异步电动机的主要区别是绕线转子异步电动机的转子采用三相对称绕组，且均采用星形联结。起动时通常在转子三相绕组中串联可变电阻起动，也有部分绕线转子异步电动机用频敏变阻器起动。

1. 转子串联电阻起动

如图 4-32 所示，在绕线转子异步电动机的转子电路中串入电阻器，并通过接触器触头或凸轮控制器触头的开闭有级地切除电阻。该电路的工作原理是：起动时控制器的全部触头 S1～S3 均断开，合上电源开关 QS 后，绕线转子异步电动机开始起动，此时电阻器的全部电阻都串入转子电路内，如正确选取电阻值，使转子回路的总电阻 $R_2 \approx X_{20}$，则由式（4-21）知，此时 $s_c \approx 1$，电动机对应的机械特性曲线如图 4-33 曲线 1，此时电动机的起动转矩 T_1 接近最大转矩，电动机开始起动，随着转速的升高，转矩相应的下降（对应线段 ab），到达 b 点对应的转速时，触头 S1 闭合，转子电阻减小，对应于曲线 2，由于在此瞬间电动机转速不能突变，故电动机产生的转矩由 T_2 升为 T_1，然后电动机转矩及转速沿线段 cd 变化，到 d 点时，触头 S2 闭合，过渡到曲线 3，最后转子电阻全部切除，电动机稳定运行于曲线 4 的 h 点，起动过程结束。电动机在整个起动过程中起动转矩较大，故该方式适合于重载起动，主要用于桥式起重机、卷扬机、龙门吊车等。其主要缺点是所需起动设备较多，起动级数较少，起动时有一部分能量消耗在起动电阻上，因而又出现了转子串联频敏变阻器起动。

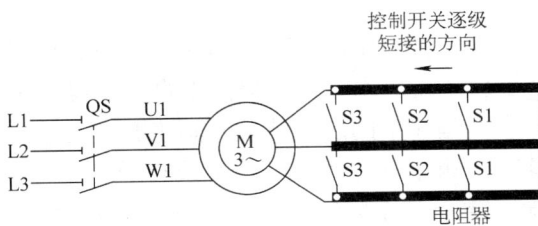

图 4-32　绕线转子电动机转子
串联电阻起动电路

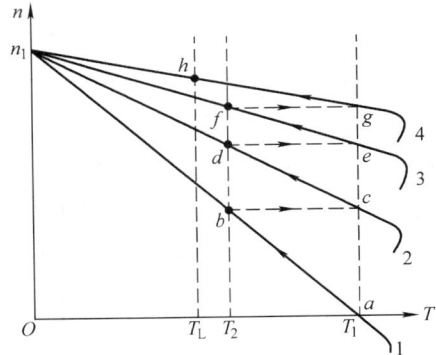

图 4-33　机械特性曲线

2. 转子串联频敏变阻器起动

频敏变阻器的外形结构如图 4-34a 所示，它是一种有独特结构的无触点元件，其构造与三相电抗器相似，即由三个铁心柱和三个绕组组成，三个绕组接成星形联结，并通过集电环和电刷与绕线转子异步电动机的三相转子绕组相连，如图 4-34b 所示。

频敏变阻器的主要结构特点是铁心用 6～12mm 厚的钢板制成，并有一定的空气隙，当绕组中通过交流电后，在铁心中产生的涡流损耗及磁滞损耗都较大。由于铁心处于较饱和状态，其感抗相应较小；另外，由于绕组匝数不是很多，因此绕组的直流电阻也较小。

当绕线转子异步电动机刚开始起动时，电动机转速很低，故转子频率 f_2 很大（接近 f_1），铁心中的损耗很大，即 R_2 很大，因此限制了起动电流，增大了起动转矩。随着电动机转速的增加，转子电流频率下降（$f_2 = sf_1$），于是 R_2 减小，使起动电流及转矩保持一定数值。故频敏变阻器实际上是利用转子频率 f_2 的平滑变化来达到使转子回路总电阻平滑减小的目的。起动结束后，转子绕组短接，把频敏变阻器从电路中切除。

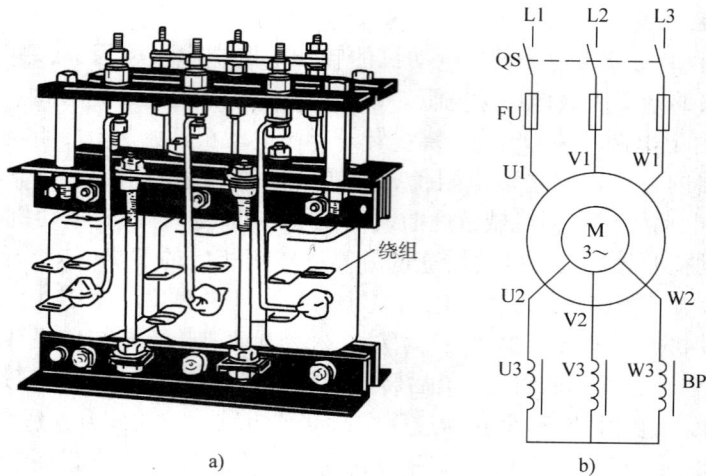

图 4-34　转子串频敏变阻器起动

a）基本结构　b）起动电路

由于频敏变阻器的等效电阻和等效电抗都随转子电流频率而变化，反应非常灵敏，所以称为频敏变阻器。这种起动方法的主要优点是结构简单、成本较低、使用寿命长、维护方便，能使电动机平滑起动（无级起动），基本上可获得恒转矩的起动特性。其主要不足之处是由于有电感 L 的存在，使功率因数降低，起动转矩并不很大。因此，当绕线转子异步电动机在轻载起动时，采用频敏变阻器法起动的优点较明显，如重载起动时一般采用串联电阻起动。

第七节　三相异步电动机的调速

为了满足实际应用的需要，异步电动机需要进行调速，所谓调速即是用人为的方法来改变异步电动机的转速。

由前面异步电动机的转差率公式可得：

$$n = n_1(1-s) = \frac{60f_1}{p}(1-s) \tag{4-25}$$

故异步电动机的调速有以下三种方法：

1）改变定子绕组的磁极对数 p，即变极调速。

2）改变电动机的转差率 s，具体方法有改变电源电压调速和绕线转子异步电动机的转子串电阻调速等。

3）改变供电电网的频率 f_1，即变频调速。

一、变极调速

三相异步电动机定子绕组通过三相交流电后产生的旋转磁场的磁极对数取决于定子绕组中的电流方向，只要改变定子绕组的接线方式，就能达到改变磁极对数的目的。如图 4-35a

所示，U 相绕组的磁极数为 $2p=4$；若改变绕组的连接方法，使一半绕组中的电流方向改变，如图 4-35b 所示，则此时 U 相绕组的磁极数即变为 $2p=2$，由此可以得出：当每相定子绕组中有一半绕组内的电流方向改变时，即达到了变极调速的目的。

采用改变定子绕组极数的方法来调速的异步电动机称为多速异步电动机。

1. △/丫丫联结变极调速

图 4-36 所示为△/丫丫联结双速异步电动机定子绕组接线图。如果没有 U2、V2、W2 三个抽头即为一台三角形联结的三相异步电动机定子绕组接线原理图，当将 U1、V1、W1 接三相电源时，每相绕组的两组线圈为正向串联，电流方向如图中虚线箭头所示，磁极数为 $2p=4$。如果把 U1、V1、W1 点接在一起，将 U2、V2、W2 接到电源上，就构成了双星形（丫丫）联结，每相绕组中有一半反接了，电流如图中实线箭头所示，这时的磁极数 $2p=2$。即实现了变极调速。

常用的单绕组变极电动机，其定子上只装有一套三相绕组，就是利用改变绕组连接方式来达到改变磁极对数 p 的目的。

单绕组变极，可以使定子绕组磁极对数成倍数关系改变，从而获得倍极比（如 2/4 极和

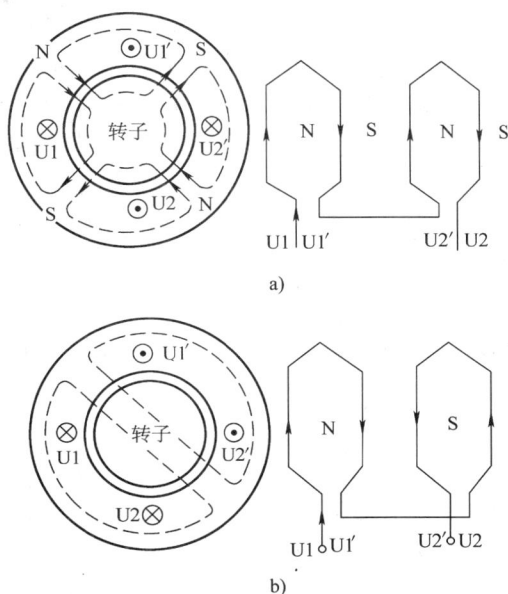

图 4-35 变极调速原理
a) $2p=4$ b) $2p=2$

4/8 极）的双速电动机，也可以获得非倍极比（如 4/6 极、6/8 极）的双速电动机，还可以获得几挡极数比（2/4/8 和 4/6/8）的三速电动机。

△/丫丫联结双速异步电动机属于恒功率调速，故低转速时输出的转矩为高转速时的 2 倍，这种调速方法常用于带动金属切削机床（如车床的主轴即属恒功率负载）。

2. 丫/丫丫联结变极调速

如图 4-37 所示，当 U1、V1、W1 连接到三相交流电源时，三相绕组为丫联结，$2p=4$；如果将 U1、V1、W1 连接在一起，将 U2、V2、W2 接到电源上，则三相绕组成为丫丫联结，$2p=2$。对于丫/丫丫联结的双速电动机，其变极调速前后的输出转矩基本不变，因此适用于负载转矩基本恒定的恒转矩调速，例如起重机、运输带等机械。

变极调速的优点是所需设备简单，其缺点是电动机绕组引出头较多，调速级数少，在机床上应用时，必须与齿轮箱配合，才能得到更多挡次的转速。

为了避免转子绕组变极的困难，绕线转子异步电动机不采用变极调速，即变极调速只用于笼型异步电动机中。

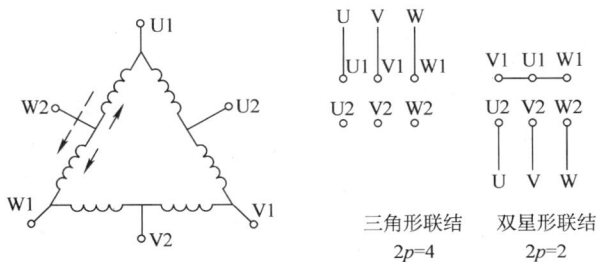

图 4-36 △/丫丫联结双速异步电动机定子绕组接线

二、改变转子电阻调速

即改变转子电路的电阻，这种方法只适用于绕线转子异步电动机。

图4-38所示为一组电源电压 U_1 不变，而转子电路电阻在改变的异步电动机机械特性曲线。由于 U_1 不变，故最大转矩不变，但产生最大转矩时的转速（即临界转差率）则随转子电路电阻的变化而改变。由此可见，对应于一定的负载阻力矩 T_L，在转子电阻不同时，就有不同的转速，而且电动机的转速随转子电阻的增加而下降。其具体调速过程是：假设电动机原来运行于特性曲线1的 a 点，若将转子电阻增加为 R_2'（对应机械特性曲线2），由于瞬间电动机转速来不及变化，故工作点将由 a 点过渡到 b 点，此时电动机产生的转矩小于负载阻力矩 T_L，于是电动机开始减速（转矩则相应增大），工作点由 b 点很快过渡到 c 点，此时电动机产生的转矩等于 T_L，即在此点稳定运行。这种方法与电动机转子电路串电阻起动的情况完全一样，因此起动电阻又可看作调速电阻，但由于起动的过程是短暂的，而调速时电动机则可以长期在某一转速下运行，因而调速电阻的功率容量要比起动电阻大。调速电阻的切除通常也用凸轮控制器来实现。这种调速方法的优点是所需设备较简单，并可在一定范围内进行调速。其缺点是调速电阻上有一定的能量损耗，调速特性曲线的硬度不大，即转速随负载的变化较大，且电阻越大，特性越软；同时，空载和轻载时的调速范围也很窄。这种方法主要用于运输、起重机械中的绕线转子异步电动机上。

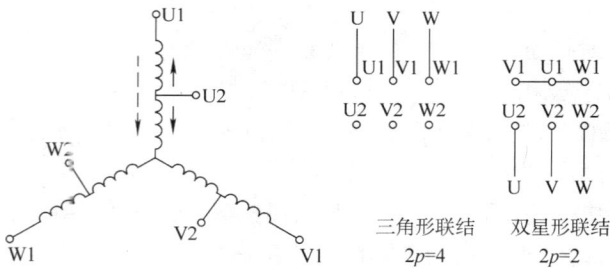

图4-37　△/丫丫联结双速异步电动机定子绕组接线

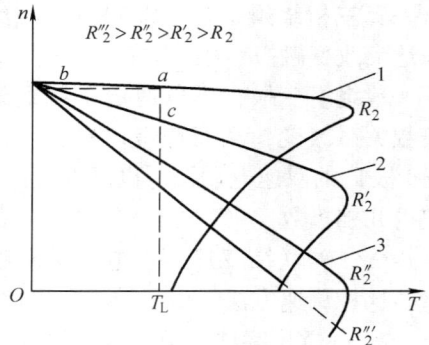

图4-38　绕线转子电动机转子串电阻调速的 $n = f(T)$ 曲线

三、改变定子电压调速

这种方法适用于笼型异步电动机。

当加在笼型异步电动机定子绕组上的电压发生改变时，它的机械特性曲线如图4-39所示，这是一组临界转速（临界转差率）不变，而最大转矩随电压的平方而下降的曲线。对于恒转矩负载，从图中虚线2可以看出，其调速范围很窄，实用价值不大。但对于通风机负载，其负载转矩 T_L 随转速的变化关系如图中虚线1所示，可见其调速范围（对应于 a、a'、a'' 点的转速）较宽。因此，目前大多数的电扇都采用串联电抗器调速或用晶闸管调压调速。

为了能实现恒转矩负载下的调压调速，就需采用转子电阻较大的高转差率笼型异步电动机，其机械特性曲线如图 4-40 所示，对应于不同的定子电压时，工作点为 a、a'、a''，可见其调速范围较宽，缺点是机械特性太软（特别是电压低时），因此转速变化大，为了克服这一缺点，可以采用带转速负反馈的晶闸管闭环调压调速系统，以提高机械特性的硬度，满足生产工艺要求。

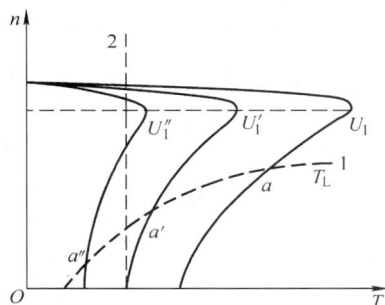

图 4-39　笼型异步电动机改变
定子电压调速（通风机负载）

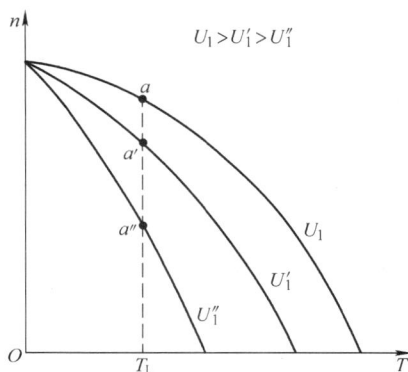

图 4-40　高转子电阻笼型异步电动机
调压调速（恒转矩负载）

四、变频调速

1. 变频调速概述

由式（4-25）可知，当异步电动机的磁极对数 p 不变时，电动机的转速 n 与电源频率 f_1 成正比，如果能够连续改变电源的频率，就可以连续平滑地调节异步电动机的转速，这就是变频调速的原理。

通过前面的分析知道，笼型异步电动机采用变极调速（多速异步电动机）时调速级数很少，不能实现平滑调速，而且异步电动机定子绕组中还需要增加中间抽头。而采用改变电源电压调速时调速特性较差，且低速时损耗也较大，很不理想。由于变频调速具有调速范围宽、平滑性好、机械特性较硬等优点，有很好的调速性能，所以变频调速是异步电动机最理想的调速方法。长期以来，人们一直在致力于异步电动机变频调速的研制与开发，但在 20世纪 80 年代前，由于受大功率电力电子器件的制造及成本价格和运行可靠性等诸多因素的制约，限制了变频技术的应用，因此虽然笼型异步电动机与直流电动机相比有结构简单、成本低廉等优点，但由于其调速较困难而限制了它的使用，一般只能作恒速运行。在要求精确、连续、灵活调速的场合，直流电动机一直占有主要地位。但到了 20 世纪 90 年代，由于大功率电力电子器件及变频技术的迅速发展，使异步电动机的变频调速日趋成熟，并在各个领域获得了广泛应用，如机械加工、冶金、化工、造纸、纺织、轻工等行业。变频调速以其高效的驱动性能和良好的控制特性，在提高成品的数量和质量、节约电能等方面取得了显著的效果，已成为改造传统产业、实现机电一体化的重要手段。据统计，风机、水泵、压缩机等流体机械中拖动电动机的用电量占电动机总用电量的 70% 左右，如果使用变频器按照负载的变化相应调节电动机的转速，就可实现较大幅度的节能；在交流电梯上使用全数字控制的变频调速系统，可有效地提高电梯的乘坐舒适度等性能指标。变频空调、变频洗衣机已走入家月电器行列，并显示了强大的生命力，长期以来一直由直流电动机一统天下的电力机车、闪燃机车、城市轨道交通、无轨电车等交通运输工业，也正在经历着一场由直流电动机向交流电动机过渡的变革，单机容量超过1000kW的变频调速交流电动机已投入商业运营。

2. 变频调速的控制方式

前已叙述，只要连续调节交流电源的频率 f_1，就能平滑地调节交流电动机的转速。但是，单一地调节电源频率，将导致电动机运行性能的恶化，其原因可由电压平衡方程式 $U_1 \approx E_1 = 4.44K_1N_1f_1\Phi_m$ 来分析，若电源电压 U_1 不变，则当频率 f_1 减小时，主磁通 Φ_m 将增加，这将导致电动机磁路出现过饱和，使励磁电流增大，功率因数降低，铁心损耗增加；反之，若频率 f_1 增加，则 Φ_m 将减小，使电动机的电磁转矩及最大转矩下降，过载能力 λ 减小，电动机的功率得不到充分利用。因此，为了使交流电动机能保持较好的运行性能，要求在调节 f_1 的同时，改变定子电压 U_1，以维持最大磁通 Φ_m 不变，或保持电动机的过载能力 λ 不变。

根据电动机所拖动的负载性质不同，常用的异步电动机变频调速主要有两种控制方式，即恒转矩变频调速和恒功率变频调速。

（1）恒转矩变频调速　即在变频调速过程中，电动机的输出转矩保持不变。通过数学分析可知，要保持调速前及调速后电动机的输出转矩 T_N 不变，需要保持 U_1/f_1 为常数，即必须保持电源电压与频率成正比，这是目前使用最广的一种变频调速控制方式。恒转矩调速主要出现在基频（50Hz的工频又称基频）以下的调速中。

（2）恒功率变频调速　即在变频调速过程中，电动机的输出功率保持不变。通过数学分析可知，要保持调速前后电动机的输出功率不变，需要保持 U_1^2/f_1 为常数，亦即保持 $U_1/\sqrt{f_1}$ 为常数。在交通运输机械中（例如电传动机车、城市轨道交通工具、无轨电车等）希望能实现恒功率调速，即在电动机转速低时，输出的转矩大，能产生足够大的牵引力使机车、车辆加速，在电动机转速高时，输出的转矩可以较小（只需克服运行中的阻力）。

3. 变频器简介

由上分析知道，实现异步电动机的变频调速，关键是要有一套能同时改变电源电压及频率的供电装置，通称变频装置或变频器。变频器是由计算机控制电力电子器件，将工频交流电变为频率和电压均可调节的三相交流电的电器设备，用以驱动交流电动机进行变频调速。变频装置主要有两大类，即间接变频装置和直接变频装置。间接变频装置是先将工频交流电通过整流装置整流成直流电，然后再经过逆变器将直流变成可控频率的交流，通常称为交-直-交变频装置；其特点是输出频率可以在0.1~400Hz范围内任意调节，是目前中小容量通用变频装置的主要形式。而直接变频装置即是直接将恒压恒频的交流电源变成变压变频的交流电源，称为交-交变频装置；其特点是输出频率比输入频率低，是变频装置的发展方向。

异步电动机变频调速的主要特点是可以实现无级（平滑）调速，调速范围宽，且可实现恒功率调速或恒转矩调速，但其需要一套变频调速电源及控制、保护装置，目前价格仍比较昂贵。随着科学技术水平的不断提高，变频调速一定会获得快速的发展。

五、电磁调速三相异步电动机

电动机和负载之间一般均用联轴器硬性连接起来，前面介绍的调速方法都是调节电动机本身的转速。由于异步电动机的调速比较困难,因此能不能不直接调节电动机的转速,而在联轴器上想办法来实现调节被电动机所拖的负载的转速呢?据此人们设计生产了一类使用三相交流电源,能在一定范围内平滑、宽广调速的电动机,称为电磁调速,又称转差电动机。它主要由一台单速或多速的三相笼型异步电动机和电磁转差离合器组成,通过控制装置可使其在较大范围内进行无级调速。它的调速比通常有10:1、3:1、2:1等几种。电磁调速异步电动机具有结构简单、运行可靠、维修方便等优点,适用于纺织、化工、造纸、塑料、水泥、食品等工业,作为恒转矩和风机类等设备的动力。电磁调速异步电动机的主要缺点是其机械特性曲线较软,故输出的转速随负载的变化而变化较大,另外,这种电动机的体积也比较大。因此随着变频调速技术的日趋成熟,电磁调速三相异步电动机正在逐步被淘汰。

六、三相异步电动机调速方案的比较

三相异步电动机调速方案比较见表4-5。

表 4-5　三相异步电动机调速方案比较

调速方法 调速特性	变极调速	变频调速	转子串联电阻 (绕线转子)	改变定子电压 (高转差笼型)	电磁调速 异步电动机
调速方向	上、下	上、下	下调	下调	下调
调速范围	不广	宽广	不广	较广	较广
调速平滑性	差	好	差	好	好
调速稳定性	好	好	差	较好	较好
适合的负载类型	恒转矩 恒功率	恒转矩 恒功率	恒转矩	恒转矩 通风机型	恒转矩 通风机型
电能损耗	小	小	低速时大	低速时大	低速时大
设备投资	少	多	较少	较多	较少

第八节　三相异步电动机的制动

三相异步电动机除了运行于电动机状态外,还时常运行于制动状态。所谓电动机的制动是指在电动机的轴上加一个与其旋转方向相反的转矩,使电动机减速或停止,对位能性负载(起重机下放重物)实施制动运行可获得稳定的下降速度。

根据制动转矩产生的方法不同,可分机械制动和电气制动两类。机械制动通常是靠摩擦方法产生制动转矩,如电磁制动。而电气制动是使电动机所产生的电磁转矩与电动机的旋转方向相反来实现制动的。三相异步电动机的电气制动有反接制动、能耗制动和再生制动三种。

一、三相异步电动机的机械制动

机械制动最常用的装置是电磁制动器,它主要有制动电磁铁和闸瓦制动器两大部分组成。制动电磁铁包括铁心、电磁线圈和衔铁，闸瓦制动器则包括闸轮、闸瓦、杠杆和弹簧等（见图4-41）。断电制动型电磁制动器的基本原理是：制动电磁铁的电磁线圈（有单相和三相）与三相异步电动机的定子绕组相并联，闸瓦制动器的转轴与电动机的转轴相连。当电动机通电运行时，制动器的电磁线圈也通电，产生电磁力通过杠杆将闸瓦拉开，使电动机的转轴可自由转动。停机时，制动器的电磁线圈与电动机同步断电，电磁吸力消失，在弹簧的作用下闸瓦将电动机的转轴紧紧抱住，因此称为电磁"抱闸"。

起重机械经常使用断电制动型电磁制动器，如桥式起重机、提升机、电梯等，这种制动器在平时紧抱制动轮，当起重机工作时松开，在停机时保证定位准确，并避免重物自行下坠而造成事故。

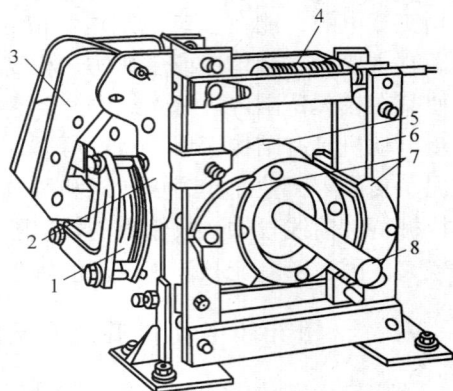

图 4-41　电磁制动装置
1—电磁铁线圈　2—铁心　3—衔铁　4—弹簧
5—闸轮　6—杠杆　7—闸瓦　8—轴

二、三相异步电动机的电气制动

1. 三相异步电动机的反接制动

（1）电源反接制动　电动机在停机后因机械惯性仍继续旋转，此时如果和控制电动机反转一样改变三相电源的相序，电动机的旋转磁场随即反向，产生的电磁转矩与电动机的旋转方向相反，为制动转矩，将使电动机很快停下来，这就是反接制动。在异步电动机的几种电气制动方法中，反接制动简单易行，制动转矩大、效果好。不过，存在的问题是，在开始制动的瞬间，转差率 $s>1$，电动机的转子电流比起动时还要大。为限制电流产生的冲击，往往在定子绕组中串入限流电阻 R。此外，在电动机转速接近降为零时，若不及时切断电源，电动机就会反向起动而达不到制动的目的。其原理电路如图4-42所示。制动时先断开开关 S1，再合上开关 S2。在操作时绝对不能在未断开 S1 时合上S2。

电源反接制动时的机械特性曲线如图4-43所示。制动前电动机在 b 点工作，反接制动时，对应的机械特性曲线为2，因惯性原因，电动机转速瞬间不能突变，故工作点由 b 点移至 b' 点，并很快减速，到达 a 点时 $n=0$，此时应立即切断电源，电动机即可停止转动。

（2）倒拉反转制动　若电动机拖动的是位能性恒转矩负载（例如起重机械）T_L，在提升时电动机工作在图4-44所示机械特性曲线1 的 a 点，现在转子中串入电阻使机械特性曲线变为2，则电动机的工作点由 a 点过渡到 b 点，电动机转速下降，但依然在提升重物，为电动机工作状态。若转子串入的电阻足够大，使机械特性曲线变为3，则在电动机转速下降到零时电动机产生的拖动转矩（对应于图中 d 点的转矩）仍小于位能负载转矩 T_L。此时在位能负载转矩 T_L 的拖动下使电动机反转，直到 c 点，电动机产生的电磁转矩与 T_L 相平衡，则机组稳速（n_C）反向

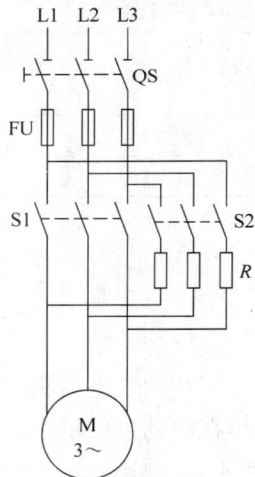

图 4-42　三相异步电动机的反接制动

转动，即起重机将重物以一个平稳的低速缓慢下放。这种制动状态，电动机电磁转矩对转子的转动起制动作用，但转子仍反转，故称为倒拉反转制动运行状态。改变串入转子的电阻值，可调节工作点 c，即调节机组的转速。

反接制动在制动时仍需要从电源吸收电能，故这种制动方式的经济性能较差，但是它能很快使电动机停转或保持一定转速旋转，故制动性能较好。

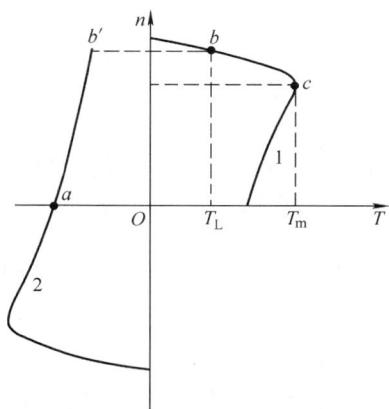

图 4-43　电源反接制动机械特性

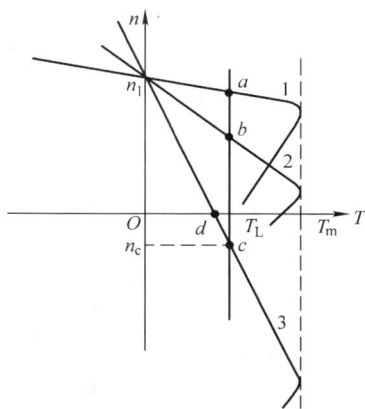

图 4-44　倒拉反转制动的机械特性

2. 三相异步电动机的能耗制动

三相异步电动机的能耗制动控制就是在断开电动机三相电源的同时接通直流电源，将直流电流通入定子的两相绕组中，产生恒定磁场。转子由于惯性仍继续沿原方向以转速 n 旋转，切割定子磁场产生感应电动势和电流，载流导体在磁场中受到电磁力的作用，其方向与电动机转动的方向相反，因而起到制动作用。制动转矩的大小与直流电流的大小有关。直流电流一般为电动机额定电流的 0.5~1 倍。其整个工作过程如图 4-45 所示。

这种制动方法是利用转子转动时的惯性切割恒定磁场的磁通而产生制动转矩，把转子的动能消耗在转子回路的电阻上，所以叫能耗制动。

能耗制动时的机械特性曲线如图 4-46 所示。电动机正常运行时，工作在固有机械特性曲线 1 的 a 点，当电动机刚开始制动的瞬间，由于惯性，转速来不及变化，但电磁转矩反向，因而能耗制动时的机械特性曲线位于第二象限，曲线 2 为转子未串电阻时的机械特性，而曲线 3 为转子串入适当电阻时的机械特性曲线。由图可见，若转子不串电阻，则制动刚开始时，工作点由 a 移到 b 点，再沿曲线 2，转速下降到零。如果是绕线转子异步电动机，则在转子中串入适当电阻，则制动时工作点由 a 移到 b'，再沿曲线 3 转速下降到零，可见此时加大了制动转矩，降低了制动电流，提高了制动效果。

能耗制动的优点是制动力较强、制动平稳、对电网影响小。其缺点是需要一套直流电源装置，而且制动转矩随电动机转速的减小而减小，不易制停。因此若生产机械要求快速停车时，则应采用电源反接制动为好。

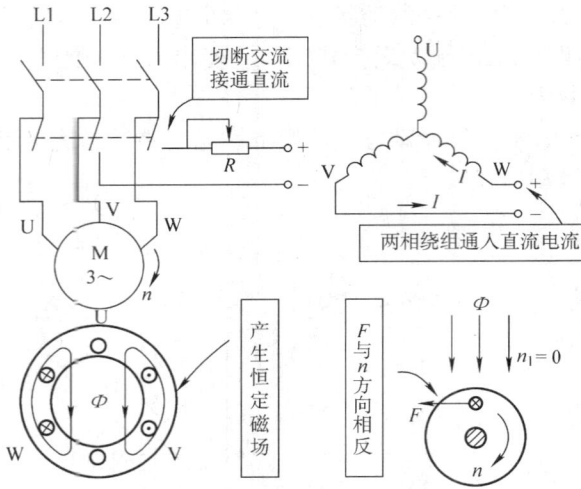

图 4-45 异步电动机的能耗制动

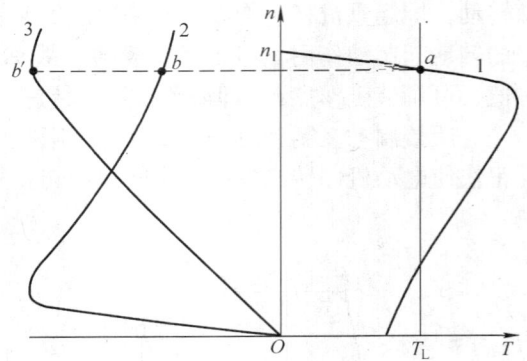

图 4-46 能耗制动的机械特性

3. 三相异步电动机的再生制动（回馈制动）

若异步电动机在电动状态下运行时，由于某种原因，使电动机的转速 n 超过了旋转磁场的同步转速 n_1（此时 $s<0$）则转子导体切割旋转磁场的方向与电动机运行状态时相反，从而使转子电流及所产生的电磁转矩改变方向，成为与转子转向相反的制动转矩，电机即在制动状态下运行，这种制动称为再生制动。此时电机变成一台与电网并联的发电机，将机械能转变成电能反送回电网，因此又称为回馈制动。在生产实践中，出现异步电动机转速超过旋转磁场的同步转速一般有以下两种情况：一种是出现在位能负载下放时，例如起重机在下放重物时或电传动机车车辆在下坡运行时，此时重物作用于电动机上的外加转矩与电动机的电磁转矩方向相同，使电动机转速 n 很快即超过旋转磁场的同步转速 n_1；另一种出现在电动机变极调速（或变频调速）的过程中，例如三相变极多速异步电动机，当 $2p=2$ 时，电动机转速约为 2900r/min，当磁极对数变为 $2p=4$ 时，此时旋转磁场同步速降为 1500r/min，就出现了电动机转速大于旋转磁场同步速的情况。

再生制动可向电网回输电能，所以经济性能比较好，但只有在特定的状态（$n>n_1$）时才能实现制动，而且只能限制电动机转速，不能制停。

第九节 三相异步电动机的选用

一、常用国产三相异步电动机

自 20 世纪 50 年代起，我国三相笼型异步电动机的产品进行了多次更新换代，使电动机的整体质量不断提高。其中 J、J0 系列为 50 年代生产的仿苏产品，功率为 0.6~125kW，现已少见。J2、J02 系列为 60 年代自行设计的统一系列产品，采用 E 级绝缘，性能比 J、J0 系列有较大的提高，目前仍在许多设备上使用。Y 系列为 80 年代设计并定型的新产品，铁心材料虽然仍采用热轧硅钢片，但与 J02 系列相比，效率有所提高，起动转矩大，体积小，重量轻，功率等级较多。Y系列电动机完全符合国际电工委员会标准，有利于设备出口及与进口设备上的电动机互换。

从20世纪90年代起，我国又设计开发了Y2系列三相异步电动机，机座中心高度为80～355mm，功率为0.55～315kW，是在Y系列基础上更新设计的，已达到国际同期先进水平，是取代Y系列的更新换代产品。Y2系列电动机较Y系列效率高，起动转矩大，由于采用F级绝缘（用B级考核），故温升裕度大，且噪声低，电动机结构合理，体积小，质量轻，外形新颖美观，与Y系列一样，电动机完全符合国际电工委员会标准。从20世纪90年代末期起，我国已开始实现从Y系列向Y2系列过渡。

从节能或环保角度出发，当前世界各国都以法律形式强制推广高效节能电动机。我国也已规定从2003年起，停止生产热轧硅钢片。Y3系列三相异步电动机即是贯彻国家产业政策，用冷轧硅钢片为导磁材料，并且满足最低能效标准，即达到目前欧洲EFF2标准的基本系列三相异步电动机，该系列电动机已通过技术鉴定，技术条件从2004年6月1日实施，并大批量生产Y3系列高效节能三相异步电动机。Y3系列三相异步电动机的外形与Y2系列相仿。

常用的部分中小型异步电动机的型号、结构和用途见表4-6。

表4-6　常用的部分中小型异步电动机的型号、结构和用途

型号	名称	容量	结构特点	用　途	取代老产品型号
Y	封闭式三相笼型异步电动机	0.55～160kW	铸铁外壳，自扇冷式，外壳上有散热片，铸铝转子；定子绕组为铜线，均为B级绝缘	一般拖动用，适用于灰尘多、尘土飞溅的场所，如球磨机、碾米机、磨粉机及其他农村机械、矿山机械等	J、J0、J02
Y2	封闭式三相笼型异步电动机	0.55～315kW	铸铁外壳，自扇冷式，外壳上有散热片，铸铝转子；定子绕组为铜线，均为F级绝缘	一般拖动用，适用于灰尘多、尘土飞溅的场所，如球磨机、碾米机、磨粉机及其他农村机械、矿山机械等	J02、Y
YQ	高起动转矩三相异步电动机	0.6～100kW	结构同Y系列电动机，转子导体电阻较大	用于起动静止负载或惯性较大的机械，如压缩机、传送带、粉碎机等	JQ、JQ0
YD	变极式多速三相异步电动机	0.6～100kW	有双速、三速、四速等	适用于需要分级调速的一般机械设备，可以简化或代替传动齿轮箱	JD、JD02
YH	高转差率三相异步电动机	0.6～100kW	结构同Y系列电动机，转子用合金铝浇铸	适用于拖动飞轮、转矩较大、具有冲击性负载的设备，如剪床、冲床、锻压机械和小型起重、运输机械等	JH、JH02
YR	三相绕线转子异步电动机	2.8～100kW	转子为绕线型，刷握安装于后端盖内	适用于需要小范围调速的传动装置；当配电网容量小，不足以起动笼型电动机或要求较大起动转矩的场合	JR、JR0
YZ YZR	起重冶金用三相异步电动机	1.5～100kW	YZ转子为笼型；YZR转子为绕线型	适用于各种形式的起重机械及冶金设备中辅助机械的驱动。按断续方式运行	JZ、JZR

（续）

型号	名称	容量	结构特点	用　　途	取代老产品型号
YLB	深井水泵异步电动机	11～100kW	防滴立式自扇冷式，底座有单列向心推力球轴承	专供驱动立式深井水泵，为工矿、农业及高原地带提取地下水用	JLB2、DM、JTB
YQS	井用潜水异步电动机	4～115kW	充水转子式，转子为铸铝笼型，机体密封	用于井下直接驱动潜水泵，吸取地下水供农业灌溉，工矿用水	JQS
YB	隔爆异步电动机	0.6～100kW	电动机外壳适应隔爆的要求	用于有爆炸性混合物的场所	JB、JBS

常用的 Y2 系列三相笼型异步电动机的技术参数见表4-7。

表 4-7　常用的 Y2 系列三相笼型异步电动机的技术参数

型　　号	额定功率/kW	额定负载时380V				起动电流与额定电流之比	起动转矩与额定转矩之比	最大转矩与额定转矩之比
		转速/(r/min)	电流/A	效率(%)	功率因数			
Y2—801—2	0.75	2830	1.8	75	0.83	6.1		
Y2—802—2	1.1		2.5	77	0.84	7.0		
Y2—90S—2	1.5	2840	3.4	79				
Y2—90L—2	2.2		4.8	81	0.85		2.2	
Y2—100L—2	3.0	2870	6.3	83	0.87			2.3
Y2—112M—2	4.0	2890	8.2	85				
Y2—132S1—2	5.5	2900	11.1	86	0.88			
Y2—132S2—2	7.5		15.0	87				
Y2—160M1—2	11	2930	21.3	88	0.89	7.5		
Y2—160M2—2	15		28.7	89				
Y2—160L—2	18.5		34.7	90				
Y2—180M—2	22	2940	41.2	90.5				
Y2—200L1—2	30	2950	55.3	91.2	0.9		2.0	
Y2—200L2—2	37		67.9	92				
Y2—225M—2	45		82.1	92.3				
Y2—250M—2	55	2970	100.1	92.5				
Y2—280S—2	75		134	93.2				
Y2—280M—2	90		160.2	93.8	0.91			
Y2—315S—2	110		195.4	94			1.8	
Y2—315M—2	132		233.3	94.5		7.1		2.2
Y2—315L1—2	160	2980	279.4	94.6				
Y2—315L2—2	200		347.8	94.8	0.92			
Y2—355M—2	250		432.5	95.3			1.6	
Y2—355L—2	315		543.2	95.6				

（续）

型号	额定功率/kW	额定负载时380V				起动电流与额定电流之比	起动转矩与额定转矩之比	最大转矩与额定转矩之比
		转速/(r/min)	电流/A	效率(%)	功率因数			
Y2—801—4	0.55	1390	1.5	71	0.75	5.2	2.4	2.3
Y2—802—4	0.75		2.0	73	0.77	6.0	2.3	
Y2—90S—4	1.1	1400	2.8	75		7.0		
Y2—90L—4	1.5		3.7	78	0.79			
Y2—100L1—4	2.2	1430	5.1	80	0.81			
Y2—100L2—4	3.0		6.7	82	0.82			
Y2—112M—4	4.0	1440	8.8	84				
Y2—132S—4	5.5		11.7	85	0.83			
Y2—132M—4	7.5		15.6	87	0.84			
Y2—160M—4	11	1460	22.3	88	0.85	7.5	2.2	
Y2—160L—4	15		30.1	89				
Y2—180M—4	18.5	1470	36.4	90.5		7.2		
Y2—180L—4	22		43.1	91				
Y2—200L—4	30		57.6	92	0.86			
Y2—225S—4	37	1480	69.8	92.5	0.87			
Y2—225M—4	45		84.5	92.8				
Y2—250M—4	55		103.1	93				
Y2—280S—4	75		139.7	93.8				
Y2—280M—4	90	1490	166.9	94.2	0.88	6.9	2.1	2.2
Y2—315S—4	110		201.0	94.5				
Y2—315M—4	132		240.5	94.8				
Y2—315L1—4	160		287.9	94.9	0.89			
Y2—315L2—4	200		358.8	95				
Y2—355M—4	250		442.1	95.3	0.90			
Y2—355L—4	315		555.3	95.6				
Y2—801—6	0.37	890	1.3	62	0.70	4.7	1.9	2.0
Y2—802—6	0.55		1.7	65	0.72			
Y2—90S—6	0.75	910	2.2	69	0.72	5.5	2.0	2.1
Y2—90L—6	1.1		3.1	72	0.73			
Y2—100L—6	1.5	940	3.9	76	0.75			
Y2—112M—6	2.2		5.5	79	0.76			
Y2—132S—6	3.0	960	7.4	81		6.5	2.1	
Y2—132M1—6	4.0		9.6	82				
Y2—132M2—6	5.5		12.9	84	0.77			
Y2—160M—6	7.5	970	17.0	86	0.77		2.0	
Y2—160L—6	11		24.2	87.5	0.78			
Y2—180L—6	15		31.6	89	0.81			
Y2—200L1—6	18.5		38.1	90			2.1	
Y2—200L2—6	22		44.5	90	0.83			
Y2—225M—6	30	980	58.6	91.5	0.84	7.0	2.0	
Y2—250M—6	37		71.0	92				
Y2—280S—6	45		85.9	92.5	0.86		2.1	2.0
Y2—280M—6	55		104.7	92.8				

（续）

型　号	额定功率/kW	额定负载时380V				起动电流与额定电流之比	起动转矩与额定转矩之比	最大转矩与额定转矩之比
		转速/(r/min)	电流/A	效率(%)	功率因数			
Y2—315S—6	75	990	141.7	93.5	0.86	7.0	2.0	2.0
Y2—315M—6	90		169.5	93.8				
Y2—315L1—6	110		206.8	94				
Y2—315L2—6	132		244.8	94.2	0.87	6.7		
Y2—355M1—6	160		291.5	94.5	0.88			
Y2—355M2—6	200		363.6	94.7			1.9	
Y2—355L—6	250		455	94.9				
Y2—801—8	0.18	630	0.8	51	0.61	3.3	1.8	1.9
Y2—802—8	0.25	640	1.1	54				
Y2—90S—8	0.37	660	1.4	62		4.0		2.0
Y2—90L—8	0.55		2.1	63				
Y2—100L1—8	0.75	690	2.4	71	0.67	5.0		
Y2—110L2—8	1.1		3.4	73				
Y2—112M—8	1.5	680	4.4	75	0.69			
Y2—132S—8	2.2	710	6.0	78	0.71	6.0		
Y2—132M—8	3.0		7.9	79	0.73			
Y2—160M1—8	4.0	720	10.2	81	0.73		1.9	
Y2—160M2—8	5.5		13.6	83	0.74			
Y2—160L—8	7.5		17.8	85.5	0.75		2.0	
Y2—180L—8	11	730	25.2	87.5				
Y2—200L—8	15		34.0	88	0.76			
Y2—225S—8	18.5		40.5	90				
Y2—225M—8	22	740	47.3	90.5	0.78	6.6	1.9	2.0
Y2—250M—8	30		63.4	91.0				
Y2—280S—8	37		76.8	91.5	0.79			
Y2—280M—8	45		92.9	92				
Y2—315S—8	55		112.9	92.8	0.81		1.8	
Y2—315M—8	75		151.3	93				
Y2—315L1—8	90		178	93.8				
Y2—315L2—8	110		216.9	94	0.82	6.4		
Y2—355M1—8	132		260.3	93.7				
Y2—355M2—8	160		310.0	94.2				
Y2—355L—8	200		386.3	94.5	0.83			
Y2—315S—10	45	590	99.67	91.5	0.75	6.2	1.5	2.0
Y2—315M—10	55		121.16	92	0.75			
Y2—315L1—10	75		162.16	92.5	0.76			
Y2—315L2—10	90		191.03	93	0.77			
Y2—355M1—10	110		230	93.2				
Y2—355M2—10	132		275.11	93.5	0.78	6.0	1.3	
Y2—355L—10	160		333.47	93.5				

二、三相异步电动机的选用原则

1. 根据供电电源的电压和频率来选择

电动机的电压必须与供电电源的电压一致，我国 Y 及 Y2 系列笼型电动机的供电电压为 380V。

电动机的频率必须与供电电源的频率一致，我国为 50Hz，国外有些国家为 60Hz。

2. 根据电动机的工作环境来选择

一般拖动用三相异步电动机的外壳防护型式有开启式（IP11）、防护式（IP23）和封闭式（IP44）。目前生产的主要是防护式和封闭式两类，在比较干燥，尘土较少，不会有水滴、杂物等浸入的场合可选用防护式，因为这种电动机的价格较便宜、通风良好。与上述使用环境不相符的一般拖动用的电动机可选用封闭式，如在水中工作的可选用水密式或潜水式。在特殊场合，如易燃、易爆工厂及矿井等环境下使用的电动机应选择防爆式。具体选用情况见表4-6。

3. 根据负载情况来选择

（1）电动机功率的选择　电动机的功率要满足负载的需要。一般来说，电动机的额定功率要比负载的功率大些，以留有余地；但也不能太大，以免造成"大马拉小车"的现象，这样不仅增加了设备投资成本，而且使电动机工作时效率及功率因数也较低，造成浪费。反之，如果选择电动机的功率比负载功率小，又可能使电动机长期过载运行，即所谓"小马拉大车"现象，电动机会因绝缘老化而容易烧损，这更不可取。

（2）电动机定额工作制的选择　一般电动机均可长期连续工作，故应选用连续工作制（S1），对拖动某些特殊负载的电动机，例如起重机械、空气压缩机等可用短时工作制或断续工作制的电动机。

4. 根据电动机的转速来选择

各种负载都有一定的转速要求，选用电动机时必须满足这些要求。若电动机转速和负载转速要求不一致时，可用带轮或齿轮等装置进行变速。一般情况下以选用四极（$2p=4$）三相异步电动机为宜。因为在功率相同的情况下，二极电动机机械磨损大，起动电流也相应较大，而起动转矩较小；如果电动机极数多，则转速低，使电动机体积、尺寸大，价格贵，且效率也较低。

技能训练4　三相异步电动机的拆装和通用测试

一、训练目的

1）掌握三相异步电动机的基本结构。

2）掌握三相异步电动机的拆卸、装配方法及所使用的基本工具、设备和工艺要求。

3）通过对三相异步电动机检修后的一般测试，了解测试内容的目的、要求、方法及测试结果分析。

4）进一步熟悉万用表、单臂电桥、绝缘电阻表、转速表等设备的使用。

二、训练器材

1) 三相笼型异步电动机：J02 型或 Y 型，1 台。

2) 万用表：500 型或 MF30 型，1 只。

3) 绝缘电阻表：500V，1 只。

4) 钳形电流表：T30A 型或 MG24 型，1 只。

5) 机械式转速表：0 ~ 1800r/min，1 只。

6) 单臂电桥：QJ23 型，1 台。

7) 交流电压表：0 ~ 300V，1 只。

8) 自耦调压器：0 ~ 250V，1 台。

9) 三相开启式负荷开关：380V、30A，1 个。

10) 熔断器：380V、15A，3 个。

11) 拆卸器：1 个。

12) 铜棒：1 根。

13) 钢管：1 根。

14) 润滑油、煤油：若干。

15) 扳手、锤子、电工工具：1 套。

三、训练内容及步骤

三相笼型异步电动机的基本结构如图 4-47 所示。

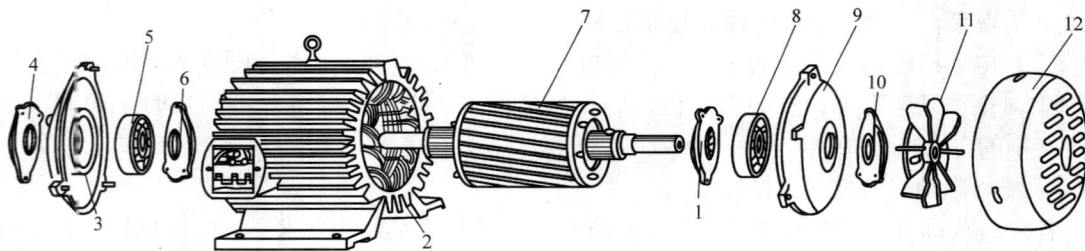

图 4-47 三相笼型异步电动机的基本结构

1、4、6、10—轴承盖 2—机座 3、9—端盖 5、8—轴承 7—转子 11—风扇 12—风罩

1. 三相异步电动机的拆卸

拆卸安装在机械设备上的三相异步电动机时，首先应切断三相交流电源，拆除电动机与三相电源的连接线，将电动机从机械设备上拆下，然后再进行以下拆卸步骤：

（1）带轮或联轴器的拆卸 若电动机转轴上装有带轮或联轴器，则首先用拆卸器将其从转轴上拆下。拆卸前必须先测量并记录好带轮或联轴器在转轴上的安装位置，以确保在装配时能安装到位。拆卸器的使用方法与轴承的拆卸相同。

（2）风罩、扇叶的拆卸 松开风扇罩壳固定螺栓，取下罩壳。然后松开风扇的固定螺栓，用木锤在扇叶四周轻轻敲击，取下扇叶，注意扇叶系铸铝结构，强度较低，拆卸时千万要小心，不能损坏。

（3）转子的拆卸 拆下电动机一侧的端盖、轴承盖，再拆下另一侧的端盖螺栓，抽出转子，再拆下轴承盖。在拆卸前应先在端盖与机座的接缝处做好标记（该标记要能保留较长时间，不能很容易被擦掉），以便装配时正确复位；然后拆下前端盖的螺栓，拆下前轴承外盖，再将后端盖的螺栓拆下，这样就可以用双手将连着后端盖的转子一起慢慢抽出。抽出转子时，千万注意不能擦伤定子绕组的端部。最后再拆卸轴承盖和取出后端盖。

（4）轴承的处理　电动机的轴承是否从转子上拆下，可视具体情况而定。如确定轴承需更换，则必须拆下；如不需更换轴承，只需清洗轴承和更换润滑脂，则也可拆下，也可不拆下轴承清洗。

拆卸电动机的滚动轴承一般均采用拆卸器（又称为拉轮器）进行。使用拆卸器时应注意拆卸器的大小应合适，拆卸器的脚应尽量紧扣轴承的内圈，拆卸器应放正，丝杠端要对准电动机转轴的中心，用力要均匀，如图4-48所示。如果一时拉不下来，切忌硬拉，以免损坏轴承。可在轴承与转轴压合处加些煤油，用铜棒轻敲轴承，再慢慢将轴承拉下。

拆卸电动机的滚动轴承时除可采用拆卸器拆卸外，还可以采用以下方法：

1）用铜棒拆卸。将铜棒对准轴承内圈，用锤子敲打铜棒，把轴承敲出，如图4-49所示。用此法拆卸轴承时要注意，在轴承内圈上相对两侧轮流敲打，反复进行，千万不要用锤子直接敲打轴承。不可偏敲一侧，用力也不能过猛。

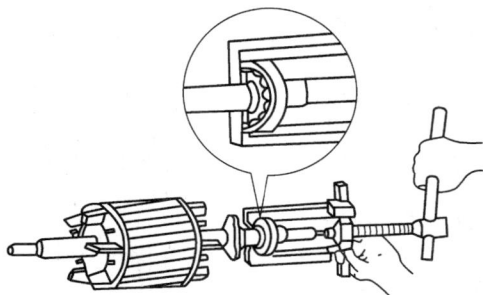

图4-48　用拆卸器拆卸轴承

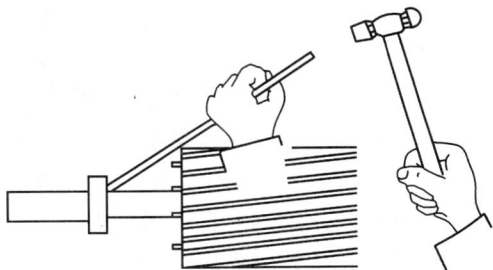

图4-49　用铜棒拆卸轴承

2）用扁铁拆卸。用两根扁铁架住轴承内圈，并把扁铁架起，使转子悬空，如图4-50所示；然后，在轴端上垫加木块或铜块，并用锤子敲打。用此法拆卸轴承时，圆筒内放些柔软东西，以防拆下轴承时摔坏转子。

拆下的轴承应先刮去轴承内部及轴承盖上的废润滑脂，再将轴承浸在煤油内，慢慢洗净残存油污，用清洁的干布将废油擦拭干净（不能用棉纱擦拭）。将洗净的轴承用手握住外圈，用另一手转动内圈，观察其转动是否灵活，是否有卡住现象或配合过松，是否有锈迹或斑痕等，再决定是否更换轴承。

（5）定子的清洁　用布仔细擦拭定子，并用高压风吹去定子表面的灰尘。

2. 三相异步电动机的装配

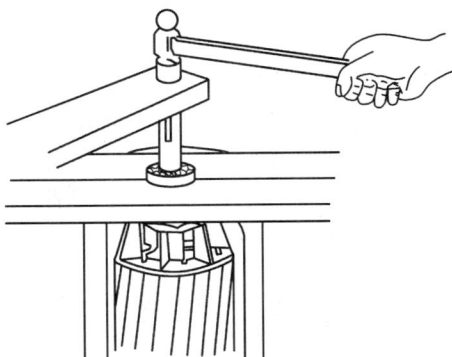

图4-50　用扁铁拆卸轴承

1）先安装内轴承盖，再安装轴承。轴承的装配方法有两种，即冷套法和热套法。凡是能用冷套法进行轴承装配时应优先选用冷套法，若用冷套法装配轴承很困难，则可采用热套法。

①冷套法：把轴承先放在清洁干净并涂上润滑脂的电动机轴颈上，对准轴颈，在轴承上方用铜棒或锤子加铜棒敲击轴承，将轴承打入轴内；当轴承内圈全部进入转轴内后，用一根内径略大于转轴外径，外径小于轴承内圈外径的钢管的一端顶住轴承内径，另一端用锤子（垫上木板）敲击，慢慢把轴承敲进去，如图 4-51 所示。

②热套法：将轴承放在 80～100°C 的变压器油中加热约 30min，使轴承均匀受热，再趁热将轴承推压到位。

轴承安装完毕应在轴承内圈注入润滑脂，三相异步电动机滚动轴承常用的润滑脂有钙基润滑脂和二硫化钼润滑脂，润滑脂应清洁，用量不宜超过轴承及轴承盖容积的 2/3。

2）安装后端的端盖及轴承盖，并用螺栓将内、外轴承盖固紧。

3）将转子（连同后端盖）装入定子内，安装转子时千万要注意不能碰伤定子绕组。

4）安装前端盖，拧装前端盖螺栓前，必须先用直径在 1mm 以上的铜丝（或单股铜芯线）一端做成钩状，从内轴承盖中穿出，通过对应的端盖孔，再通过外轴承盖孔伸向外部，作为最后安装端盖螺栓时的基准。

5）在前端盖及后端盖的孔中穿入螺栓，并将螺栓对准机座侧面的螺孔。在进行本工序操作时，必须注意端盖应对准机座上的记号（在拆卸时做的记号）。

图 4-51　用套管冷套法装配轴承

6）逐步拧紧前、后端盖的螺栓，使端盖止口对准机座止口。在最后拧紧端盖紧固螺栓时，要按对角线上、下、左、右逐步拧紧，并边用手转动转子，以保证装配好的电动机能轻快、自由地转动。

7）最后装上扇叶、扇罩及带轮等。

3. 三相异步电动机的通用测试

（1）机械部分的检查　将三相异步电动机的外壳清扫干净，看电动机的端盖、轴承盖、风扇等安装是否符合要求，紧固部分是否牢固可靠，转动部分是否轻便灵活，转动时是否有摩擦声和异常声响。

（2）直流电阻测量　将三相定子绕组出线端的连接点拆开，用万用表欧姆挡测量定子三相绕组的通断情况，以判断三相定子绕组有无断路现象。如三相绕组正常，则测出的电阻值应基本一致。以万用表测得的电阻为参考，用单臂电桥精确测量三相定子绕组的直流电阻值并记录于表 4-8 中。

表 4-8　三相异步电动机定子绕组直流电阻

三相定子绕组相别	U 相	V 相	W 相
万用表测直流电阻 R/Ω			
单臂电桥测直流电阻 R/Ω			

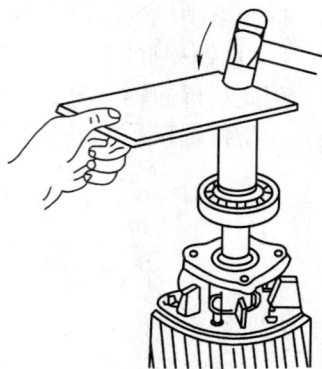

（3）用绝缘电阻表测量定子三相绕组的对地绝缘电阻和相间绝缘电阻　在测量各相绕组对地绝缘电阻时，可将绝缘电阻表的接线柱 L 接到被测相绕组一端，接线柱 E 接到电动机机座上没有油漆的部位。而在进行相间绝缘电阻测量时则应将绝缘电阻表的接线柱 L 及 E 分别连接在不同的两相绕组出线端上，测出的电阻值即为相间绝缘电阻，将测量值分别记录于表 4-9 中。如果测出的绝缘电阻在 0.5MΩ 及以上，说明该电动机绝缘尚好，可继续使用；如果在 0.5MΩ 以下，说明该电动机绕组已受潮，或绕组绝缘很差，需要进行烘干处理，或需重新进行浸漆处理；如果测得绝缘电阻为零，说明该电动机绕组接地，必须进行修理，排除故障后方能使用。

表 4-9　三相定子绕组的绝缘电阻

相间绝缘电阻 R_L/MΩ			对地绝缘电阻 R_E/MΩ		
U 相与 V 相	V 相与 W 相	W 相与 U 相	U 相对地	V 相对地	W 相对地

（4）三相定子绕组首、末端的判别　将三相定子绕组的 6 个出线端暂定标记为 U1、U2、V1、V2、W1、W2，然后按图 4-52a 所示把其中任意两相绕组串联（图中为 U 相及 V 相）后再与交流电压表连接，第三相绕组（图中为 W 相）通过单相自耦调压器输入一个低压交流电（约 36V）。通电后，若电压表有读数，则说明连接在一起的两个端点一个为首端，另一个为末端；若电压表无读数，则说明连接在一起的两个端点同为首端或末端，如图 4-52b 所示。然后，任意选定一端为已知首端，用同样方法可确定出第三相的首端和末端。最后，将所有首、末端做好标记。

（5）空载电流的测量　进行上述(2)~(4)项检查试验以后，则可确定电动机三相绕组基本正常，此时可先恢复三相绕组出线端的接线（丫联结或△联结），随后按图 4-53 接线，将三相交流电源加在三相交流电动机上。在通电前还需用手转动转子，看电动机转动是否灵活。通电时应注意操作人员不要站在电动机的两侧，而应站在电源控制开关旁边，发现异常，立即切断电源。通电一段时间观察电动机运转的情况：如转速是否正常，是否有不正常的声音，振动是否过大，是否有异味等。如果电动机运转正常，则可用钳形电流表分别测量三相的空载电流，并记录于表 4-10 中。各相空载电流值的偏差一般不应大于 10%。用钳形电流表进行空载测量时，如果电动机的空载电流较小，而钳形电流表的量程又较大，无法正确读数时，可将被测相的电源进线分别绕上 5 圈（或 10 圈）后再卡入钳形电流表的钳口中进行读数。此时实际的空载电流值为被测量值除以 5（或 10）。

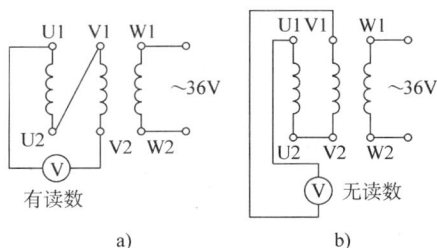

图 4-52　用低压交流电源法检查绕组首、末端
a）电压表有读数　b）电压表无读数

表 4-10　电动机三相空载电流

U 相空载电流 I_{U0}/A	V 相空载电流 I_{V0}/A	W 相空载电流 I_{W0}/A

（6）起动电流的测量　将钳形电流表量程置于较大的挡位（约为电动机额定电流的 7 ~ 10 倍），电动机静止时用钳口卡住一根电源线，通电使电动机起动，观察电动机起动瞬间的起动电流。

（7）空载转速的测量　待电动机转动正常后，用转速表测量电动机的空载转速。

四、注意事项

1）用单臂电桥进行电动机定子绕组直流电阻测量时必须注意接线接触良好。

2）绝缘电阻表的接线及使用方法可参看第一章中的相关内容。

3）三相异步电动机在通电试运行前必须注意的问题：

①电动机三相定子绕组接法是否正确。

②电动机三相定子绕组的相间及对地绝缘电阻是否在 0.5MΩ 以上。

③电动机转轴转动是否灵活，有无卡滞现象。

④电动机控制电路是否完好，熔断器熔体选用是否正确。

4）操作人员不得离开电源开关，一旦出现异常情况应立即切断电源。

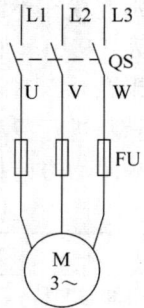

图 4-53　三相异步电动机直接起动电路

技能训练 5　三相异步电动机常见故障的分析与修理

一、训练目的

1）了解三相异步电动机常见的故障现象及其产生的原因和检修方法。

2）理解并初步掌握三相异步电动机定子绕组故障的检查、分析方法及修理方法。

3）学习用短路测试器查找绕组故障的原理及方法。

4）进一步熟悉万用表、单臂电桥、兆欧表、钳形电流表的使用。

二、训练器材

1）有故障的三相笼型异步电动机：1 台。

2）低压变压器：220V/36V，1 台。

3）低压电池灯：3V，1 个。

4）绝缘电阻表：500V，1 只。

5）万用表：500 型或 MF30 型，1 只。

6）单臂电桥：QJ23 型，1 台。

7）短路测试器（短路侦察器）：1 只。

8）绝缘材料：若干。

9）电工工具：1 套。

三、训练内容及步骤

1. 三相异步电动机故障的处理

（1）外观检查　三相异步电动机的故障多种多样，产生的原因也很复杂，检查时，一般应按先外后里、先机后电、先听后检的顺序进行。先检查电动机外部是否有故障，再查电动机内部；先检查机械部分，再查电气部分；先听使用者介绍使用情况和故障情况，再动手检查，这样才能正确、迅速地找出故障。

（2）用仪表检测

1）测量电动机三相定子绕组的直流电阻。

2）测量电动机三相定子绕组相与相间绝缘电阻及各相对地（机壳）的绝缘电阻。

3）通电检测。将三相低压交流电（$30\% U_N$）通入电动机三相绕组并逐步升高电压，如发现声音不正常、有异味或转不动时，立即断电检查。若电动机能正常起动，则将电压加至额定值，用钳形电流表测量三相空载电流，电流较大的一相可能存在绕组匝间短路现象。若三相电流基本平衡，则可让电动机继续运行一段时间，随时观察电流、温升及有无异声等。

若通过以上检查确认电动机内部有故障时，则需进行解体，做进一步检查。

（3）拆开电动机进行检查

1）检查定子绕组部分。查看绕组端部绝缘、接线及引出线有无损伤或烧伤。若有烧伤，则烧伤处绕组颜色会变黑或烧焦，有焦臭味。若烧坏一个线圈中的若干匝，则是因匝间短路而引起；若烧坏几个线圈，则可能是相间绝缘或一相对铁心绝缘损坏所致；若烧坏一相则是三角形联结时一相电源断电所致；若三相全烧坏，则是长期过载或起动时转子卡住所致。

2）检查铁心部分。查看转子、定子表面有无擦伤的痕迹。若转子表面只有一处擦伤，而定子表面全是擦伤，这大多是由于转子弯曲或转子不平衡造成的；若转子表面一周全都有擦伤的痕迹，定子表面只有一处伤痕，这是由于定子、转子不同心造成的，造成不同心的原因是机座或端盖止口变形或轴承严重磨损使转子下落；若定子、转子表面均有局部擦伤痕迹，则是由上述两种原因共同引起的。

3）检查轴承部分。查看轴承的内、外套与轴颈和轴承室配合是否合适，同时也要检查轴承的磨损情况。

4）检查其他部分。查看扇叶是否损坏或变形，转子端环有无裂痕或断裂，再用短路测试器检查导条有无断裂。

2．定子绕组故障的检查

绕组是电动机的心脏部位，是最容易损坏而造成故障的部件。常见的定子绕组故障有：绕组断路、绕组接地、绕组短路及绕组接错、嵌反等。

（1）绕组接地的检查　电动机定子绕组与铁心或机壳间因绝缘损坏而相碰，称为绕组接地故障。出现这种故障后，会使机壳带电，引起触电事故。造成这种故障的原因有受潮、雷击、过热、机械损伤、腐蚀、绝缘老化、铁心松动或有尖刺以及绕组制造工艺不良等。

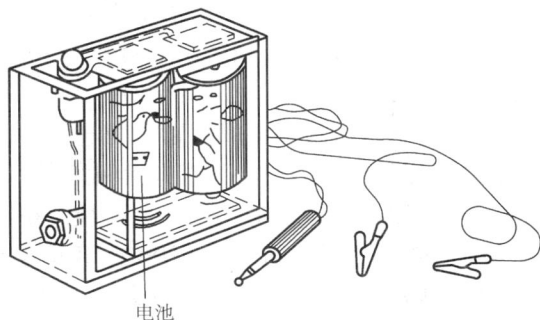
图 4-54　电池灯

①用绝缘电阻表检查。将绝缘电阻表的两个出线端分别与电动机绕组和机壳相连，以 120r/min 的速度摇动绝缘电阻表手柄。如所测绝缘值在 0.5MΩ 以上，说明被测电动机绝缘良好；在 0.5MΩ 以下或接近零，说明电动

机绕组已受潮，或绕组绝缘很差；如果被测绝缘电阻值为0，同时有的接地点还会发出放电声或微弱的放电现象，则表明绕组已接地；如有时指针摇摆不定，说明绝缘已被击穿。

②用电池灯检查。拆开各绕组间的连接线，用3V小灯泡与3V的干电池组串联，如图4-54所示。将电池灯串联在被查电路中，逐一检查各相绕组与机座的绝缘情况，若灯泡发光，说明该绕组接地；灯泡不亮，说明绕组绝缘良好；灯泡微亮，说明绕组已击穿。

(2) 绕组断路的检查   电动机定子绕组内部连接线、引出线等断开或接头松脱所造成的故障称为绕组断路故障。这类故障大多发生在绕组端部的槽口处，检查时可先查看各绕组的连接线处和引出头处有无烧损，焊点松脱和熔化等现象。具体方法如下：

1) 用万用表检查。将万用表置于$R \times 1$或$R \times 10$挡，分别测量三相绕组的直流电阻值。对于单线绕制的定子绕组，若电阻值为无穷大或接近该值，说明该相绕组断路。如无法判定断路点，可在该相绕组中间一半的连接点处剖开绝缘，进行分段测试，如此逐步缩小故障范围，最后找出故障点。也可以改用校验灯进行检查，其原理和方法是一样的。

2) 用电桥检查。如电动机功率稍大，其定子绕组由多路并绕而成，当其中一路发生断路故障时，用万用表和校验灯则难以判断，此时需用电桥分别测量各相绕组的直流电阻。断路相绕组的直流电阻明显大于其他相。找出断路相后再参照上面的办法逐步缩小故障范围，最后找出故障点。

3) 用伏安法检查。对于多路并绕的电动机，如果没有电桥，则可采用伏安法进行检查。即分别给每相绕组加上一个数值很小的直流电压U，再测量流过该绕组中的电流I，该绕组的直流电阻$R = U/I$。对于故障相，其电阻R比正常相大，故在相同的电压U作用下，流过直流电流表的电流较小，因此只需通过电流表的读数即可判断出读数小的相为故障相。如不用直流电源而改用交流调压器输出一个数值较低的交流电压，则交流电流表读数小的一相为故障相。

(3) 绕组短路的检查   定子绕组的短路故障按发生地点划分可分为绕组对地短路、绕组匝间短路和绕组相与相之间短路（称为相间短路）等三种，其中对地短路故障的检修前面已叙述，本段只叙述匝间短路及相间短路的检查。

1) 直观检查线圈短路。用眼观察线圈外部绝缘有无变色或烧焦，或用鼻闻有无焦臭气味，如果有，则说明该线圈可能短路。

2) 用绝缘电阻表（或万用表的电阻挡）检查相间短路。拆开三相定子绕组接线盒中的连接片，分别测量任意两相绕组之间的绝缘电阻。若绝缘电阻阻值为零或很小，则说明该两相绕组相间短路。

3) 直流电阻法检查匝间短路。用电桥（或万用表低倍率电阻挡）分别测量各个绕组的直流电阻，阻值较小的一相可能有匝间短路。

4) 用短路测试器（短路侦察器）检查绕组匝间短路。用测量直流电阻的方法判断绕组是否有匝间短路有时准确度不是很高，可能会出现误判断，而且也不容易判断到底是哪个线圈有匝间短路。因此，在电动机检修中常常用短路测试器来检查绕组的匝间短路故障。短路测试器实际上是一个特殊的开口变压器，即其铁心不是自成闭合回路，而是为U形，如图4-55所示。铁心也用硅钢片叠成，励磁绕组与变压器一次侧一样由漆包铜线绕成再经过绝缘处理后套装在铁心上，匝数约为1000匝，用直径0.2mm左右的漆包铜线绕制，与36V低压交流电相连接。铁心开口处的形状应能与被测绕组所在的铁心有较紧密的配合，空隙不宜过大。测试时，将短路测试器励磁绕组接 36V（或稍高于 36V）交流电压，沿铁心槽口逐槽移动；当经过短路的线圈时，相当于变压器二次绕组短路，电流表读数会明显增大，从而判断出匝间短路的线圈。此时，也可将一条硅钢片或一片废锯条放在被测线圈另一边所在槽口处，如图 4-55 所示。若被测线圈有匝间短路，则短路电流周围磁场形成的磁感线经铁心和锯条形成闭合回路，锯条就会产生振动并发出响声。

用短路测试器进行测试时应注意以下几点：首先应注意安全；其次若为三角形联结，电动机定子绕组引出线端应先拆开；绕组若为多路并绕，应将各并联支路断开；若绕组是双层绕组，则一个槽内嵌有不同线圈的两条边，要确定究竟是哪个线圈匝间短路，可分别将钢片放在左、右两边相隔一个节距的槽口上进行测试后才能确定，如图 4-56 所示。

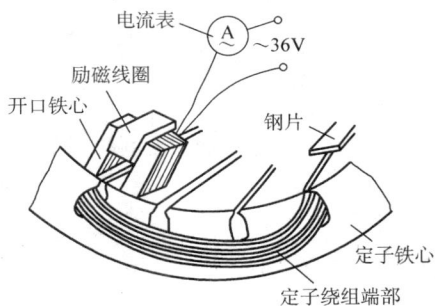

图 4-55 用短路测试器查找短路线圈　　　图 4-56 双层绕组匝间短路测试方法

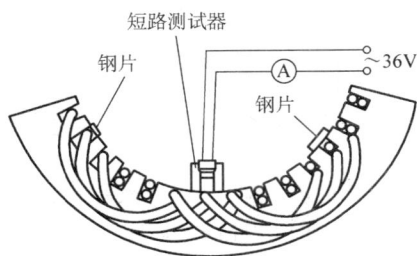

（4）绕组接线错误或嵌反的检查　绕组接线错误或某一线圈嵌反时会引起电动机振动，发出较大的噪声，电动机转速降低甚至不转；同时会造成电动机三相电流严重不平衡，使电动机过热而导致熔丝熔断或绕组烧损。

绕组接线错误或嵌反故障通常分两种情况：一种是外部接线错误；另一种是某一极相组接错或某几个线圈嵌反。

绕组接线错误或嵌反的检查方法：将低压直流电源（一般在 10V 以内，注意输出电流不要超过绕组的额定电流）逐步加在三相定子绕组的每一相上（若电动机定子绕组采用星形联结，则将直流电源两端分别接到中性点和某相绕组的出线端；若为三角形联结则必须拆开三相绕组的连接点），用指南针沿定子内圆周移动。若绕组接线正确，则指南针顺次经过每一极相组时，南、北极指向交替变化，如图 4-57 所示；若指南针在某一个极相组的指向与图示方向相反，则表示该极相组接反；如果指南针经过同一极相组不同位置时，南、北极指向交替变化，则说明该极相组中有个别线圈嵌反。

3. 转子绕组故障的检查

笼型转子的常见故障是断条。断条后电动机一般能空载运行，但当加上负载后，电动机转速将降低，甚至停转。若用钳形电流表测量三相定子绕组电流，电流表指针会往返摆动。

断条的检查方法通常有以下两种：

1）用短路测试器检查：如图 4-58 所示，将短路测试器加上励磁电压后放在转子铁心槽口上，沿转子周围逐槽移动，如导条完好，则电流表指示的是正常短路电流。若测试器经过某一槽口时电流有明显下降，则表示该处导条断裂。

2）用导条通电法检查：即在转子导条端环两端加上几伏的低压交流电，再在转子表面撒上铁粉或用断锯条沿转子各导条依次测试。当某一导条处不吸引铁粉或锯条时，则说明该导条已断裂。

转子导条断裂故障一般较难修理，通常采用更换转子的方法。

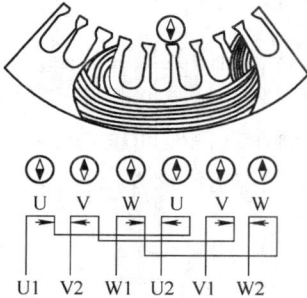

图 4-57　用指南针法检查绕组接错或接反

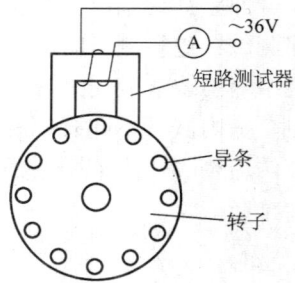

图 4-58　用短路测试器检查断条

4. 三相异步电动机定子绕组的故障检修操作

（1）定子绕组接地故障的检修

1）拆开接线盒内的绕组连接片。

2）将三相异步电动机解体，取出端盖及转子。

3）用绝缘电阻表分别测量各相绕组与机壳之间的绝缘电阻，若测出某相对地绝缘电阻为零，则说明该相为故障相。

4）将定子绕组加热，使绝缘软化。

5）将接地相绕组分成两半，用校验灯找出接地部分。依此类推逐步缩小故障范围，直至找出故障点。

6）将校验灯接在故障线圈上，此时校验灯亮。由于接地故障一般均发生在槽口边上，因此可用绝缘板撬动故障线圈，或用小木棒敲击该线圈铁心两端面的齿片。若校验灯闪动或熄灭，则说明该处是接地点。

7）打出该槽口的槽楔，用划线板在接地处撬动线圈，待灯不亮后，即在该处垫上绝缘材料，并涂上少量绝缘漆。

8）用绝缘电阻表测量绝缘电阻，如合格即可恢复接线及打上槽楔。

9）若接地点发生在端部明显处，则可用绝缘带包扎后涂上绝缘漆，再进行烘干处理；若发生在槽内，则一般需要更换绕组。

（2）定子绕组端部断路故障的检修

1）拆开电动机，将出线盒内的连接片拆下（三角形联结）。

2）用万用表或校验灯查出断路的一相绕组。

3）逐步缩小断路故障范围，最后找出故障所在线圈。

4）将定子绕组放在烘箱内加热，使线圈的绝缘软化，再设法找出故障点。断路故障一般均发生在线圈之间的连接线处或铁心槽口处。

5）视故障实际情况进行处理：若断路点发生在端部，则可将断路恢复加焊后再进行绝缘处理；若断路点发生在槽口或槽内，则一般可拆除故障线圈，用穿绕修补法进行修理或者重新绕制。

6）将绕组及电动机复原。

四、注意事项

（1）定子绕组接地故障检修时

1）用绝缘板或划线板撬动绕组端部时，注意不能损坏绕组绝缘，且要沿铁心齿部撬动。

2）用木锤和木棒敲击槽口端面齿片时要轻轻敲击，不能使齿片划损绝缘。

3）要仔细操作和观察，正确找出故障点。

（2）定子绕组端部断路故障检修时

1）找到故障点后，应观察故障现象，分析故障原因，然后再行修复。

2）进行锡焊时，应注意锡焊点处不得有毛刺等尖突部位，焊锡不能掉入绕组内。

技能训练6　三相异步电动机定子绕组的重绕

一、训练目的

1）了解三相异步电动机定子单层绕组的基本结构。

2）学习三相异步电动机定子绕组重绕的工艺过程，包括定子绕组的拆除、重绕材料的准备、绕组的绕制及嵌线工艺、绕组重绕后的基本试验内容及方法等。

3）进一步熟悉三相异步电动机一般试验的方法、步骤及常用电工仪表的使用。

二、训练器材

1）待修三相异步电动机：1台。

2）低压变压器：1台。

3）三相调压器：3~6kV·A，380V，1台。

4）万用表：500型，1只。

5）绝缘电阻表：500V，1只。

6）钳形电流表：1只。

7）高强度漆包铜线：若干。

8）各种绝缘材料：若干。

9）绕线机及放线架等：1套。

10）千分尺：1把。

11）直尺：500mm，1把。

12）常用钳工工具：1套。

13）常用电工工具：1套。

14）清槽铲刀（用废锯条磨成）：若干。

15）划线板、压线板、木锤、剪刀等：1套。

三、训练内容及步骤

1. 三相异步电动机定子绕组的拆除

1）将待修三相异步电动机解体。

2）将定子部分（机座、定子铁心及绕组）加热，使绝缘软化。

3）打出槽楔。

4）用电工工具将定子绕组从铁心槽内拆出，此时需要记录如下数据：线圈在铁心槽内的放置形式（即绕组结构形式、绕组节距）、每槽导体数、导体的线径等，并保留线圈的尺寸，以备制作绕线模时使用。

冷态时电动机的定子绕组一般都很坚硬，很难拆除，必须通过加热使绕组绝缘漆软化后再进行拆除。拆除时的加热方法一般有以下两种：

①通电加热法：即在三相定子绕组没有断路的情况下，可将三相绕组连成闭合回路，然后用单相调压器和低压变压器给三相定子绕组加上适当的交流电压，约 30～50V，使定子绕组发热。使用这种方法时应注意，通过自耦调压器及减压变压器中的电流不允许超过其额定电流，以防损坏调压器或变压器。待绕组受热软化后应立即切断电源，打出槽楔，将绕组一端剪断，再用钳子、螺钉旋具等工具将绕组拆除。

②烘箱加热法：即将定子铁心及绕组一起放在烘箱中加热数小时后使绝缘软化，再用工具拆除旧绕组。

如果待修电动机的功率较小，绕组截面不太大时，也可用冷拆法。其拆除步骤为：先打出槽楔，再将绕组的一个端部切断，用螺钉旋具、钳子等工具将绕组从铁心槽中逐步取出。

如果观察该电动机端部导体已粘连很牢固时，则也可用特制的扁铲及冲子进行拆除，其拆除步骤为：先将电动机机座垂直放置，使定子绕组端部朝上；然后用锋利的扁铲沿定子铁心边缘把定子绕组一端铲掉，如图 4-59a 所示（注意不能损坏定子铁心，铲除后绕组的截面要与定子铁心在一个平面内）；再把机座垫高，用一把与铁心槽截面相似但稍小的特制冲子转圈从槽中慢慢往下冲槽内的定子绕组，如图 4-59b 所示。由于定子绕组下面的端部粘连很牢固，因此必须转圈往下冲，逐步冲下整个定子绕组。

5．清槽。定子绕组拆除后，必须清理定子铁心槽中的绝缘材料残留物。通常将钢锯片制成清槽锯或将钢锯片一端磨成锋利的刀片，将残存绝缘物清除掉，并用压缩空气将槽吹干净。

2. 三相异步电动机定子绕组的绕制

（1）绝缘材料的制作　重绕三相异步电动机定子绕组所用的绝缘材料一般应与原电动机所用绝缘材料相同，也可用较高等级的绝缘材料。

三相异步电动机定子绕组的绝缘形式有：

1）槽绝缘：即定子绕组与铁心槽之

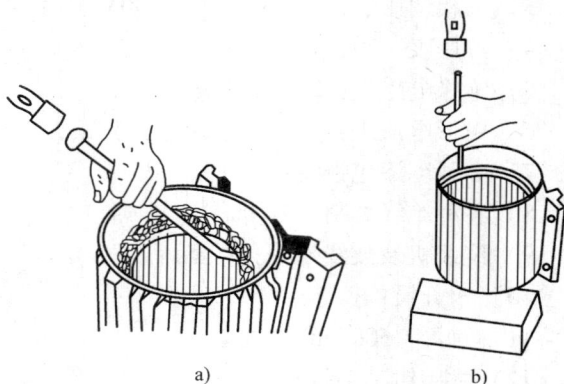

图 4-59　用扁铲及冲子拆除定子绕组
a) 用扁铲铲掉一端绕组端部　b) 用冲子冲出绕组

间的绝缘。槽绝缘纸伸出定子铁心之外的长度要根据电动机的功率而定，太短则使定子绕组与定子铁心之间的绝缘距离不够，容易造成定子绕组与铁心短路；太长则在绕组端部整形时槽绝缘容易裂开。通常可按原电动机槽绝缘纸的尺寸裁剪。对于几十千瓦以内的三相异步电动机，槽绝缘纸伸出铁心的长度也可按 8～10mm 选取。槽绝缘纸宽度的确定可按实际铁心槽的形状而定。其高出铁心槽的部分一般约为 10mm，太宽则浪费绝缘材料，太窄又包不住线圈，并且造成线圈嵌放困难。

2）端部绝缘：端部绝缘是垫在绕组两端用于相间绝缘的绝缘材料，质地与槽绝缘相同，可在嵌好若干个线圈后，按线圈组端部的实际尺寸裁剪，形状略小于半圆形。

3）槽楔绝缘：槽楔安插在定子铁心槽口处作为定子绕组嵌放完毕后封槽口之用。槽楔一般用胶木板加工而成。如果原槽楔仍可用，则可继续使用；如需换新，在个别电动机进行修理，胶木槽楔制作又很困难时，也可用干燥的竹片制作。槽楔截面为等腰梯形，长度与槽绝缘材料大体相等。

（2）线圈的制作

1）绕线模的制作。线圈尺寸大小与嵌线质量及电动机性能好坏有密切的关系，而线圈尺寸大小完全由绕线模的尺寸来决定。因此，绕线模的尺寸要做得准确。通常是从拆下的完整旧绕组中取出其中的一匝，参考其形状及周长制作绕线模，并先绕制部分绕组进行试嵌；也可根据电动机型号查找电工手册中的有关技术资料。目前常用的绕线模主要有固定式绕线模和可调式绕线模两类，在一般小型修理部门仍以使用固定式绕线模为多。

①固定式绕线模如图 4-60a 所示。它一般用木材制成，由模心和隔板组成，导线绕放在模心上，隔板起挡住导线使之不致脱离模心的作用。

②可调式绕线模如图 4-60b 所示。由于电动机的规格、型号很多，因此各种电动机的绕线模尺寸都不一样，在稍大的电动机修理部门可采用可调式绕线模，也称为万用绕线模。

2）线圈的制作。小型三相异步电动机定子绕组的各组线圈通常都用高强度漆包铜线在绕线机上用绕线模绕制，通常是按极相组绕制，最后再进行连接。

对于小功率三相异步电动机，由于其定子绕组尺寸较小，线径也较细，故可在手摇式绕线机上绕制，如图 1-27 所示。其绕制过程是：

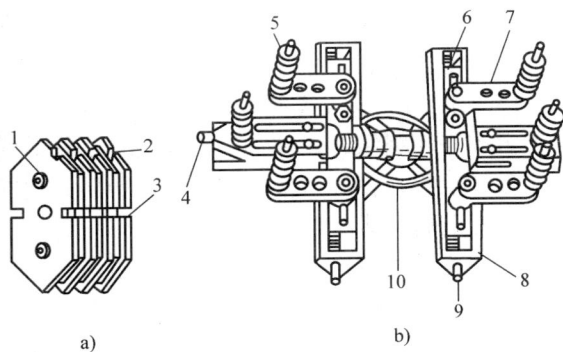

图 4-60　绕线模
a）固定式　b）可调式
1—螺栓　2—跨线槽　3—扎线槽　4—前后螺纹杆　5—线轮
6—滑块　7—线轮架　8—滑轨　9—左右螺纹杆　10—底盘

①将绕线模安装在绕线机轴上，用螺母将其固紧，并检查绕线机转动是否灵活。

②将漆包铜线线盘架起，可以自由灵活地转动。若线圈为几根导线并绕，则需几个线盘同时放线。

③将绕线机指针调零后即可开始绕线。绕线时，左手从右边第一个模芯开始放线，将线头留在绕线模右边，右手顺时针转动绕线机，从右向左绕制。要注意导线在模芯中应排列整

齐，避免交叉混乱，而且不应碰伤导线的绝缘。第一个线圈绕制到规定的匝数后，即从跨线槽中将导线过渡到第二个模芯继续绕第二个线圈，如此不断循环便完成一个线圈组的绕制。

④一个线圈组绕制完毕后应用扎线将各线圈绑扎好，以防散开。

⑤检查各线圈的匝数是否符合技术条件要求。

对于较大功率三相异步电动机的定子绕组可在电动式绕线机或专用设备上进行绕制。

（3）嵌线

1）将事先准备好的槽绝缘材料放在定子铁心槽内。

2）把定子绕组各线圈组按绕组展开图标出的嵌线顺序进行嵌线，要注意线圈的引出线头应朝向嵌线人员一侧，线圈嵌放在槽内的部分不应交叉，在槽口处不能碰伤绝缘，并随时用划线板整理槽内部分的导线。线圈全部下入铁心槽后，用剪刀将高出槽口部分的槽绝缘材料剪去，再用划线板把槽绝缘材料从一边划进槽内包住导线，再划进另一边。用压脚将导线压紧，最后插入（或打入）槽楔，将槽口封住。

3）在一个线圈组下线结束后，应用绝缘电阻表检查线圈与机壳之间的绝缘电阻，绝缘电阻应不小于 0.5MΩ。

4）按此嵌线顺序继续完成整个线圈组的嵌线工作。嵌线过程中应注意，在定子绕组两个端部各相绕组的结合处应垫上相间绝缘材料。

5）最后对绕组的两个端部进行整形，可用木板垫在绕组的端部，用木锤轻轻敲打，使绕组两端形成喇叭口。

6）在嵌线时要注意各个线圈并不是按槽号1、2、3、4的排列次序进行嵌线，嵌放次序与绕组的结构形式有关，同心绕组、链式绕组、交叉式绕组的嵌放次序都不同。往往开始嵌放的几个线圈首先只能将一个边嵌入槽内，而另一个边要留空（通称为吊把线圈），需等绝大部分线圈嵌放完后再将这几个线圈留空的一边嵌入槽内。

（4）接线 嵌线完成后，按三相定子绕组展开图或其他原理图将各个线圈端头连接起来，组成一相绕组，以保证通入交流电后形成符合原绕组的磁极对数。接线完毕后，必须交指导教师检查，在确认接线无误后，方可用电烙铁在接头处进行锡焊。完成后去除毛刺，再将事先套上的绝缘套管移至接头处，恢复绝缘。三相绕组全部连接完成后，可暂时接成丫联结，用三相调压器给定子三相绕组内通入约 60～100V 的交流电。在定子铁心内圆放一粒钢珠，钢珠沿内圆滚动则表明接线正确。此时也可同时用钳形电流表测试三相定子电流是否平衡，若平衡则表示接线正确。如果用钢珠法不便进行判断，也可用指南针法判定。

（5）重绕后的处理 全部重绕工作结束后，由指导教师评审合格后可进行浸漆、烘干和总装配、试运转。三相异步电动机装配完毕后，为了保证电动机的重绕及装配质量，必须对电动机进行一系列必要的试验，以考核其检修质量是否符合要求。

试验的项目主要有：三相定子绕组首、末端的判定、直流电阻测定、绝缘电阻测定、耐压试验、空载试验等。

1）直流电阻的测定，记录数据：

U 相_____Ω，V 相_____Ω，W 相_____Ω。

2）绝缘电阻的测定，记录数据：

U 相与机座_____MΩ，V 相与机座_____MΩ，W 相与机座_____MΩ。

U 相与 V 相_____ MΩ，V 相与 W 相_____ MΩ，W 相与 U 相_____ MΩ。

3）耐压试验。视实际情况而定。

4）空载试验。按图 4-53 接线，可以不接电流表，电压表也可以不接，用万用表、钳形电流表进行测量，记录数据：

U、V 线电压_____ V，V、W 线电压_____ V，W、U 线电压_____ V。

U 相电流_____ A，V 相电流_____ A，W 相电流_____ A。

四、注意事项

1）量取导线直径必须正确，应烧去漆层，并用棉纱擦净，可多量几根，对照漆包铜线规格最后确定导线直径。

2）裁剪绝缘材料，进行绕线、嵌线等工序时，手必须洗净，不能有油污等，否则绝缘性能受影响。

3）绕线时拉力要适中，不能太紧或太松，导线在绕线模中不能交叉排列。绕线开始时，计数器必须指零，绕完第一个线圈后最好数一下圈数是否正确。绕线时千万不能损坏漆包铜线的漆层。

4）嵌线要仔细，按次序进行，引出线头千万不能嵌反，不能损伤漆包铜线的漆层。在嵌线过程中要及时测试对铁心的绝缘电阻。

5）垫入相间绝缘材料时，应注意绝缘材料应将两相绕组端部接触处全部覆盖住。

6）槽楔高度不能高出铁心内圆。

7）绕组端部不能高出铁心外圆，不能与机座及端盖接触。

8）不能有异物或油污等进入被嵌电动机内。

9）进行连线焊接时，接头处与绕组间要垫上纸板，并隔开，防止熔化的锡液滴入绕组缝隙内部。

10）注意人身及设备安全，注意节省原材料。

本 章 小 结

1）异步电动机是指由交流电源供电，电动机转速与交流电源产生的旋转磁场的转速不同步的旋转电动机。主要可分三相异步电动机和单相异步电动机两大类。

2）旋转磁场是三相异步电动机能旋转的关键所在，而旋转磁场产生的基本条件是在空间有相差一定角度的三相绕组，并分别通入在时间上相差一定角度的三相交流电流。

3）三相异步电动机由定子和转子两大部分组成，其中定子部分作用是通入交流电产生旋转磁场，转子部分的作用是载流导体在磁场中受力，产生转矩而旋转。

4）电动机铭牌标示了该电动机的型号及主要技术参数，是正确选用该电动机的依据，主要的技术数据有额定功率、额定电压、额定电流、额定转速、频率、定额工作制等。

5）绕组是三相异步电动机的关键部件，可分定子绕组与转子绕组两大部分，经常接触到的是三相定子绕组。

6）绕组按结构不同可分单层绕组和双层绕组。单层绕组又可分链式、同心式、交叉式三类，主要在 10kW 以下小电动机中使用。双层绕组可分双层叠绕组（用于 10kW 以上电动机的定子绕组中）和双层波绕组（主要用于绕线电动机转子绕组中）。

7）三相异步电动机的特性是指电动机转速、输出转矩、定子电流、定子功率因数、电动机效率等物理量与输出功率之间的相互关系，是选用电动机的重要依据。

8）在使用三相异步电动机时，必须重点了解它的机械特性，即电动机的转速和输出转矩之间的关系，其中尤为重要的是起动转矩倍数和过载能力。同时必须具备三相异步电动机的基本使用知识和维护能力。

9）正确选择三相异步电动机的起动方式是安全、合理使用电动机的关键之一，如允许采用直接起动，则应优先考虑用直接起动。在选择降压起动方式时，应优先考虑用丫-△减压起动。

10）三相异步电动机转速调节比较困难，以前一直是困扰三相异步电动机使用范围的一个难题，随着目前变频调速技术的飞速发展在许多需平滑调速的领域内，三相异步电动机正在逐步取代直流电动机而居主导地位。

11）三相异步电动机的制动是指在电动机轴上加一个与其旋转方向相反的转矩，使电动机减速或停止或以一定速度旋转。可分机械制动和电气制动两大类。电气制动又分反接制动、能耗制动和再生制动。

复习思考题

1. 交流电机按其功能的不同可分为哪两大类？它们的功能各是什么？
2. 交流电动机按其转速的变化情况可分为哪两类，它们在运行时的转速各有什么特点？
3. 常用的异步电动机可分哪几类？
4. 什么叫旋转磁场？它是怎样产生的？
5. 说明三相异步电动机的转动原理。
6. 一台三相异步电动机，若转子转速 n 等于同步转速 n_1，则将出现什么情况？如果 $n > n_1$ 又将如何？
7. 一台 Y2—160M2—2 型三相异步电动机的额定转速 $n = 2930\text{r/min}$，$f_1 = 50\text{Hz}$，$2p = 2$，求转差率 s。
8. 某台进口设备上的三相异步电动机频率为 60Hz，现将其接在 50Hz 交流电源上使用，问电动机的实际转速是否会改变？若改变的话，是升高还是降低？为什么？
9. 为什么三相异步电动机定子铁心和转子铁心均用硅钢片叠压而成？能否用钢板或整块钢制作？为什么？
10. 三相笼型异步电动机主要由哪些部分组成？各部分的作用是什么？
11. 三相笼型异步电动机和三相绕线转子异步电动机结构上的主要区别有哪些？
12. 三相异步电动机的铭牌有什么用？说明铭牌上最重要的数据有哪几个？
13. 请归纳一下生产一台小型的三相笼型异步电动机需要用哪些主要材料？
14. 电动机 A 的额定功率为 10kW，电动机 B 的额定功率为 7.5kW，它们的损耗均为 1kW，试问哪台电动机的效率高？为什么？

15. 为什么变压器的效率很高，而三相异步电动机的效率相应的比较低？

16. 一台 Y100L1—4 型三相异步电动机额定输出功率 $P_2 = 2.2 \text{kW}$，额定电压 $U_1 = 380\text{V}$，额定转速 $n_1 = 1420\text{r/min}$，功率因数 $\lambda = 0.82$，效率 $\eta = 81\%$，$f = 50\text{Hz}$，试计算额定电流 I_1、额定转差率 s_N、额定转矩 T_N。

17. 一台 Y200L1—4 型三相异步电动机，额定输出功率 $P_2 = 30\text{kW}$，额定电压 $U_1 = 380\text{V}$，额定电流 $I_1 = 56.8\text{A}$，效率 $\eta = 92.2\%$，额定转速 $n_\text{N} = 1470\text{r/min}$，$f = 50\text{Hz}$，求电动机功率因数、额定转矩和转差率。

18. 一台 Y2—132M—4 型的额定功率 7.5kW，额定转速 1440r/min，另一台 Y2—160L—8 型的额定功率也为 7.5kW，额定转速 720r/min，分别求它们的额定转矩。

19. 什么叫极距？设有一台三相交流电机，其定子槽数 $z_1 = 48$、极数 $2p = 8$，求其极距。

20. 什么叫节距？设有一个线圈的一个有效边在第 1 槽，而另一个有效边在第 8 槽，试问此线圈的节距为多少？

21. 绕组的每极每相槽数的含义是什么？某三相交流电机，定子槽数 $z_1 = 36$，极数 $2p = 6$，则其定子绕组的每极每相槽数为多少。

22. 三相单层绕组有何结构特点？若按线圈的形式分类，单层绕组可分为哪几种形式。

23. 一台 Y90L—2 型三相异步电动机定子绕组数据为：单层交叉式，$2p = 2$，$z_1 = 18$，跨距为 $y = 8$（即 1—9 槽）和 $y = 7$（即 1—8 槽），试问：

（1）计算绕组各参数。

（2）画出三相绕组展开图。

24. 一台 Y100L—6 型三相异步电动机的定子绕组数据为：$z_1 = 36$，$2p = 6$，跨距为 $y = 5$（即 1—6 槽），绕组为单层链式，试问：

（1）计算绕组各参数。

（2）画出 U 相绕组展开图。

（3）确定 U、V、W 三相首端所在槽号。

25. 一台 J02—41—2 型三相异步电动机的定子绕组数据为：单层同心式，$z_1 = 24$，$2p = 2$，跨距为 $y = 11$（即 1—12 槽）和 $y = 9$（即 2—11 槽），试问：

（1）计算绕组各参数。

（2）画出 U 相绕组展开图。

（3）确定 U、V、W 三相首端所在槽号。

26. 三相双层绕组与三相单层绕组相比，结构上有哪些不同？采用双层绕组有什么优点？

27. 三相异步电动机定子绕组为三相双层叠绕组，$z_1 = 36$ 槽，$2p = 4$，$y = 8$（即 1—9 槽），$a = 1$，试进行：

（1）分极、分相。

（2）画出 U 相绕组各线圈接线顺序。

（3）画出 U 相绕组展开图。

（4）确定 V 相绕组及 W 相绕组首、末端的槽号。

第五章　单相异步电动机

在单相交流电源下工作的电动机称为单相电动机。按其工作原理、结构和转速等的不同可分三大类，即单相异步电动机、单相同步电动机和单相串励电动机。

单相异步电动机是利用单相交流电源供电、其转速随负载变化而稍有变化的一种小容量交流电动机。由于它结构简单、成本低廉、运行可靠、维修方便，并可以直接在单相220V交流电源上使用，因此被广泛用于办公场所、家用电器等方面，在工、农业生产及其他领域中，单相异步电动机的应用也越来越广泛，如风扇、洗衣机、电冰箱、吸尘器、电钻、小型鼓风机、小型机床、医疗器械等均需要单相异步电动机驱动。其外形如图5-1所示。

图 5-1　单相异步电动机外形

a）水泵电动机　b）抽油烟机电动机

单相串励电动机可以在相同电压的单相交流电源上或直流电源上使用，因此又称为交直流两用电动机。它的结构与直流电动机（下章叙述）相似，它的最大特点是：转速高，可高达 20000 ~ 25000r/min；机械特性软，随着负载转矩增加，其转速下降显著，因此特别适用于手电钻、电动吸尘器、小型机床等方面，其外形如图5-2所示。

单相异步电动机的不足之处是，它与同容量的三相异步电动机相比较，具有体积较大、运行性能较差、效率较低等特点。因此，这种电动机一般只制成小型和微型系列，容量在几十瓦到几百瓦之间，千瓦级的较少见。

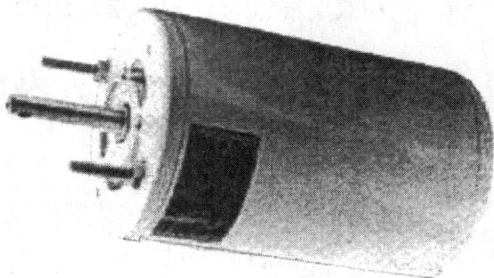

图 5-2　单相串励电动机外形

第一节 单相异步电动机的基本结构和工作原理

一、单相异步电动机的基本结构

图5-3所示为单相异步电动机的基本结构，它与三相异步电动机相仿，一般来讲，也由定子和转子两大部分组成。

1. 定子

定子由定子铁心、定子绕组、机座、端盖等部分组成，其主要作用是通入交流电，产生旋转磁场。

（1）定子铁心 定子铁心大多用0.35mm硅钢片冲槽后叠压而成，槽形一般为半闭口槽，槽内则用以嵌放定子绕组，如图5-3及图5-4所示。定子铁心的作用是作为磁通的通路。

（2）定子绕组 单相异步电动机定子绕组一般都采用两相绕组的形式，即工作绕组和起动绕组。工作绕组和起动绕组的轴线在空间上相差90°电角度，两相绕组的槽数和绕组匝数可以相同，也可以不同，视不同种类的电动机而定。定子绕组的作用是通入交流电，在定、转子及空气隙中形成旋转磁场。

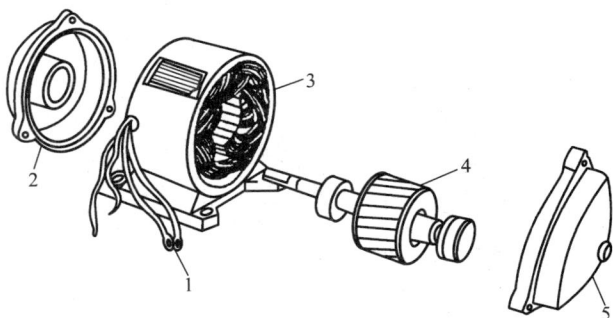

图5-3 单相异步电动机的结构
1—电源接线 2、5—端盖 3—定子 4—转子

单相异步电动机中常用的定子绕组形式主要有单层同心式绕组、单层链式绕组、正弦绕组，这类绕组均属分布绕组。单相罩极式电动机的定子绕组则多采用集中绕组。

定子绕组一般均由高强度聚酯漆包线事先在绕线模上绕好后，再嵌放在定子铁心槽内，并需进行浸漆、烘干等绝缘处理。

（3）机座与端盖 机座一般均用铸铁、铸铝或钢板制成，其作用是固定定子铁心，并借助两端的端盖与转子连成一个整体，使转轴上输出机械能。单相异步电动机的机座通常有开启式、防护式和封闭式等几种。对于开启式结构和防护结构，其定子铁心和绕组外露，由周围空气直接通风冷却，多用于与整机装成一体的场合，如图5-4所示的电容运行台扇及洗衣机电动机等。封闭式结构则是整个电动机均采用密闭方式，电动机内部与外界完全隔绝，以防止外界水滴、灰尘等浸入，如图5-5所示。电动机内部散发的热量由机座散出，有时为了加强散热效果，可再加风扇冷却。

由于单相异步电动机体积和尺寸都比较小，且往往与被拖动机械组成一体，因而其机械部分的结构有时可与三相异步电动机有较大的区别，例如有的单相异步电动机不用机座，而直接将定子铁心固定在前、后端盖中间，如图5-4所示的电容运行台扇电动机。也有的采用立式结构，且转子在外圆，定子在内圆的外转子结构形式，如图5-5所示的电容运行吊扇电动机。

2. 转子

转子由转子铁心、转子绕组、转轴等组成，其作用是导体切割旋转磁场，产生电磁转矩，带动机械负载工作。

（1）转子铁心　转子铁心与定子铁心一样用 0.35mm 厚的硅钢片冲槽后叠压而成，槽内置放转子绕组，最后将铁心及绕组整体压入转轴。

（2）转子绕组　单相异步电动机的转子绕组均采用笼型结构，一般均用铝或铝合金压力铸造而成。

（3）转轴　用碳钢或合金钢加工而成，轴上压装转子铁心，两端压上轴承，常用的有滚动轴承和含油滑动轴承。

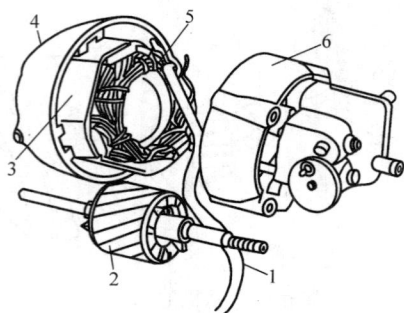

图 5-4　电容运行台扇电动机的结构
1—导线　2—转子　3—定子铁心　4—前端盖
5—定子绕组　6—后端盖

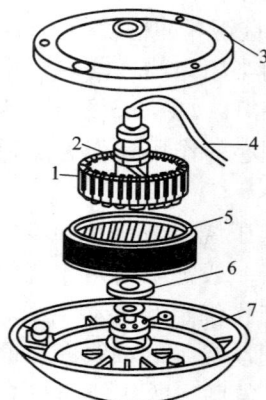

图 5-5　电容运行吊扇电动机的结构
1—定子铁心　2—定子绕组　3—上端盖　4—导线
5—外转子　6—挡油罩　7—下端盖

3. 单相异步电动机的铭牌

在单相异步电动机机座上均装有铭牌，如图 5-6 所示。供正确使用电动机时参考。

单相电容运行异步电动机			
型号	DO2-6314	电流	0.94A
电压	220V	转速	1 400r/min
频率	50Hz	工作方式	连续
功率	90W	标准号	
编号、出厂日期×××　　　　　　　　　　　　　　　　　　　　　　　　　　　×××电机厂			

图 5-6　单相异步电动机铭牌

（1）型号　型号表示该产品的种类、技术指标、防护结构型式及使用环境等。
型号意义如下：

```
D O 2 — 6  3 1 4
                  └── 规格代号:4 极
                └──── 规格代号:1 号铁心长
              └────── 机座代号:轴中心高度 63mm
            └──────── 设计代号:第二次改型设计
      └────────────── 系列代号:封闭式
  └────────────────── 系列代号:小功率单相电容运行异步电动机
```

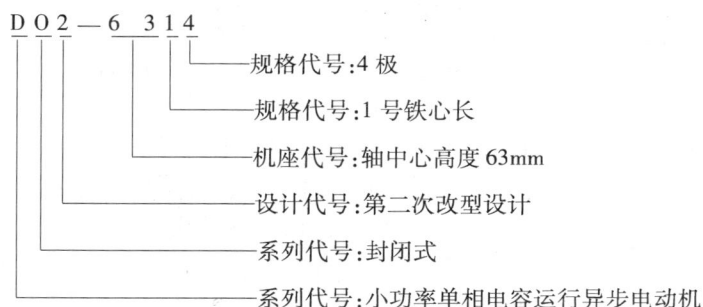

我国单相异步电动机的系列代号前后经过三次较重大的更新,见表 5-1。目前生产的 BO2、CO2、DO2 系列,均采用 IEC 国际标准,其功率等级与机座号的对应关系与国际通用,有利于产品的出口及与进口产品相替代。该系列产品电动机外壳防护型式均为 IP44（封闭式）,采用 E 级绝缘,接线盒在电动机顶部,便于接线与维修。近期内又研制生产了新型的 YC 系列单相电容起动异步电动机。

表 5-1　小功率单相异步电动机产品系列代号

基本系列产品名称	20 世纪 50～60 年代	70 年代	80～90 年代
单相电阻起动异步电动机	JZ	BO	BO2
单相电容起动异步电动机	JY	CO	CO2
单相电容运行异步电动机	JX	DO	DO2
单相电容起动与运行异步电动机	—	—	E
单相罩极电动机	—	—	F

（2）电压　是指电动机在额定状态下运行时加在定子绕组上的电压,单位为 V。根据国家标准规定电源电压在 ±5% 范围内变动时,电动机应能正常工作。电动机使用的电压一般均为标准电压,我国单相异步电动机的标准电压有 12V、24V、36V、42V 和 220V。

（3）频率　是指加在电动机上的交流电源的频率,单位为 Hz。由单相异步电动机的工作原理知道,电动机的转速与交流电源的频率直接有关,频率越高,电动机转速也越高。因此,电动机应连接在规定频率的交流电源上使用。

（4）功率　是指单相异步电动机轴上输出的机械功率,单位为 W。铭牌上标出的功率是指电动机在额定电压、额定频率和额定转速下运行时输出的功率,即额定功率。

我国常用的单相异步电动机的标准额定功率为:6W、10W、16W、25W、40W、60W、90W、120W、180W、250W、370W、550W 及 750W。

（5）电流　在额定电压、额定功率和额定转速下运行的电动机,流过定子绕组的电流值,称为额定电流,单位为 A。电动机在长期运行时的电流不允许超过该电流值。

（6）转速　电动机在额定状态下运行时的转速,单位为 r/min。每台电动机在额定运行时的实际转速与铭牌规定的额定转速有一定的偏差。

（7）工作方式　工作方式是指电动机的工作是连续式还是间断式。连续运行的电动机可以间断工作,但间断运行的电动机不能连续工作,否则会烧损电动机。

二、单相异步电动机的工作原理

1. 单相绕组的脉动磁场

首先来分析在单相定子绕组中通入单相交流电后产生磁场的情况。

如图 5-7 所示,假设在单相交流电的正半周期时,电流从单相定子绕组的左侧流入,从右侧流出,则由电流产生的磁场如图 5-7b 所示,该磁场的大小随电流的大小而变化,方向则保持不变。当电流过零时,磁场也为零。当电流变为负半周期时,则产生的磁场方向也随之发生变化,如图 5-7c 所示。由此可见,向单相异步电动机定子绕组通入单相交流电后,产生的磁场大小及方向在不断地变化,但磁场的轴线(图中纵轴)却固定不变,这种磁场称为脉动磁场。

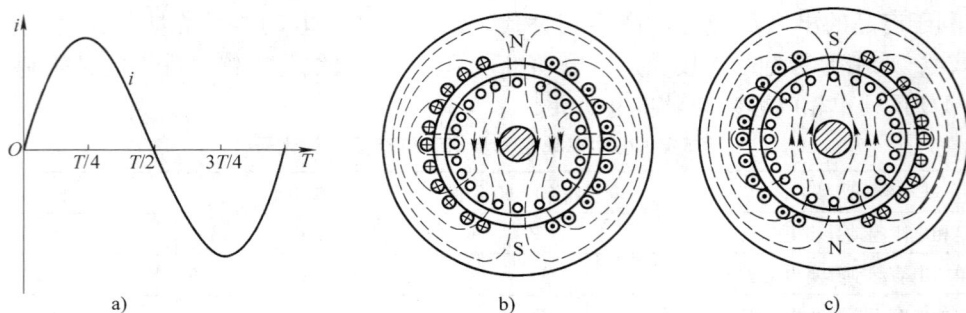

图 5-7 单相脉动磁场的产生

a)交流电流波形 b)电流正半周期产生的磁场 c)负半周期的磁场

由于磁场只是脉动而不旋转,若单相异步电动机的转子静止不动,则在脉动磁场作用下 转子导体因与磁场之间没有相对运动,而不产生感应电动势和电流,也就不存在电磁力的作用,因此转子仍然静止不动,即单相异步电动机没有起动转矩,不能自行起动。这是单相异步电动机的一个主要缺点。如果用外力去拨动一下电动机的转子,则转子导体就会切割定子脉动磁场,从而有电动势和电流产生,并将在磁场中受到力的作用,与三相异步电动机转动原理一样,转子将沿着拨动的方向转动起来。因此,要使单相异步电动机具有实际使用价值,就必须解决电动机的起动问题。

2. 两相绕组的旋转磁场

如图 5-8 所示,在单相异步电动机定子上放置在空间相差 90°的两相定子绕组 U1U2 和 Z1Z2,向这两相定子绕组中通入在时间上相差约 90°电角度的两相交流电流 i_z 和 i_U,采用与第四章图 4-3 分析旋转磁场产生相同的方法,可知此时产生的也是旋转磁场。由此可以得出结论:向在空间相差 90°的两相定子绕组中通入在时间上相差一定角度的两相交流电,则其合成磁场也是沿定子和转子空气隙旋转的旋转磁场。

由上述分析可知:要解决单相异步电动机的起动问题,实质上就是解决气隙中旋转磁场的产生问题。根据起动方法的不同,单相异步电动机一般可分为电容分相、电阻分相和罩极三种方式。

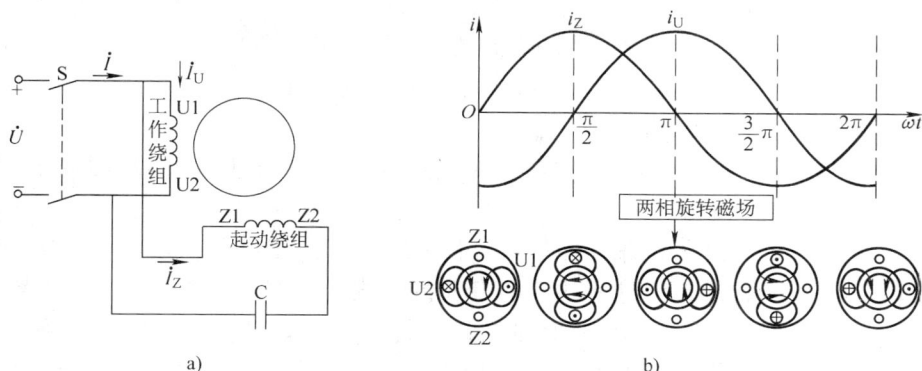

图 5-8 两相旋转磁场的产生

a) 两相定子绕组（电容分相） b) 电流波形及两相旋转磁场

第二节 电容分相单相异步电动机

一、电容分相单相异步电动机的工作原理

电容分相单相异步电动机工作原理如图 5-8a 所示。在电动机定子铁心上嵌放着两套绕组，即工作绕组 U1U2（又称为主绕组）和起动绕组 Z1Z2（又称为副绕组）。它们的结构相同或基本相同，但在空间的布置位置互差 90°电角度。在起动绕组中串入电容 C 后再与工作绕组并联接在单相交流电源上，适当选择电容 C 的容量，使流过工作绕组中的电流 I_U 与流过起动绕组中的电流 I_Z 在时间上相差约 90°电角度，就满足了图 5-8b 所示旋转磁场产生的条件，便在定子转子及气隙间产生一个旋转磁场。单相异步电动机的笼型结构转子在该旋转磁场的作用下，获得起动转矩而旋转。

二、电容分相单相异步电动机的分类

电容分相单相异步电动机可根据起动绕组是否参与正常运行而分成 3 类，即电容运行单相异步电动机、电容起动单相异步电动机和双电容单相异步电动机。

1. 电容运行单相异步电动机

如前所述，在单相异步电动机单相定子绕组中通入单相交流电所产生的是脉动磁场，若转子绕组静止不动，则转子导体不切割磁力线，就没有感应电流，不产生起动转矩，不能自行起动。如用外力拨动转子使之旋转，则转子导体将切割磁力线而按拨动的方向继续旋转。因此，电容分相单相异步电动机中的起动绕组与电容支路，只在电动机起动瞬间起作用，当电动机一旦转起来以后，它的存在与否就没有什么关系了。电容运行单相异步电动机是指起动绕组及电容器始终参与工作的电动机，其电路如图 5-8a 所示。

电容运行单相异步电动机的结构简单，使用及维护比较方便，同时，只要任意改变起动绕组（或工作绕组）首端和末端与电源的接线，即可改变旋转磁场的转向，从而实现电动

机的反转。电容运行单相异步电动机常用于吊扇、台扇、电冰箱、洗衣机、空调器、通风机、录音机、复印机、电子仪表仪器及医疗器械等各种空载或轻载起动的机械上。

电容运行单相异步电动机是应用最普遍的单相异步电动机。

2. 电容起动单相异步电动机

这类电动机的起动绕组和电容只在电动机起动时起作用，当电动机起动即将结束时，将起动绕组和电容从电路中切除。

起动绕组的切除可以用在电路中串联离心开关 S 来实现，图 5-9 所示为电容起动单相异步电动机原理接线图，而图 5-10 所示为离心开关的结构示意图。该离心开关由旋转部分和静止部分组成，旋转部分安装在电动机转轴上，与电动机一起旋转。而静止部分则安装在端盖或机座上，静止部分由两个相互绝缘的半圆形铜环组成（与机座及端盖也互相绝缘），其中一个半圆环接电源，另一个半圆环接起动绕组。电动机静止时，安装在旋转部分上的 3 个指形铜触片在拉力弹簧的作用下，分别压在两个半圆形铜环的侧面，由于 3 个指形铜触片本身是连通的，这样就使起动绕组与电源接通，电动机开始起动。当电动机转速达到一定数值后，安装在旋转部分的指形铜触片由于离心力的作用而向外张开，使铜触片与半圆形铜环分离，即将起动绕组从电源上切除，电动机起动结束，投入正常运行。

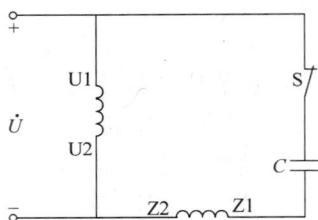

图 5-9 电容起动单相异步
电动机原理图

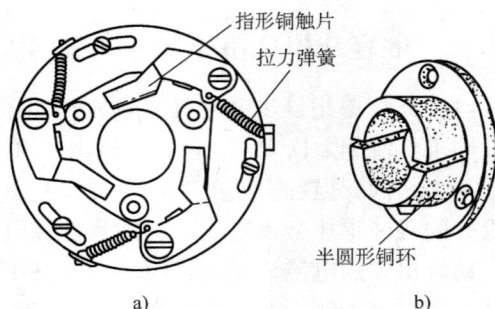

图 5-10 离心开关结构示意图
a) 旋转部分 b) 静止部分

电容起动单相异步电动机比电容运行单相异步电动机的起动转矩要大，适用于小型空气压缩机、电冰箱、磨粉机、医疗机械、水泵等满载起动的机械上。

3. 双电容单相异步电动机

为了综合电容运行单相异步电动机和电容起动单相异步电动机各自的优点，近来又出现了一种电容起动电容运行单相异步电动机（简称双电容单相异步电动机），即在起动绕组上接有两个电容器 C_1 及 C_2，如图 5-11 所示，其中电容 C_1 仅在起动时接入，电容 C_2 则在全过程中均接入。这类电动机主要用于要求起动转矩大，功率因数较高的设备上，如电冰箱、空调器、水泵、小型机车等。

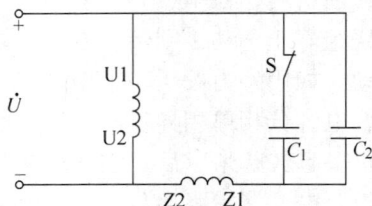

图 5-11 双电容单相
异步电动机

第三节　电阻分相单相异步电动机

如果将图 5-9 中的电容 C 换成电阻 R 就构成电阻分相单相异步电动机，如图 5-12 所示。

电阻分相单相异步电动机的定子铁心上也嵌放着两套绕组，即工作绕组 U1U2 和起动绕组 Z1Z2。在电动机运行过程中，工作绕组自始至终接在电路中，一般工作绕组占定子总槽数的 2/3，起动绕组占定子总槽数的 1/3。而起动绕组只在起动过程中接入电路，待电动机转速达到额定转速的 70%～80% 时，离心开关 S 将起动绕组从电源上断开，电动机即进入正常运行状态。为了增加起动时流过工作绕组和起动绕组之间电流的相位差（希望为 90° 电角度），通常可在起动绕组回路中串联电阻 R 或增加起动绕组本身的电阻（起动绕组用细导线绕制）。由于起动绕组的导线较细，故流过起动绕组导线的电流密度相应地比工作绕组中的要大，因此，起动绕组只能短时工作，起动完毕必须立即从电源上切除，如超过较长时间仍未切断，就有可能烧损起动绕组，导致整台电动机损坏。

对用于电冰箱中的电阻分相单相异步电动机的起动，一般采用起动继电器或 PTC 元件（由钛酸钡等半导体材料制成的电阻器，具有发热、控温双重功能）来代替离心开关，在图 5-13 所示电路中，起动继电器线圈串联在工作绕组中，起动时，流过工作绕组中的电流很大，继电器动作使串联在起动绕组中的触头闭合，于是起动绕组接通，电动机开始起动，当达到一定转速后，继电器线圈吸力小于弹簧的拉力，则触头断开，起动绕组被切除，电动机正常运行。而 PTC 元件起动则是利用了 PTC 元件的热敏电阻特性，如图 5-14a 所示，当温度较低时，PTC 元件的电阻很小，当温度高于某一数值时，即呈高阻状态（高阻与低阻之比可达 1000）。使用时将 PTC 元件与起动绕组串联，在刚起动时，因 PTC 元件尚未发热，电阻值很低，起动绕组相当于通路状态，电动机开始起动，随后电动机转速不断增加，PTC 元件因电流而发热，到某一值时，电阻剧增，相当于起动绕组从电路中切除，电动机起动完毕，如图 5-14b 所示。

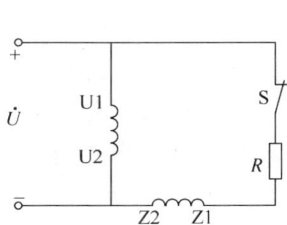

图 5-12　电阻起动单相
异步电动机原理图

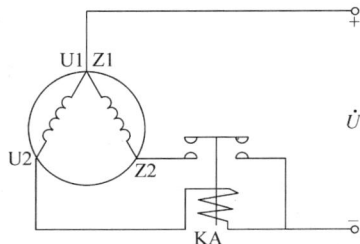

图 5-13　用起动继电器起动的
单相异步电动机原理图

电阻分相单相异步电动机具有构造简单、价格低廉、使用方便等优点，主要用于小型机床、鼓风机、电冰箱压缩机、医疗器械等设备中。

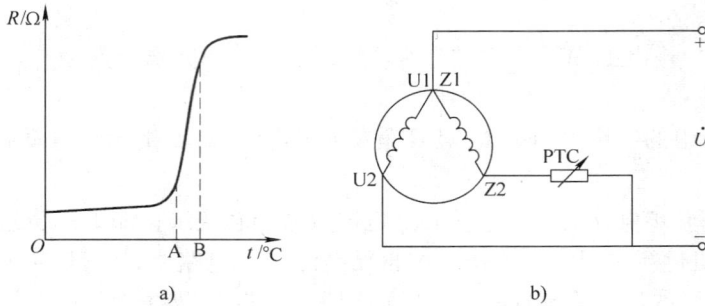

图 5-14　用 PTC 元件起动的单相异步电动机
a) PTC 元件工作特性　b) 起动原理图

第四节　单相罩极异步电动机

单相罩极异步电动机是结构最简单的一种单相异步电动机，它的定子铁心部分通常由

0.35~0.5mm 厚的硅钢片叠压而成，按磁极形式的不同可分为凸极式和隐极式两种。其中凸极式结构最为常见，按励磁绕组布置的位置不同又可分为集中励磁和单独励磁两种。由于励磁绕组均放置在定子铁心内，故又可称为定子绕组。图5-15a 所示为集中励磁罩极电动机结构示意图，励磁绕组只有一个，均为两极电动机。而图 5-15b 所示为单独励磁罩极电动机结构。

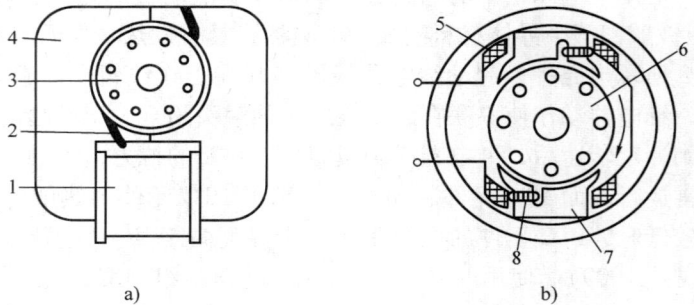

图 5-15　凸极式罩极电动机结构
a) 集中励磁　b) 单独励磁
1、5—定子绕组　2、8—罩极　3、6—转子　4、7—凸极式定子铁心

在单相罩极电动机每个磁极面的 1/3~1/4 处开有小槽，在小槽的极面上套有铜制的短路环，就好像把这部分磁极罩起来一样，所以称为单相罩极电动机。其励磁绕组用具有绝缘层的铜线绕制而成，并套装在磁极上，转子则采用笼型结构。给单相罩极电动机励磁绕组通入单相交流电时，在励磁绕组与短路铜环的共同作用下，磁极之间形成一个连续移动的磁场，好像旋转磁场一样，从而使笼型转子受力作用而旋转。旋转磁场的形成可用图 5-16 来说明。

1）当流过励磁绕组中的电流由零开始增大到 a 时，由电流产生的磁通也随之增大，但在被铜环罩住的一部分磁极中，根据楞次定律，变化的磁通将在铜环中产生感应电动势和电流，力图阻止原磁通的增加，从而使被罩磁极中的磁通较疏，未罩磁极中的磁通较密，如图5-16a 所示。

2）当电流在 ab 段时，电流的变化率近似为零，这时铜环中基本上没有感应电流产生，因而磁极中的磁通均匀分布，如图 5-16b 所示。

　　3）当励磁绕组中的电流由 b 往下降时，铜环中又有感应电流产生，以阻止被罩部分磁极中磁通的减小，因而此时被罩部分的磁通分布较密，而未罩部分的磁通分布较疏，如图 5-16c 所示。

　　由以上分析可以看出，单相罩极电动机磁极的磁通分布在空间是移动的，由磁极的未罩部分向被罩部分移动，即与旋转磁场一样，使笼型结构的转子获得起动转矩而旋转。

　　单相罩极电动机的主要优点是结构简单、制造方便、成本低、运行噪声小、维护方便。其缺点是起动性能及运行性能较差，效率和功率因数都较低，主要用于小功率空载起动的场合，在台扇、仪用电扇、换气扇、录音机、电动工具及办公自动化设备上采用。

图 5-16　罩极电动机中旋转磁场的形成
a）磁场中心在左　b）磁场中心居中　c）磁场中心在右

　　各类单相异步电动机的结构特点及应用范围见表 5-2。

表 5-2　单相异步电动机结构特点及应用范围

电动机名称	结构特点	原理电路图	主要优缺点	应用范围
电阻分相单相异步电动机	①定子绕组由起动绕组及工作绕组两部分组成　②起动绕组电路中的电阻较大　③起动结束后，起动绕组被自动切除		①价格较低　②起动电流较大，但起动转矩不大	小型鼓风机、研磨机、搅拌机、小型钻床、医疗器械、电冰箱等
电容起动单相异步电动机	①定子绕组由起动绕组及工作绕组两部分组成　②起动绕组中串入起动电容 C　③起动结束后，起动绕组被自动切除		①价格稍贵　②起动电流及起动转矩均较大	小型水泵、冷冻机、压缩机、电冰箱、洗衣机等
电容运行单相异步电动机	①定子绕组由起动绕组及工作绕组两部分组成　②起动绕组中串入起动电容 C　③起动绕组参与运行		①无起动装置，价格较低　②功率因数较高	电扇、排气扇、电冰箱、洗衣机、空调器、复印机等

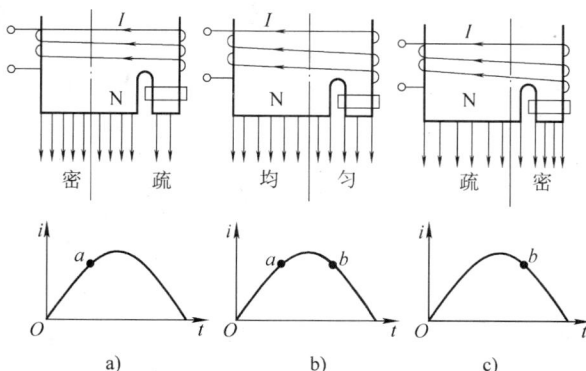

（续）

电动机名称	结构特点	原理电路图	主要优缺点	应用范围
电容起动、电容运行单相异步电动机	①定子绕组由起动绕组及工作绕组两部分组成 ②起动绕组中串入起动电容 C ③起动结束后，一组电容被切除，另一组电容与起动绕组参与运行		①价格较贵 ②起动电流、起动转矩较大，功率因数较高	电冰箱、水泵、小型机床等
单相罩极电动机	定子绕组由一组绕组组成，定子铁心的一部分套有罩极铜环（短路环）		①结构简单，价格低，工作可靠 ②起动转矩小，功率小，效率低	小型风扇、鼓风机、电唱机、仪器仪表电动机、电动模型等

第五节　单相异步电动机的调速及反转

一、单相异步电动机的调速

单相异步电动机的调速原理与三相异步电动机相同可以采用改变电源频率（变频调速）、改变电源电压（调压调速）和改变绕组的磁极对数（变极调速）等多种方法，其中目前使用最普遍的是改变电源电压调速。调压调速有两个特点：一是电源电压只能从额定电压往下调，因此电动机的转速也只能从额定转速往低调；二是因为异步电动机的电磁转矩与电源电压的平方成正比，因此电压降低时，电动机的转矩和转速都下降，所以这种调速方法只适用于转矩随转速下降而下降的负载（称为通风机负载），如风扇、鼓风机等。常用的调压调速又分为串联电抗器调速、自耦变压器调速、串联电容器调速、晶闸管调速、绕组抽头法调速等多种，下面分别予以介绍。

1. 串联电抗器调速

电抗器作为一个带抽头的铁心电感线圈，串联在单相电动机电路中可以起到降压作用，通过调节抽头使电压降不同，从而使电动机获得不同的转速，如图 5-17 所示。当开关 S 在 1 挡时电动机的转速最高，在 5 挡时转速最低。开关 S 有旋钮开关和琴键开关两种，这种调速方法具有接线方便、结构简单、维修方便等优点，常用于简易的家用电器，如台扇、吊扇中。其缺点是电抗器本身消耗一定的功率，而且电动机在低速挡时起动性能较差。

2. 自耦变压器调速

对加在单相异步电动机上的电压进行调节可以通

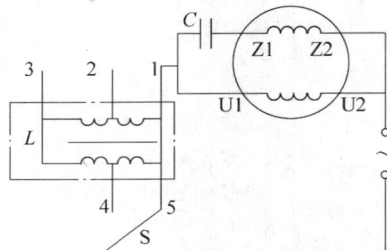

图 5-17　串联电抗器调速电路

过自耦变压器来实现，如图 5-18 所示。图 5-18a 所示电路在调速时是使整台电动机减压运行，因此在低速挡时起动性能较差。图 5-18b 所示电路在调速时仅使工作绕组减压运行，所以它在低速挡时起动性能较好，但接线较复杂。

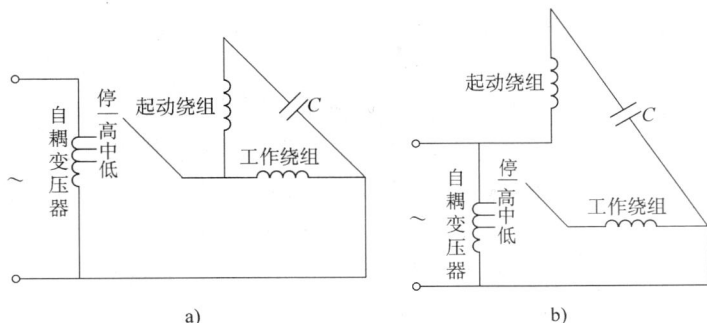

图 5-18　自耦变压器调速电路

a）电动机减压运行　b）工作绕组减压运行

3. 串联电容器调速

将不同电容量的电容器串入单相异步电动机电路中，也可调节电动机的转速，由于电容器的容抗与电容量成反比，故电容量越大，容抗就越小，相应的电压降也就越小，电动机转速就越高；反之，电容量越小，容抗就越大，电动机转速就越低。图 5-19 所示为具有三挡速度的串联电容器调速电路，图中电阻 R_1 及 R_2 为泄放电阻，在断电时将电容器中的电能泄放掉。

由于电容器具有两端电压不能突变这一特点，因此在电动机起动瞬间，调速电容器两端的电压为零，即电动机上的电压为电源电压，因此，电动机起动性能较好。正常运行时电容器上无功率损耗，故效率较高。

4. 晶闸管调压调速

前面介绍的各种调压调速电路都是有级调速，目前采用晶闸管调压的无级调速已越来越多，如图 5-20 所示。整个电路只用了双向晶闸管、双向二极管、带电源开关的电位器、电阻和电容等 5 个元件，电路结构简单，调速效果好。

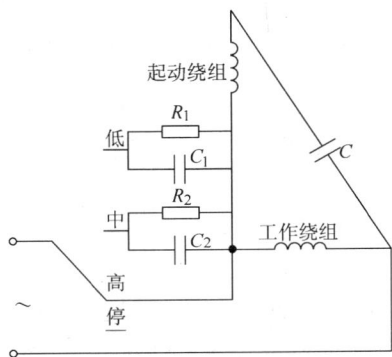

图 5-19　串联电容器调速电路

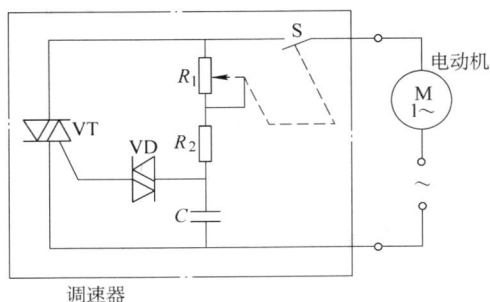

图 5-20　晶闸管调压调速电路

5. 绕组抽头法调速

绕组抽头法调速既可看作是调压调速，也可看作是改变主磁通调速，常用的有以下几种：

（1）工作绕组串并联调速　如图5-21所示，工作绕组由两部分组成，高速时两部分绕组并联，流过工作绕组的电流大，电动机转矩大，转速高。中速和低速时两部分工作绕组串联，故电流小，转速低。在台扇电动机中应用较多。

（2）工作绕组抽头（或起动绕组抽头）调速　图5-22a所示为工作绕组抽头调速，开关S在1挡时，工作绕组匝数少，电流大，为高速挡；在2挡及3挡时，转速下降。图5-22b所示为起动绕组抽头调速，同样1挡为高速挡，2挡及3挡为低速挡。

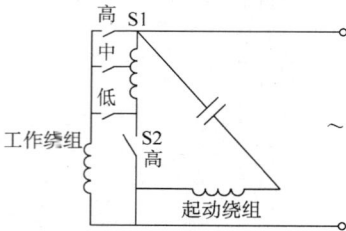
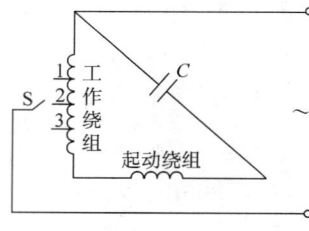
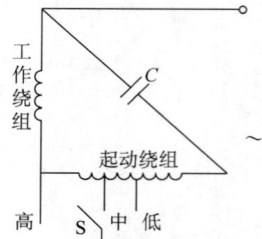

图5-21　工作绕组串并联调速

图5-22　绕组抽头调速
a）工作绕组抽头调速　b）起动绕组抽头调速

（3）串中间绕组调速　这种调速方法是在单相异步电动机定子铁心上再嵌放一个调速绕组（又称为中间绕组），它与工作绕组及起动绕组连接后引出几个抽头，如图5-23所示。中间绕组起到调节电动机转速的作用。这样就省去了调速电抗器铁心，降低了产品成本，节约了电抗器上的消耗，其缺点是使电动机嵌线比较困难，引出线头较多，接线也较复杂。用于电容电动机上的绕组抽头调速方法主要可分成L型和T型两大类，如图5-23所示。其中L型接法调速时在低速挡中间绕组只与工作绕组串联，起动绕组直接加电源电压，因此低速挡时起动性能较好，目前使用较多。T型接法低速挡起动性能较差，且流过中间绕组中的电流较大。

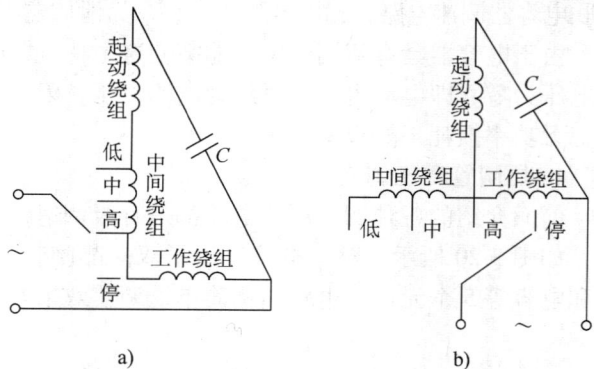

图5-23　电容电动机的绕组抽头法调速电路
a）L型　b）T型

二、单相异步电动机的反转

单相异步电动机的转向与旋转磁场的转向相同，因此要使单相异步电动机反转就必须改变旋转磁场的转向，其方法有两种：一种是把工作绕组（或起动绕组）的首端和末端与电源的接法对调；另一种是把电容器从一组绕组中改接到另一组绕组中（此法只适用于电容运行单相异步电动机）。

例如：洗衣机的洗涤桶在工作时经常需要改变旋转方向，由于其电动机一般均为电容运行单相异步电动机，故一般均采用将电容器从一组绕组中改接到另一组绕组中的方法来实现正反转，其电路如图 5-24 所示。实线框内为机械式定时器，S1 及 S2 是定时器的触头，由定时器中的凸轮控制它们接通或断开，其中触头 S1 的接通时间就是电动机的通电时间，即洗涤与漂洗的定时时间。在该时间内，触头 S2 与上面的触头接通时，电容 C 与工作绕组接通，电动机正转；当 S2 与中间触头接通时，电动机停转；当 S2 与下面触头接通时，电容 C 与起动绕组接通，电动机反转。正转、停止、反转的时间大约为 30s、5s、30s。

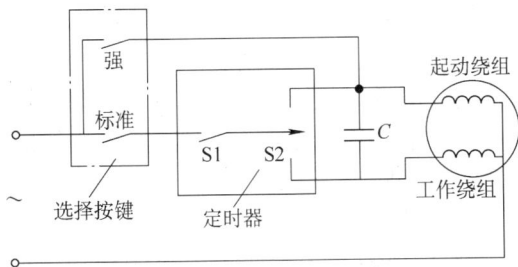

图 5-24　洗衣电动机电路

洗衣机的选择按键是用来选择洗涤方式的，一般有标准洗和强洗两种方式。上面叙述的属于标准洗方式。需要进行强洗时，按下强洗键（此时标准键自动断开），电动机始终朝一个方向旋转，以完成强洗功能。

第六节　单相异步电动机的定子绕组

单相异步电动机定子绕组按电动机类别不同可分成两类：一类是集中绕组，主要用在单相罩极电动机上，其绕组集中绕制后，布置在凸出的磁极上，这种绕组结构简单，但电磁性能差，主要用于小功率电动机中；另一类是分布绕组，大多数单相异步电动机均采用分布绕组，这种绕组的各个线圈如三相异步电动机定子绕组一样，按一定规律分布嵌放在定子铁心圆周的槽内，然后按一定规则进行连接。本节介绍的是分布绕组，按绕组的结构及布置方式不同可分为单层链式绕组、单层同心式绕组、双层叠绕组和正弦绕组等多种。

一、单层链式绕组

单层链式绕组又称为单层叠绕组，其构成原则与三相异步电动机定子单层链式绕组相似，即在每个铁心槽内只嵌放一个线圈的一条有效边，所以链式绕组的线圈数等于定子槽数的 1/2。单层链式绕组的各个线圈的节距都相等，故各个线圈的形状及大小相同，整个绕组形成相互重叠的形状，且绕组端部环环相扣，由此得名。

单相异步电动机单层链式绕组由工作绕组和起动绕组两部分组成，对电容运转电动机而言，通常工作和起动绕组相等，各占定子铁心槽的 1/2。对电容起动和电阻起动电动机而言，由于起动绕组只在起动时起作用，起动后即切除、属短时间通电，故工作、起动绕组所占铁心槽数通常按 2:1 分配。

现举例说明单层链式绕组的构成。

例 1　一台电容起动单相异步电动机 $2p = 4$，$z_1 = 24$，工作绕组、起动绕组所占槽数比为 2:1，试绘出绕组展开图。

解 （1）分极 每极所占槽数为 $\tau = \dfrac{z_1}{2p} = \dfrac{24}{2 \times 2}$ 槽 = 6 槽

其中，每极工作绕组所占槽数为 4 槽；每极下起动绕组所占槽数为 2 槽。

（2）分槽 工作绕组 U1U2 所占槽号为 1、2、3、4；7、8、9、10；13、14、15、16；19、20、21、22。起动绕组 Z1Z2 所占槽号为 5、6；11、12；17、18；23、24。

（3）将工作绕组和起动绕组连接成线圈组 由于绕组连接方法不同，因此可以构成不同的绕组类型。

1）图 5-25a 所示连接方式

工作绕组为 U1—1 ~ 7—2 ~ 8—3 ~ 9—4 ~ 10—13 ~ 19—14 ~ 20—15 ~ 21—16 ~ 22—U2。

起动绕组为 Z1—5 ~ 11—6 ~ 12—17 ~ 23—18 ~ 24—Z2。

该绕组线圈的节距为 6，电动机的极距也为 6，因此称为整距单层链式绕组。

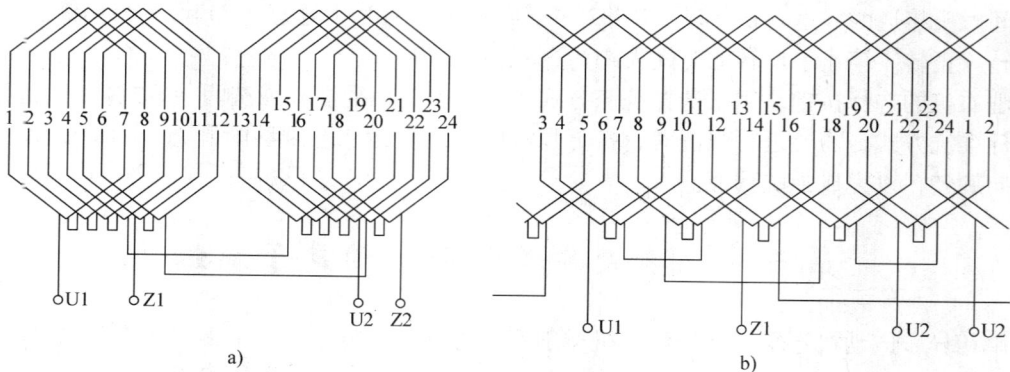

图 5-25 单相 24 槽 4 极分相电动机单层链式绕组展开图（$q_U = 4$，$q_z = 2$，整距）

2）图 5-25b 所示连接方式

与图 5-25a 相比较，工作绕组及起动绕组所占的定子槽数不变，仅改变绕组端部的连接方式。绕组线圈的节距也没有变仍为 6，故也属整距单层链式绕组。它与图 5-25a 的不同之处是线圈组数较多，因此并头过程较复杂。

3）图 5-26 所示连接方式

图 5-26 的工作绕组及起动绕组所占槽号仍没有变化，但该绕组线圈节距为 5，而电动机的极距仍为 6，因此称为短距单层链式绕组。

工作绕组为 U1—2 ~ 7—4 ~ 9—15 ~ 10—13 ~ 8—14 ~ 19—16 ~ 21—3 ~ 22—1 ~ 20—U2。

起动绕组为 Z1—6 ~ 11—17 ~ 12—18 ~ 23—5 ~ 24—Z2。

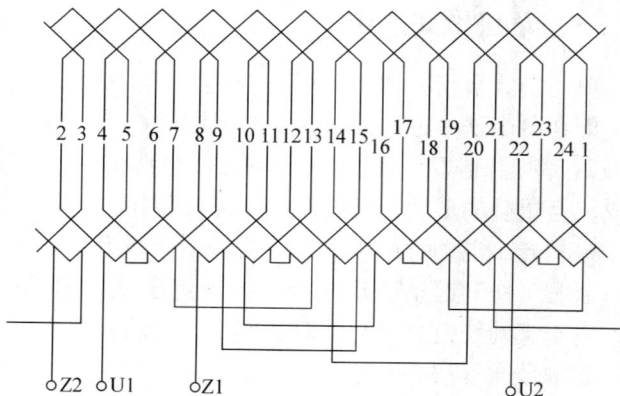

图 5-26 单相 24 槽 4 极分相电动机单链绕组展开图（$q_U = 4$，$q_z = 2$ 短距）

二、单层同心式绕组

图 5-27 所示为又一种绕组端部的连接方式（工作、起动绕组的槽号仍不变）。其中，工作绕组为 U1—3 ~ 8—4 ~ 7—14 ~ 9—13 ~ 10—15 ~ 20—16 ~ 19—2 ~ 21—1 ~ 22—U2；

起动绕组为 Z1—6 ~ 11—17 ~ 12—18 ~ 23 ~ 5 ~ 24—Z2。

该绕组的各个线圈节距都不相同，形成大、小线圈同心地套在一起，因此称为同心式绕组。

图 5-25、图 5-26 及图 5-27 三种线圈的端部结构形式虽然不同，但工作绕组、起动绕组的槽数及槽号均未变化，因此，从电动机产生的电磁性能上看基本上相同，但图 5-26 单层链式短距绕组的端接部分最短，节省铜导线，在工艺许可的情况下应优先采用。而同心式绕组嵌线比较简单，一般在嵌线困难的条件下（2 极电机或功率小时）选用。

各线圈组之间的连接方式可参照三相异步电动机定子绕组的连接方式。

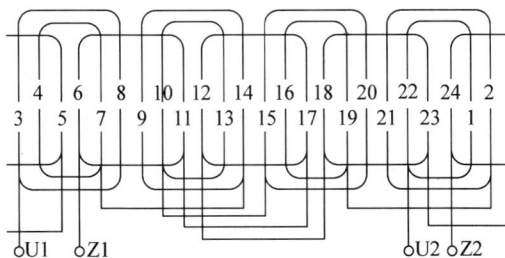

图 5-27　单相 24 槽 4 极分相电动机单层同心式绕组展开图（$q_U = 4$，$q_z = 2$）

三、双层叠绕组

双层叠绕组是每个定子铁心槽中嵌放两个不同线圈的上层边和下层边，再通过一定的连接方式而构成的绕组。采用双层绕组的目的同三相异步电动机定子绕组一样，可以采用短距绕组以改善电动机的磁势及电势波形，进而改善运行性能。但双层绕组的结构比较复杂，在定子铁心内径小时（电动机功率小时）嵌线很困难，故一般少用。目前双层叠绕组主要用于磁极数多，电动机结构为外转子、内定子的吊风扇电动机上。图 5-28 所示为 $z_1 = 36$，$2p = 18$ 电容运行单相异步电动机工作绕组展开图，其起动绕组构造与工作绕组完全一样，嵌放在偶数槽中（图中未画出）。

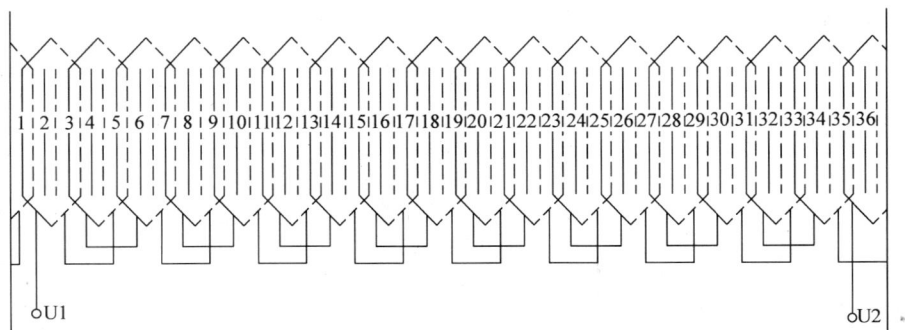

图 5-28　电容运行单相异步电动机工作绕组展开图
$z_1 = 36$，$2p = 18$，U1U2 工作绕组

四、正弦绕组

1. 绕组的构成

如前所述，当单相异步电动机采用单层绕组时，虽然具有结构简单、嵌放方便、槽满率较高等优点，但电动势及磁动

a)

势的波形较差，从而使电动机的起动及运行性能不理想。为了克服这些缺点，目前在单相异步电动机定子绕组中较多地采用正弦绕组。所谓正弦绕组是指该绕组在各个定子铁心槽中的导体数不是均匀分布的，而是按正弦函数规律分布，如图5-29所示，这样就能使电动机气隙磁动势的分布也接近正弦波形，从而可以显著地削弱磁动势及电动势中的高次谐波，改善电动机的运行性能。

从线圈的形状看，正弦绕组与同心绕组十分相似，如图5-29b所示，但采用正弦绕组时，定子铁心槽数不按工作绕组和起动绕组来分配，而是把两种绕组的导体按不同的数量分布在定子铁心各槽中，通常

b)

图5-29 单相异步电动机的正弦绕组
a) 各槽导体分布　b) 绕组接线
$z_1 = 24$，$2p = 4$，U1U2 工作绕组，Z1Z2 起动绕组

每个铁心槽内嵌放两种不同绕组的导体，一般先将工作绕组嵌放在槽的下层，垫上绝缘后再嵌放起动绕组，因此与双层绕组相似。

2. 匝数分配

上面已经介绍，正弦绕组中各槽内的线圈匝数是不相等的，各同心线圈的匝数可按下述方法计算。

（1）计算各同心线圈半个节距的正弦值

$$\sin(x \sim x) = \sin \frac{y(x \sim x)}{2} \times \frac{\pi}{\tau} \tag{5-1}$$

式中　$\sin(x \sim x)$——某一同心线圈的正弦值；

　　　$y(x \sim x)$——同心线圈的节距；

　　　　τ——极距（槽）；

　　　　$\dfrac{\pi}{\tau}$——每槽电角度。

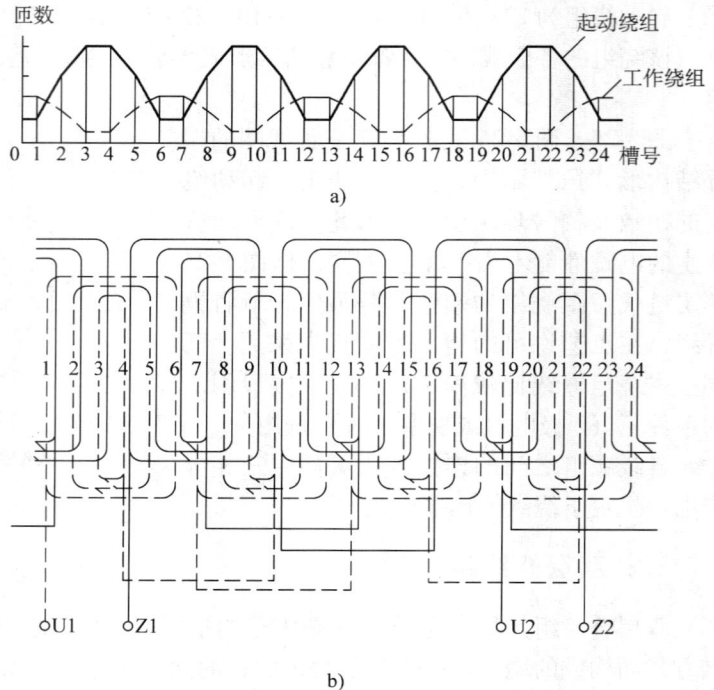

（2）计算每极内各线圈半个节距的总正弦值

$$\sum \sin(x \sim x) = \sin(x_1 \sim x_1) + \sin(x_2 \sim x_2) + \cdots \tag{5-2}$$

（3）计算各同心线圈占每极线圈的百分数 $K\%$

$$K\%(x \sim x) = \frac{\sin(x \sim x)}{\sum \sin(x \sim x)} \times 100\% \tag{5-3}$$

（4）每个同心线圈的匝数 $N_1(x \sim x)$

$$N_1(x \sim x) = N \times \frac{\sin(x \sim x)}{\sum \sin(x \sim x)} \tag{5-4}$$

式中　$N_1(x \sim x)$——每一个同心线圈的匝数；

　　　　N——每个磁极下同心绕组的总匝数。

3. 应用举例

　　例 2　已知某电容运行单相异步电动机 $2p = 4$，$z_1 = 24$，采用同心式正弦绕组，若一个磁极下工作绕组的总匝数为 $N = 553$ 匝，试计算该同心绕组在各个槽中的导体分布规律（即每个同心线圈的匝数）。

　　解　极距 $\tau = \dfrac{z_1}{2p} = \dfrac{24}{2 \times 2}$槽 = 6 槽

在图 5-29 中，工作绕组每极由 3～4 槽、2～5 槽、1～6 槽内的 3 个同心线圈组成，各同心线圈在槽内所占的匝数计算如下：

（1）$\sin(3 \sim 4) = \sin \dfrac{y(3 \sim 4)}{2} \times \dfrac{\pi}{\tau} = \sin \dfrac{1}{2} \times \dfrac{180°}{6} = \sin 15° = 0.259$

　　　$\sin(2 \sim 5) = \sin \dfrac{y(2 \sim 5)}{2} \times \dfrac{\pi}{\tau} = \sin \dfrac{3}{2} \times \dfrac{180°}{6} = \sin 45° = 0.707$

　　　$\sin(1 \sim 6) = \sin \dfrac{y(1 \sim 6)}{2} \times \dfrac{\pi}{\tau} = \sin \dfrac{5}{2} \times \dfrac{180°}{6} = \sin 75° = 0.966$

（2）$\sum \sin(x \sim x) = \sin(3 \sim 4) + \sin(2 \sim 5) + \sin(1 \sim 6)$

　　　　　　　　　$= 0.259 + 0.707 + 0.966$

　　　　　　　　　$= 1.932$

（3）$K\%(3 \sim 4) = \dfrac{\sin(3 \sim 4)}{\sum \sin(x \sim x)} \times 100\% = \dfrac{0.259}{1.932} \times 100\% = 13.4\%$

　　　$K\%(2 \sim 5) = \dfrac{\sin(2 \sim 5)}{\sum \sin(x \sim x)} \times 100\% = \dfrac{0.707}{1.932} \times 100\% = 36.6\%$

　　　$K\%(1 \sim 6) = \dfrac{\sin(1 \sim 6)}{\sum \sin(x \sim x)} \times 100\% = \dfrac{0.966}{1.932} \times 100\% = 50\%$

（4）$N_1(3 \sim 4) = N \times \dfrac{\sin(3 \sim 4)}{\sum \sin(x \sim x)} = 553 \times \dfrac{0.259}{1.932}$匝 = 74 匝

　　　$N_1(2 \sim 5) = N \times \dfrac{\sin(2 \sim 5)}{\sum \sin(x \sim x)} = 553 \times \dfrac{0.707}{1.932}$匝 = 202 匝

　　　$N_1(1 \sim 6) = N \times \dfrac{\sin(1 \sim 6)}{\sum \sin(x \sim x)} = 553 \times \dfrac{0.966}{1.932}$匝 = 277 匝

国产 JX 新系列单相电容运行电动机 JX5012 电动机即为如此。工作绕组 3~4 槽匝数 75 匝，2~5 槽匝数 202 匝，1~6 槽匝数 276 匝，每极总匝数 553 匝。起动绕组与工作绕组应互差 90°电角度，因此应错开 3 槽，即从第 4 槽开始，如图 5-29 所示。

以上介绍的仅是正弦绕组中的某一型号电动机定子绕组的分布规律，正弦绕组还有好多种，但其构成原则大体相似。

技能训练 7　单相异步电动机的控制电路和检修

一、训练目的

1）初步学会吊扇及台扇控制电路的接线方法。

2）掌握单相电容电动机起动、运行、反转、调速的原理及方法。

3）学习单相异步电动机（电扇）在使用过程中的维护、检修方法及步骤。

二、训练器材

1）单相电容运行异步电动机（台扇和吊扇用电动机）各 1 台。

2）转叶式电扇，1 台。

3）油浸电容器，1~1.5μF，400V，1 只。

4）吊扇用调速电抗器，四挡或五挡，1 只。

5）台扇调速开关，四挡或五挡，1 个。

6）吊扇用晶闸管调压调速器，1 个。

7）刀开关，HK2—10/2 型，250V，10A，1 只。

8）万用表，500 型，1 只。

9）电工工具，1 套。

三、训练内容及步骤

1. 电扇电动机的测量

1）观察单相异步电动机、电容器、调速用电抗器、调速开关的结构，记录单相电动机、电容器的参数（可观看电扇铭牌）。

额定功率 P_N/W	额定电压 U_N/V	额定电流 I_N/A	转速 n/(r/min)	电容器容量 C/μF

2）用万用表测量单相电动机的绕组电阻，以确定电动机的工作、起动绕组。电阻值大的为起动绕组，电阻值小的为工作绕组。将测量值记录下来：工作绕组为 _____ Ω，起动绕组为 _____ Ω。

2. 吊扇串联电抗器调速及反转

1）按图 5-30 所示电路进行接线，先将调速开关 S1 置于 5 挡，合上开关 S2，然后合上电源开关 QS 起动电动

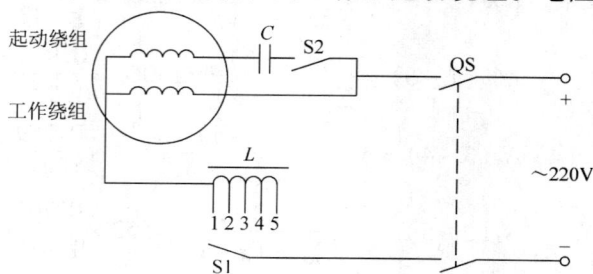

图 5-30　吊扇电抗器调速电路

机，串入电抗器以后电动机的起动情况是＿＿＿＿＿＿＿＿，电动机转向（从电扇上部往下观察）为＿＿＿＿＿＿＿。

2）将调速开关 S1 由 5 挡拨向 4 挡，再拨向 3、2、1 挡，电动机进入稳态运行后（切除电抗器后），电动机转速变化情况是＿＿＿＿＿＿，转向变化情况是＿＿＿＿＿。

3）电动机起动后，断开 S2，切除电容器和起动绕组，模拟电容起动式电动机的运行情况，观察电动机的转向和转速：转速有无变化＿＿＿＿，转向有无改变＿＿＿＿。

4）先断开 QS 切断电源，将工作绕组（或起动绕组）的首、末端换接，再合上 S2 和 QS 重新起动电动机，S1 置于 5 挡，观察其转向和转速：电动机转速＿＿＿＿＿，转向＿＿＿＿＿。

5）调节开关 S1 至各挡位，观察电动机的转速变化情况。

3. 台扇抽头法调速

1）按图 5-31 所示电路进行接线。

2）合上电源开头 QS，将调速开关 S 分别置于各挡，观察电动机的转速变化情况：

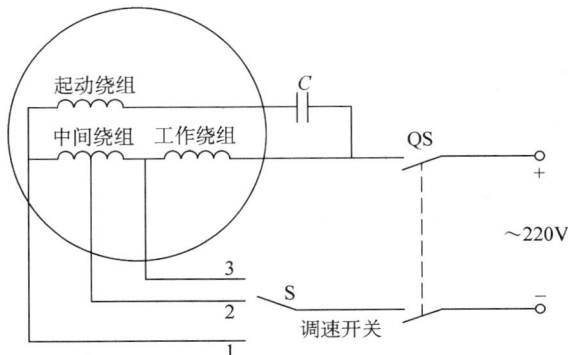

图 5-31　台扇抽头法调速电路

1 挡＿＿＿＿，2 挡＿＿＿＿，3 挡＿＿＿＿。

4. 吊扇晶闸管调压调速电路

1）按图 5-32 所示电路进行接线（单点画线框内的晶闸管调压电路已接在调速器内，接线时只需将调速器的两个端钮外接电源和吊扇电动机即可）。

2）旋动调速旋钮，附在电位器上的开关 S 即接通，吊扇电动机起动，观察电动机转速变化的情况：旋钮顺时针旋动时转速由＿＿＿＿＿到＿＿＿＿＿。

3）断开电源，拆开调速器后盖，记录双向晶闸管调压调速电路和元、器件的型号、参数：

VT ＿＿＿＿＿＿＿＿，VD ＿＿＿＿＿＿＿＿，C ＿＿＿＿＿＿＿＿，
R_1 ＿＿＿＿＿＿＿＿，R_2 ＿＿＿＿＿＿＿＿。

5. 单相异步电动机正、反转电路

单相异步电动机可用吊扇电动机代替。

1）按图 5-33 所示电路进行接线，当 S 与下面的触头 2 接通时，电容器 C 串入起动绕组支路，电动机正转，观察电动机转向：从上部往下看，电动机＿＿＿＿时针方向转动。

2）当 S 与上面的触头 1 接通时，电容器 C 串入工作绕组支路，电动机反转，观察电动机的转向：从上部往下看，电动机＿＿＿＿时针方向转动。

6. 单相异步电动机的检修

单相异步电动机的结构与三相异步电动机相似，因而它的检修也和三相异步电动机大体一样。但单相异步电动机的功率较小，结构简单，因而检修也容易得多。下面简单介绍一下电扇的检修工艺及基本要求：

1）电扇平时应经常清洁，以清除扇叶和机壳表面的灰尘。隔一两个月给轴承加几滴润滑油。每年使用结束时做一次较彻底的清洁工作，并用塑料套包封好放在干燥的场所。台扇摆头减速箱中的润滑油脂隔 2～3 年应更换一次，更换时先用柴油、煤油等溶液清洗，清洗完后用布擦干，再加上新的润滑油脂，但不要加得太满，一般以加到箱内容量的 2/3 为宜。

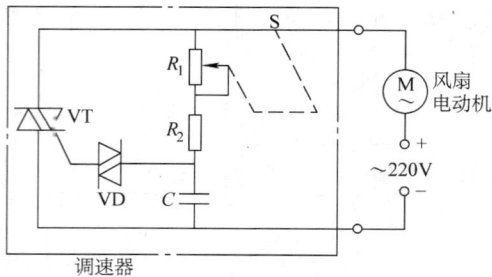

图 5-32　吊扇晶闸管调压调速电路

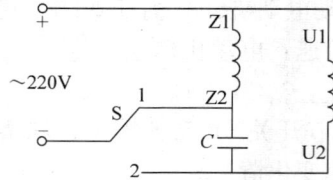

图 5-33　单相异步电
动机正、反转电路

2）电扇的故障有电气故障和机械故障。常见的电气故障有电动机绕组短路、断路、电容器或调速用电抗器损坏，开关接触不良，电线脱焊等。机械故障主要有轴承磨损、扇叶变形等。如出现轴承磨损，应予以调整或更换；扇叶变形一般难以修复，也应予以更换。由于电扇功率较小，体积也小，因此它的拆装过程比三相异步电动机方便、容易很多，一般都不需使用拆卸器等专用拆卸工具，凡是用手可以直接拧动或拉动的可直接用手拆装；不能的，则只需借用一般的电工工具（螺钉旋具、扳手、电工刀等）拧动或轻轻撬动后即可拆卸。了解了电扇的结构之后，其拆装过程也很简单，只要操作几次即可熟练地掌握。

3）检修过或者长时间不用的电扇，在使用前应测量其绝缘电阻。测量方法是用 500V 绝缘电阻表将表的 L 端接电动机的绕组接线端，E 端接电动机的外壳，然后以大约 120r/min 的速度摇动绝缘电阻表的手柄，读取表针所指的数值即为电动机的绝缘电阻值。电动机的绝缘电阻以不小于 0.5MΩ 为合格。

7. 电扇的拆装

吊扇和台扇的基本结构如图 5-4 和图 5-5 所示。而图 5-34 则为转叶式电扇的组成结构。

转叶式电扇也属于台扇的一种，其主要工作特点是取消了台扇一套用机械传动的摇头机构，而采用转叶轮来变换风向，因而体积较小，价格也较便宜。其风量较小，且较柔和，使人体感觉较舒适，且有定时器，可延时数十分钟到数小时后自动停止。由图 5-34 可见，它与一般电扇的不同之处是除了有一台风扇电动机驱动扇叶旋转外，还装有一台转叶式微电动机，用来驱动转叶轮旋转。该微电动机可以采用永磁式微型同步电动机结构，也可以采用只有一个工作绕组的单相异步电动机结构。由于这种单相异步电动机没有起动转矩，不能自行起动，因此转叶微电动机必须在风扇电动机转动以后才能通电转动，靠吹在转叶轮上的风力使转叶微电动机获得起动转矩而起动。由于作用在转叶轮上的风力方向是不固定的（视转叶轮所处的位置而定），因此转叶微电动机的转向也是不固定的，可能顺时针旋转，也可能逆时针旋转，但这不影响整台转叶式电扇的工作效果。转叶微电动机经传动装置减速后，带动转叶轮转动（转速约5r/min）。

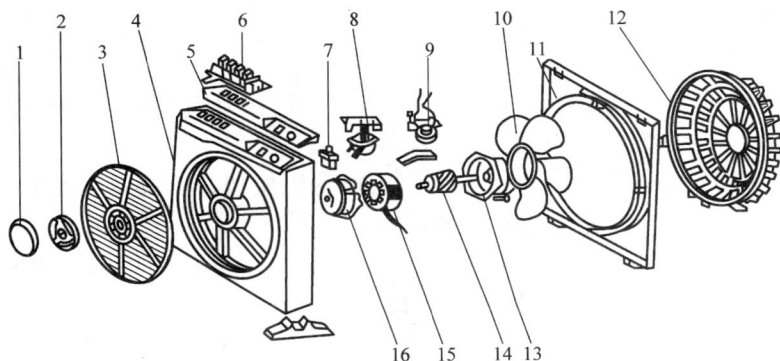

图 5-34　转叶式电扇的组成结构

1—装饰件　2—转叶衬圈　3—转叶轮　4—前框架　5—开关罩
6—琴键开关　7—电容器　8—定时开关　9—转叶微电动机
10—扇叶　11—前盖　12—网罩　13—后端盖　14—转子
15—定子　16—前端盖

现进行转叶式电扇的拆装，具体操作步骤如下：

1）用手旋下装饰件。

2）用一字形螺钉旋具轻轻地从转轴上将转叶衬圈取下。

3）用手拉出转叶轮。

4）用起子拆下网罩与前盖之间的连接螺钉，取出网罩。

5）拆下前盖。

6）用手拉出扇叶。

7）如要对电扇电动机进行拆装，则可参照三相异步电动机的拆装步骤进行。

8）清扫、擦抹干净，给电动机注入少量润滑油后即可将风扇重新装配好。

四、注意事项

1）做台扇电动机训练时可使用台扇，或将电源开关和调速开关外接装在实验板上；做吊扇训练时则应拆去扇叶，并设法将电动机固定好。

2）测量单相电动机绕组电阻时，对于串联电抗器调速的电动机测工作绕组、起动绕组电阻值。若采用抽头法调速的电动机，则还要测量中间绕组的电阻值。

3）本技能训练采用220V交流电压，因此应注意操作安全。

4）拆装电扇时要仔细，不要损坏或丢失零部件。

本 章 小 结

1）单相异步电动机是指利用单相交流电源供电，电动机转速随负载变化而稍有变化的一种交流电动机，通常其功率都比较小，主要用于小型风机、家用电器等由单相电源供电的场合。

2）由于在单相定子绕组中通入单相交流电后产生的是脉动磁场，因此单相异步电动机本身没有起动转矩，不能自行起动。

3）根据单相异步电动机起动方法的不同，可分为电容分相单相异步电动机、电阻分相单相异步电动机和罩极单相异步电动机三大类。

4）单相异步电动机本身的结构与三相异步电动机相似，也由定子和转子两大部分组成。但由于其功率一般较小，故而结构也较简单。

5）目前使用较多的是电容运行单相异步电动机，它的结构简单，使用维护也较方便，但起动转矩较小，主要用于空载或轻载起动的场合。

6）单相异步电动机的调速方法也与三相异步电动机一样有变频调速、调电压调速和变极调速三种。由于电动机功率小，目前一般用调电源电压调速较多，常用的调压调速有串电抗器调速、绕组抽头调速和晶闸管调速。

7）单相异步电动机的定子绕组主要有单层绕组、双层绕组和正弦绕组三大类。由于正弦绕组的电磁性能较好，目前已获得广泛应用。

复习思考题

1. 单相异步电动机与三相异步电动机相比有哪些主要的不同之处？
2. 什么叫脉动磁场？脉动磁场是怎样产生的？
3. 简单叙述单相异步电动机的主要结构。
4. 单相异步电动机按其起动及运行的原理与方式不同可分哪几类？目前使用最普遍的是哪一类？
5. 说明电容器在单相电容异步电动机中的作用？
6. 若电容器串联在单相电容起动异步电动机的工作绕组电路中，试问：该电动机能否起动？该电动机会产生什么问题？
7. 改变单相电容异步电动机的旋转方向有哪几种方法？
8. 电容起动单相异步电动机能否作电容运行单相异步电动机使用？反过来，电容运行单相异步电动机能否作电容起动单相异步电动机使用？为什么？
9. 一台吊扇采用电容运行单相异步电动机，通电后无法起动，而用手拨动扇叶后即能运转，试问这种情况是由哪些故障造成的？
10. 说明电阻起动单相异步电动机的工作原理？
11. 说明电阻起动单相异步电动机和电容起动单相异步电动机的不同之处？

12. 简单叙述罩极电动机的主要优缺点及使用场合。

13. 单相异步电动机的调速方法有哪几种？目前使用较多的是哪一种？

14. 简单说明串联电抗器调速的原理及方法。

15. 比较串联电抗器调速和晶闸管调速的优缺点。

16. 说明各种不同结构的单相异步电动机的使用场合。

17. 简述单相异步电动机定子绕组的分类。

18. 比较单层链式绕组及单层同心式绕组的相同点和主要不同之处。

19. 比较单层绕组和双层绕组的结构特点。

20. 什么叫正弦绕组？其主要优点是什么？

第六章 直 流 电 机

直流电机是直流发电机与直流电动机的总称。直流电机具有可逆性，既可作发电机运行，也可作电动机运行。作直流发电机运行时，将机械能转变成直流电能输出；作直流电动机运行时，则将直流电能转换成机械能输出。20 世纪 70 年代以来，由于大功率半导体整流器仵的广泛应用，直流电能的获得基本上靠将交流电通过整流装置变成直流电，而不采用体积大、价格贵的直流发电机发出直流电。因而本章重点介绍有关直流电动机的概念、特性与使用。

直流电动机与交流电动机相比，虽然结构较复杂，使用维护较麻烦，价格较贵，但由于其具有调速性能好、起动转矩较大等优点，在起重机械、运输机械、冶金传动机构、精密机械设备及自动控制系统等领域均获得了较广泛的应用。随着近些年来交流电动机变频调速技术的迅速发展，在许多领域中直流电动机有被交流电动机取代的趋势。

第一节 直流电动机的工作原理及可逆性

一、直流电动机的工作原理

直流电动机是依据载流导体在磁场中受力而旋转的原理制造的。通常将磁场固定不动（该磁场可以由永久磁铁产生，也可由带铁心的通电线圈产生），而线圈 abcd（称为电枢绕组）可以在磁场内绕中心轴 OO' 旋转，如图 6-1 所示。为了能把直流电源引入到旋转的线圈中去，采用了电刷与换向器的结构，即线圈的 ab 边和 cd 边分别与两个互相绝缘的半圆形铜环（图中用黑白表示）相连，而电刷 A 和 B 用弹簧压在铜环上。电刷 A、B 固定不动，并分别与外电源的正极和负极相接。对应于图 6-1a，导体 cd 通过铜环与电刷 A（–）接触，而导体 ab 则通过铜环与电刷 B（＋）接触。导体中的电流方向如图中的箭头所示，根据左手定则，可以判断出导体将受力矩作用，而使整个线圈 abcd 绕轴 OO' 以顺时针方向旋转。当到达图 6-1b 所示位置时，电刷与两个换向片之间的绝缘垫片相接。在这个中性线位置上，线圈中没有电流流过，也没有力矩作用，但是前 1/4 转动周期的惯性使线圈继续转动，越过中性线位置。当到达图 6-1c 所示位置时，导体 ab 处于 S 极下，而导体 cd 处于 N 极下（正好与图 6-1a 相反），与导体 ab 相接的铜环与电刷 A（–）接触，与导体 cd 相连的铜环与电刷 B（＋）接触。对照图 6-1a 和图 6-1c 可以看出，位于相同磁极下的导体虽然发生了变化，但由于电刷及铜环（通称换向器）的作用使磁极下导体中的电流方向保持不变，即作用力的方向不变，因此线圈将继续沿顺时针方向旋转，故电动机能连续运转。由此可以归纳出直流电动机的工作原理是：直流电动机在外加直流电源的作用下，在可绕轴转动的导体中形成电流，载流导体在磁场中将受到电磁力的作用而旋转，借助于电刷和换向器的作用，使电动机能连续运转，从而将直流电能转换为机械能。

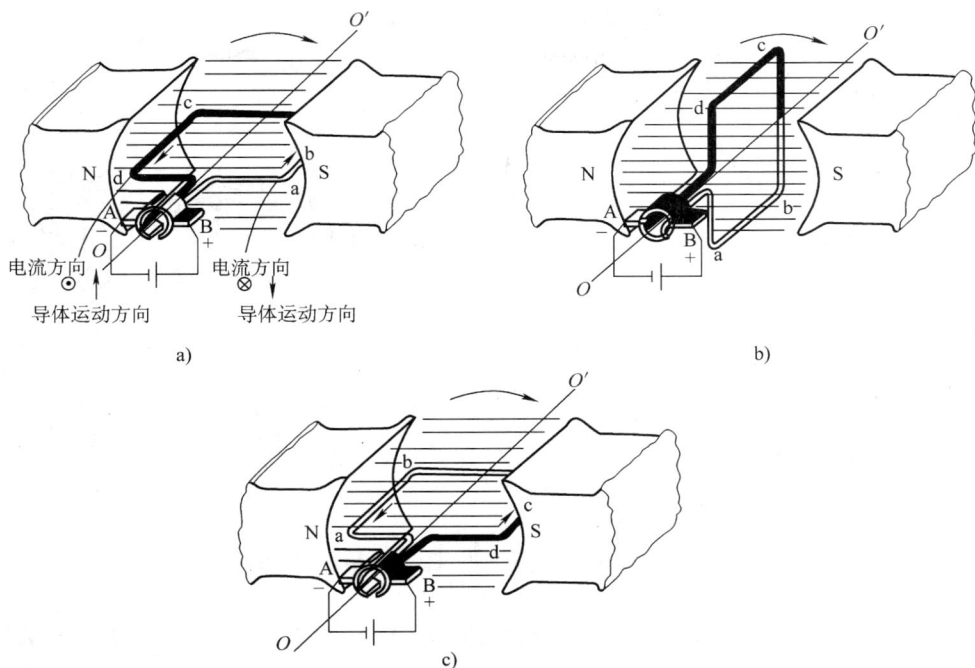

图 6-1 直流电动机工作原理
a) 位置 1 b) 位置 2 c) 位置 3

由以上分析可知，当线圈在水平位置时，转动力矩最大；在垂直位置时，转动力矩最小。单线圈电枢在一个周期内的转矩曲线如图 6-2 所示，单线圈电枢的电动机实用价值很小，双线圈电枢的转矩曲线如图 6-3 所示，虽然该转矩仍是脉动的，但在最大值与最小值之间的波动已明显削弱。

直流电动机，典型的电枢结构如图 6-4 所示，它由许多个线圈及换向片组成。

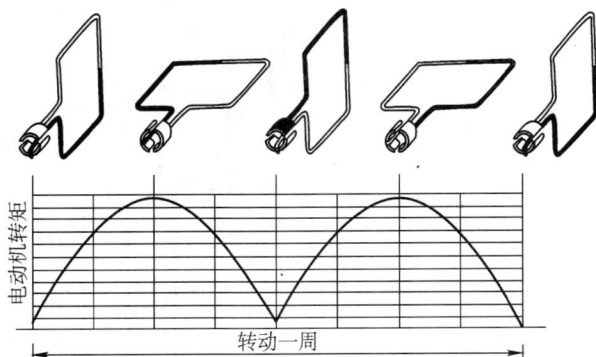

图 6-2 单线圈电枢的转矩曲线

二、直流电动机的可逆性

根据物理学中的电磁感应原理，若用外力使图 6-1 中的导体 abcd 绕轴 OO' 旋转，则导体 abcd 将切割磁力线而产生感应电动势，可通过电刷 A、B 向外电路提供直流电能，这就是直流发电机的工作原理。

由以上分析可知，直流电机的运行是可逆的，即一台直流电机既可作直流发电机运行，又可作直流电动机运行。当输入机械转矩，使电机旋转而产生感应电动势时，即是将机械能转变为直流电能输出，作直流发电机运行。反之，当输入直流电能，产生电磁转矩而使电机旋转时，则是将电能转变为机械能输出，此时即作直流电动机运行。

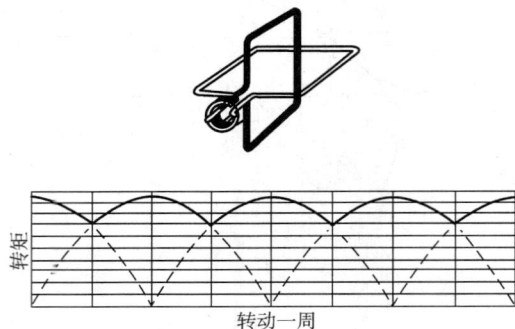

图 6-3　双线圈电枢的转矩曲线

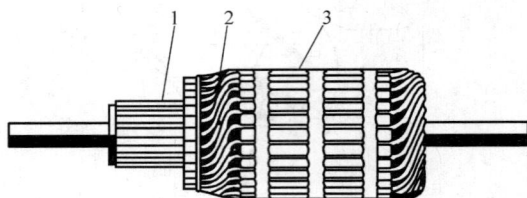

图 6-4　直流电动机的电枢
1—换向器　2—导体　3—电枢铁心

第二节　直流电动机的结构

图 6-5 所示为 Z2 及 Z4 系列直流电动机外形，其中 Z4 系列直流电动机上部为给电动机进行冷却用的骑式鼓风机。就直流电动机而言，它也是由定子和转子两大部分组成。直流电动机各主要部件的结构与作用如下：

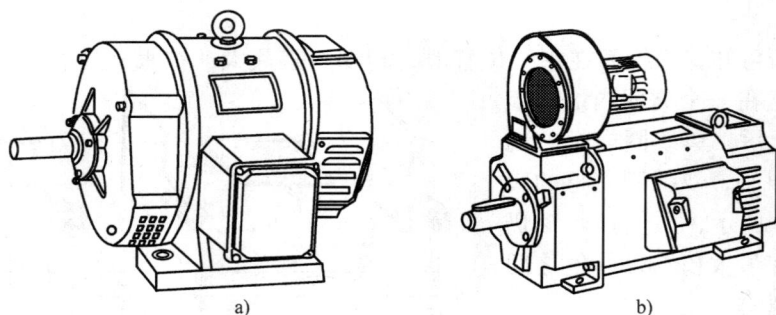

图 6-5　直流电动机的外形
a）Z2 系列　b）Z4 系列

一、定子

电动机中静止不动的部分称为定子，包括有机座、前端盖、后端盖、主磁极、换向磁极和电刷装置等部分，如图 6-6 所示。

1. 机座

机座是作为电动机磁路的一部分，还用来安装主磁极、换向磁极和前、后端盖等部件。机座一般为铸钢件，小功率的直流电动机机座也可用无缝钢管加工而成。

2. 主磁极

其作用是产生主磁场。永磁电动机的主磁极直接由不同极性的永久磁体组成。励磁电动机的主磁极则由主磁极铁心和主磁极绕组两部分组成。

（1）主磁极铁心　作为电动机磁路的一部分。由于电枢在旋转时，电枢铁心上的槽与齿相对于主磁极铁心在不断地变化，即磁路的磁阻在不断变化，从而在主磁极铁心中将引起涡流损耗，为减小此损耗，主磁极铁心一般用 1～1.5mm 薄钢板冲制成型后，再用铆钉铆紧成一个整体，最后用螺钉固定在机座上，如图 6-6 所示。

（2）主磁极绕组　用来通入直流电流，产生励磁磁动势。小型电动机用绝缘铜线绕制而成；大、中型电动机则用扁铜线制造。绕组在专用设备上绕好后，经过绝缘处理，安装于主磁极铁心上。

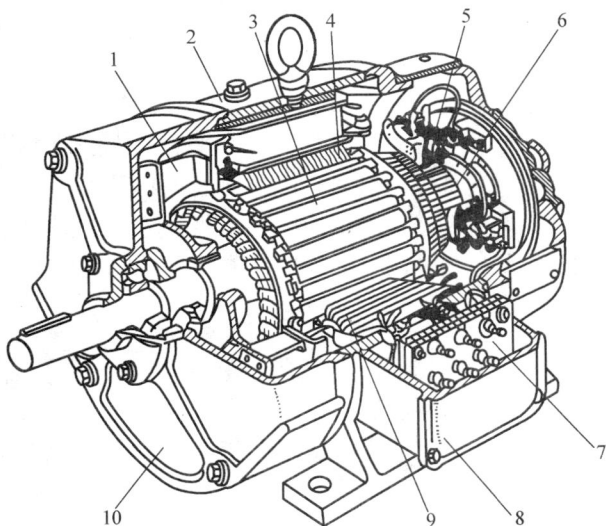

图 6-6　直流电动机的结构

1—风扇　2—机座　3—电枢　4—主磁极　5—刷架　6—换向器
7—接线板　8—出线盒　9—换向极　10—端盖

3. 换向极

用来产生换向磁场以改善直流电动机的换向。换向是一个相当复杂的过程，在换向时，将在电刷与换向器的接触面上产生火花，不利于电动机的运行，因此在功率稍大的直流电动机上都装有换向极来减小火花，改善电动机的换向。换向极也由换向极铁心和换向极绕组所组成，且换向极绕组与电枢绕组串联。换向极绕组套在换向极铁心外面，再用螺钉固定在极座上，换向极与主磁极一个隔一个间隔排列均布在机座内部。

4. 前、后端盖

用来安装轴承和支承整个转子重量，一般为铸钢件。前后端盖利用螺钉固定在机座两侧。

5. 电刷装置

通过电刷与换向器表面之间的滑动接触，把电枢绕组中的电流引入或引出。

电刷装置一般由电刷、刷握、刷杆、刷杆座等部分组成，如图 6-7 所示。对电刷的要求是既要有良

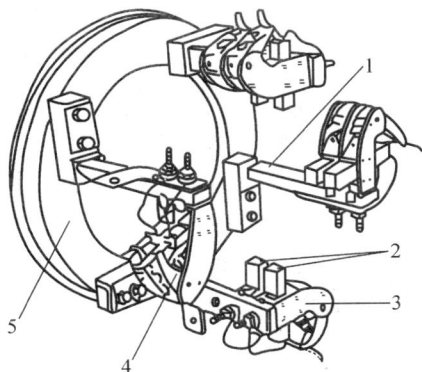

图 6-7　电刷装置

1—刷杆　2—电刷　3—刷握
4—弹簧压板　5—刷杆座

好的导电性能，又要有好的耐磨性，因此电刷一般用石墨粉压制而成。电刷放置在电刷盒内，并用弹簧把电刷压紧在换向器上。电刷盒是刷握的主要部分，刷握固定在刷杆上，刷杆则固定于刷杆座上，成为一个整体部件。

二、转子

转子通称为电枢，是电动机的旋转部分，由电枢铁心、电枢绕组、换向器、转轴、风扇等部分组成。

1. 电枢铁心

作为磁通通路的一部分，并在铁心槽内嵌放电枢绕组。由于电枢铁心不断地在 N 极和 S 极下旋转，使通过电枢铁心中的磁通大小及方向都在不断地变化，因此将产生磁滞及涡流损耗，为了减小磁滞及涡流损耗，电枢铁心一般均用 0.35～0.5mm 厚表面具有绝缘层的硅钢片叠压而成，在硅钢片的外圆冲有均匀分布的铁心槽，用以嵌放电枢绕组，如图 6-8a 所示。

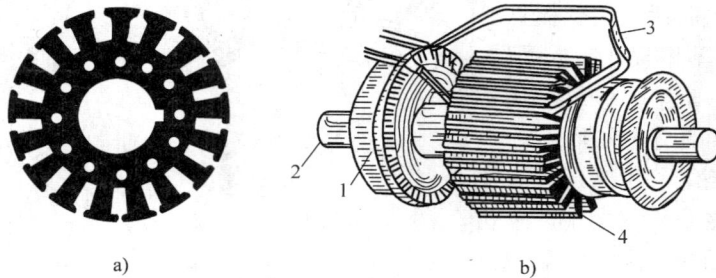

a)   b)

图 6-8   电枢铁心及绕组

a）电枢铁心冲片 b）电枢绕组在槽中的放置

1—换向器 2—转轴 3—电枢绕组 4—电枢铁心

2. 电枢绕组

用来产生感应电动势和通过电流，实现机电能量的相互转换。电枢绕组通常都用圆形（用于小功率电动机）或矩形（用于大、中功率电动机）截面的导线绕制而成，再按一定的规律嵌放在电枢铁心槽内，如图 6-8b 所示，并利用绝缘材料进行线匝之间以及整个电枢绕组与电枢铁心之间的绝缘处理。为了防止电枢旋转时由于离心力而使绕组飞散出来，槽口处需用绝缘材料做成槽楔将绕组压紧。伸出槽外的绕组端接部分，用无纬玻璃丝带绑紧。绕组端头则按一定规则嵌放在换向器铜片的升高片槽内，并用锡焊焊牢，成为一个完整的电枢，如图 6-6 所示。随着电动机所用绝缘材料耐热等级的提高，电动机允许的发热温度也不断增加，因此目前不少电动机已不用锡焊而改用氩弧焊焊接（一般为 F 级以上绝缘材料）。

3. 换向器

换向器是把外界供给的直流电流转变为绕组中的交变电流以使电动机旋转，如图 6-9 所示，换向器是由换向片组合而成的，而且是直流电动机的关键部件，也是最薄弱的部分。

换向器采用导电性能好、硬度大、耐磨性能好的纯铜或铜合金制成。换向片的底部作成燕尾形状，各换向片拼成圆筒形套入钢套筒上，相邻换向片间以 0.6～1.2mm 厚的云母片作为

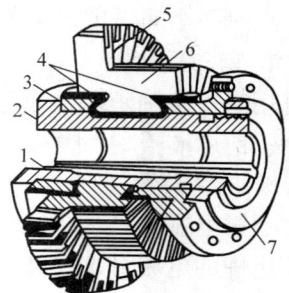

图 6-9   换向器的结构

1—绝缘套筒 2—钢套筒 3—V 形钢环 4—V 形云母环 5—云母片 6—换向片 7—螺旋压圈

绝缘，换向片下部的燕尾嵌放在两端V形铜环内，换向片与V形云母片绝缘，最后用螺旋压圈压紧换向器固定在转轴的一端。

4. 转轴

用来传递转矩。为了使直流电动机能安全、可靠地运行，转轴一般用合金钢锻压加工而成。

5. 风扇

用来降低电动机在运行中的温升。

三、铭牌与额定值

每台直流电动机的机座上都有一块铭牌，如图6-10所示，铭牌上标明的数据称为额定值，是正确使用直流电动机的重要依据。

直流电动机		
型号 Z4-200-21	功率 75kW	电压 440V
电流 188A	额定转速 1500r/min	励磁方式 他励
励磁功率 1170W		
绝缘等级 F	定额 S1	重量 515kg
产品编号	生产日期	
××电机厂		

图6-10 直流电动机的铭牌

1. 型号

该直流电动机的型号为

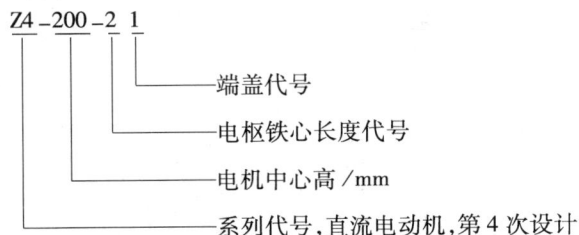

Z4 –200 –2 1
端盖代号
电枢铁心长度代号
电机中心高/mm
系列代号，直流电动机，第4次设计

2. 额定功率 P_N

表示电机按规定方式额定工作时所能输出的功率。对电动机而言，是指其轴上输出的机械功率（W或kW）。

3. 额定电压 U_N

指在正常工作时电机出线端的电压值。对电动机而言，是指加在电动机上的电源电压（V）。

4. 额定电流 I_N

对应额定电压、额定功率时的电流值。对电动机而言，是指轴上在额定负载时的输入电流（A）。

5. 额定转速 n_N

指电压、电流和输出功率为额定值时的转速（r/min）。

6. 励磁方式

励磁方式是指直流电动机主磁场产生的方式。直流电动机主磁场的获得通常有两种情况：一种是由永久磁铁产生；另一种是利用给主磁极绕组通入直流电产生，根据主磁极绕组与电枢绕组连接方式的不同，可分为他励、并励、串励、复励电动机。分别简要介绍如下：

（1）永磁电动机　开始永磁电动机仅在功率很小的电动机上采用，20 世纪 80 年代起由于钕铁硼永磁材料的发现，使目前永磁电动机的功率已从毫瓦级发展到 100kW 以上。目前制作永磁电动机的永磁材料主要有铝镍钴、铁氧体及稀土（如钕铁硼）等三类。用永磁材料制作的直流电动机又分有刷（有电刷）和无刷两类。永磁电动机由于其具有体积小、结构简单、重量轻，损耗低、效率高、节约能源，温升低、可靠性高、使用寿命长，适应性强等突出优点而使用越来越广泛。它在军事上的应用占绝对优势，几乎取代了绝大部分电磁电动机；其他方面的应用如汽车用永磁电动机、电动自行车用永磁电动机、直流变频空调用永磁电动机等。

（2）他励电动机　它的特点是励磁绕组（主磁极绕组）由单独的直流电源供电，如图 6-11a 所示。

（3）并励电动机　励磁绕组与电枢绕组并联，因此加在这两个绕组上的电压相等，而流过电枢绕组的电流 I_a 和流过励磁绕组的电流 I_f 则不同，总电流 $I = I_a + I_f$，如图 6-11b 所示。

（4）串励电动机　励磁绕组与电枢绕组串联，因此流过两个绕组中的电流相等，如图 6-11c 所示。

（5）复励电动机　励磁绕组有两组，一组与电枢绕组串联，另一组与电枢绕组并联，如图 6-11d 所示。

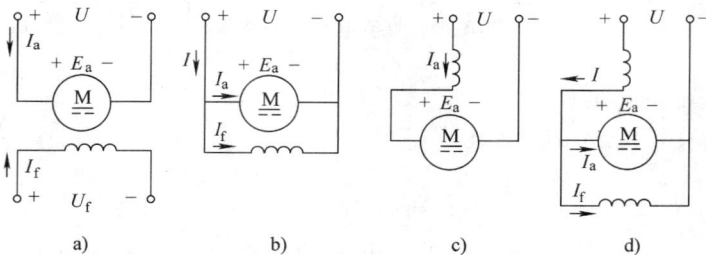

图 6-11　直流电动机的励磁方式
a) 他励　b) 并励　c) 串励　d) 复励

若复励电动机的两组励磁绕组产生的磁通方向一致时，则称为积复励电动机；若产生的磁通方向相反时，则称为差复励电动机。

关于绝缘等级、定额的含义可参看三相异步电动机铭牌中的说明。

第三节　直流电动机的电枢绕组

一、概述

直流电动机电枢绕组的结构对其基本参数和性能都有很大的影响。与异步电动机相比，直流电动机的转子比较容易出故障，直接影响电动机的正常运行。因而对电枢绕组提出一定要求，在满足电气性能需要，即要求感应出规定的电动势，能承受规定的电流的前提下，线圈材料要充分利用，尽可能节省有色金属和绝缘材料，力求结构简单，运行时安全可靠。

由于直流电动机的功率和电压等级的不同，电枢绕组的形式有多种：叠绕组（单叠与复叠）、波绕组（单波与复波），还有叠绕组与波绕组混合组成的蛙形绕组等。本文只讨论最基本的单叠绕组和单波绕组，如图 6-12 所示。

组成电枢绕组的基本单元称为"元件"，一个元件由两条元件边和端接线组成，元件边置于转子铁心槽内。能切割磁力线产生出感应电动势，故称为"有效边"。为了能使元件的端接部分平整的排列，每个槽中的元件边分上、下两层叠放；某元件的一边在槽上层，另一边在槽下层，所以直流电动机电枢绕组均是双层绕组，如图 6-13 所示。

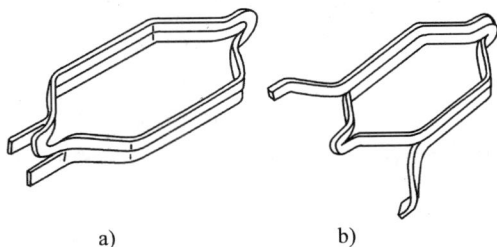

图 6-12 直流电机的绕组元件
a）叠绕组 b）波绕组

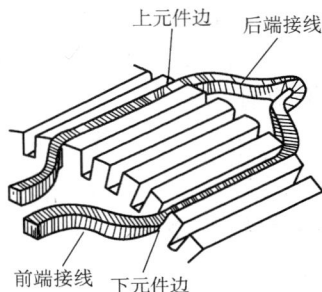

图 6-13 绕组元件在槽内的放置

每一个元件的末端（下层边）按一定的规律和另一个元件的首端（上层边）相连，接到同一片换向片上，所有元件依次串联，最后使整个电枢绕组通过换向片连成一个闭合电路，这是直流电动机绕组的一个特点，也是直流电动机电枢绕组的构成原则。

为了改善电动机的性能，往往需要用较多的元件来构成电枢绕组，但由于工艺及其他方面的原因，电枢铁心槽不能开得很多，因而只能在每个槽的上、下层各放置若干元件边，为确切地说明每个元件边所处的具体位置，引入了"虚槽"这一概念。设槽内每层有 u 个元件边，则把每个实槽看作是包含了 u 个虚槽，每个虚槽的上、下层各有一个元件边。若实槽数为 Z，虚槽数为 Z_i，则

$$Z_i = uZ$$

图 6-14 表示每个实槽内有 1 个、2 个、3 个虚槽。以后在说明绕组元件的空间排列情况时，都一律以虚槽进行编号，用虚槽作为计算单位。

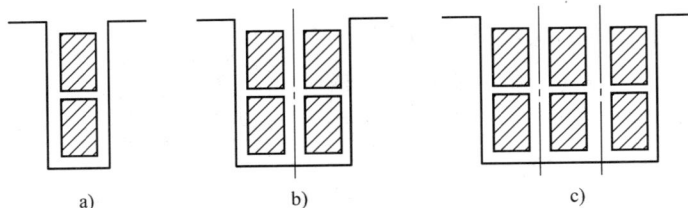

图 6-14 直流电动机的虚槽数
a）$u=1$ b）$u=2$ c）$u=3$

绕组元件可以是一匝或多匝，匝数的多少也就是每一元件所包含的串联导体数，又因为每一个元件有两个元件边，而每一换向片是连接一个元件的始端和另一个元件的末端，每一个虚槽又包含着两个元件边，所以绕组元件数 S，换向片数 K，和虚槽数 Z_i 三者应相等，即

$$S = K = Z_i = uZ \tag{6-1}$$

二、单叠绕组

单叠绕组的连接特点是每个元件的两个出线端连接在相邻的两片换向片上，如图 6-15 所示，元件两边分别接在换向片 1、2 上。为了正确地将绕组元件嵌放在电枢槽内，并将出线端正确连接在换向片上，必须确定绕组的节距。

1. 绕组节距

（1）第一节距 y_1 一个元件两个有效边之间的距离，用槽数（单元槽）来表示，称为第一节距。为了使绕组得到最大的感应电动势，取第一节距 y_1 等于极距 τ，即沿电枢表面圆周上相邻两磁极间的距离，以长度表示为

$$\tau = \frac{\pi D_a}{2p} \tag{6-2}$$

式中　D_a——电枢外径；

　　　　p——磁极对数。

若用虚数槽表示，则极距

$$\tau = \frac{Z_i}{2p} \tag{6-3}$$

由于 Z_i 不一定能被 $2p$ 整除，而 y_1 又必须为整数，所以应使

$$y_1 = \frac{Z_i}{2p} \pm \varepsilon = 常数 \tag{6-4}$$

若 $\varepsilon = 0$ 则 $y_1 = \tau$，称为整距绕组；若 $\varepsilon \neq 0$，则 $y_1 > \tau$ 时称为长距绕组，$y_1 < \tau$ 时称为短距绕组。

（2）合成节距 y 两个元件相串联的对应边之间的距离称为合成节距，用虚槽数表示。合成节距表示每串联一个元件后，绕组在电枢表面前进或后退了多少个虚槽，它是反映不同绕组形式的一个重要标志。对单叠绕组，$y = \pm 1$，这就表示每连接一个元件，在电枢表面就要移过一个虚槽，若 $y = +1$，表示向右移过一个虚槽，称右行绕组。若 $y = -1$ 就表示左行绕组，左行单叠绕组因元件出线端交叉，用导线也多，一般不采用。单叠绕组元件节距及右行、左行如图 6-15 所示。

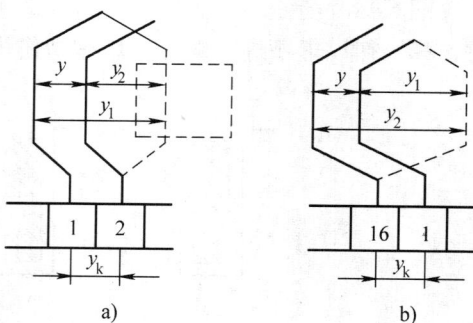

图 6-15　单叠绕组的节距
a）右行　b）左行

（3）换向节距 y_K　每一元件的两端所连接的两换向片间的距离称为换向器节距，以换向片数表示，如图 6-15a 所示。右行时，$y_K = +1$，左行时 $y_K = -1$。在绕组连接时，某一元件的下层有效边与它相连接的元件的上层有效边是接在同一个换向片上。因而，以虚槽数表示的合成节距和以换向片数表示的换向器节距 y_K 在数值上是相等的，即

$$y = y_K$$

对于单叠绕组

$$y = y_K = 1$$

（4）第二节距 y_2　某一元件的下层有效边和与它相连接的下一个元件的上层有效边之间的距离，用虚槽数表示，称为第二节距，如图 6-15 所示，对于单叠绕组，有：

$$y = y_1 - y_2 \tag{6-5}$$

2. 单叠绕组的展开图

绕组的连接常用展开图表示。绕组展开图是假设将电枢从某齿中间沿轴剖开后展成一个平面的绕组连接图。展开图是嵌线时的主要依据。下面以一个实例来加以说明。

设 $2p = 4$，$S = K = Z_i = 16$，单叠右行绕组，具体步骤如下：

（1）计算节距　$y_1 = \dfrac{Z_i}{2p} \pm \varepsilon = \dfrac{16}{4} \pm 0 = 4$，采用整距绕组，因为是单叠右行，故 $y = y_K = 1$，所以

$$y_2 = y_1 - y = 4 - 1 = 3$$

（2）画出展开图　先画 16 个换向片，为作图方便使换向片宽度等于槽与槽之间的距离，并将元件、槽、换向片按顺序编号，编号时应把元件号码、元件上层边所在的槽号码以及与元件上层边相连接的换向片号码编得一致。即 1 号元件的上层边放在 1 号槽内，并与 1 号换向片相连接。这样当 1 号元件上层边放在 1 号槽内，并与 1 号换向片相连后，因为 $y_1 = 4$，则 1 号元件的另一边应放在第 5 号槽的下层，故称 1 号元件下层边。习惯上展开图中上层边用实线表示，下层边用虚线表示，如图 6-16 所示。

1 号元件的两端分别接到 1 号和 2 号换向片上。连接时应注意保持对称，1 号元件

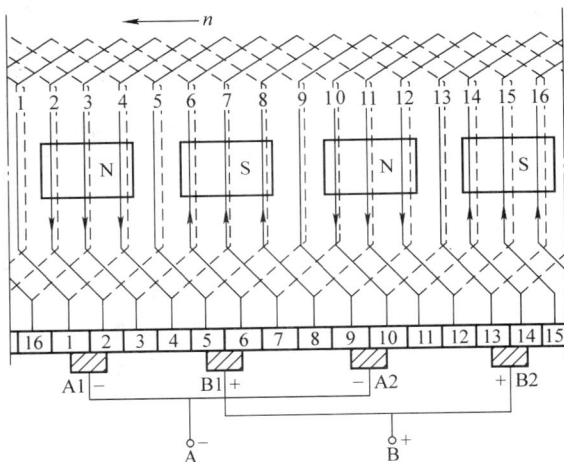

图 6-16　单叠绕组展开图 $Z = K = S = 16$　$2p = 4$

的下层边经过 $y_2 = 3$ 后和 2 号元件的上层边端头接在同一个换向片上，即 2 号换向片。依此类推，把各元件都连接起来，各元件的连接次序如图 6-17 所示。图中数字表示有效边所在的单元槽号，上层的数字又代表各元件的号数。

从 1 号元件上层边开始，绕电枢一周，将全部元件边都连接起来，最后又回到 1 号元件上层边。可见，单叠绕组在内部是自成一个闭合回路。

（3）画出磁极和电刷　直流电动机的磁极沿电枢圆周是对称分布的，因而在展开图上

必须均匀布置。磁极的宽度一般画成 0.7 倍的极距。图 6-16 所示的磁极位于电枢表面的上面。

电刷的放置原则应使相邻两电刷间的电压值最大，电刷宽度一般为换向片宽度的 2 ~ 3 倍，因为电刷与换向器滑动接触过程中，电刷必定要跨过 2 ~ 3 个换向片，这会使某元件被电刷与两个换向片所短路。为了使这个短路回路中的短路电流最小，也即希望被短路的元件中的感应电动势也要最小。从图 6-16 可以看出，若电刷在磁极的中心下方，这时它接触的换向片所连接的绕组的两个有效边都处于磁通为零的位置，被电刷短路的 1、5、9、13 号元件的感应电动势也是最小的。

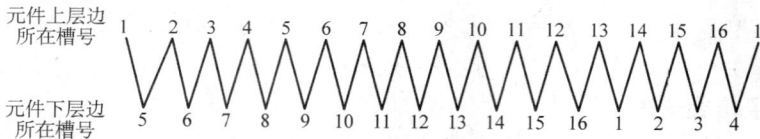

图 6-17   单叠绕组元件的连接次序

在单叠绕组中，每一磁极下各元件感应电动势的方向都相同，这些元件组成一条支路，其合成电动势则是最大电动势，所以就应该在这些元件的两端放置两个电刷，图 6-16 中共放置了 4 个电刷，即电刷数等于磁极数。电刷在换向器周围是对称分布的，在展开图上也应是均匀配置。

电刷极性是这样确定的：在假定电枢旋转方向和磁极极性之后，根据右手定则可以确定元件感应电动势的方向，如图 6-16 所示。如果电机作发电机运行，则电流自电刷 A1A2 流向外电路，故定为正电刷，相应的 B1B2 为负电刷。极性相同的电刷 A1 和 A2，B1 和 B2 并联后引向外电路。如作电动机运行，A1A2 接电源正极 B1B2 接电源负极。

3. 并联支路图

从图 6-16 可以看出，在同一极下的元件上层边电动势方向是相同的，如沿着一个方向按电枢绕组的整个闭合回路前进，每经过一个磁极，绕组电动势方向改变一次。$2p = 4$ 的单叠绕组可按电动势方向，将元件分成 4 个部分组成 4 条并联支路，图 6-18 就是并联支路图。

单叠绕组是把同一极下相邻的元件依次串联起来，在每一极下，电动势方

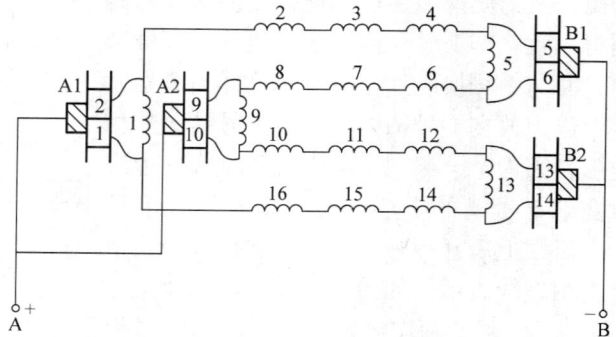

图 6-18   单叠绕组的并联支路图

向相同的元件组成一条支路，即每对应一个磁极就有一条支路。直流电动机的磁极总是成对出现，因而单叠绕组中的并联支路也是成对出现。若用 $2a$ 表示电动机的并联支路数，对单叠绕组，并联支路数 $2a$ 与磁极数 $2p$ 是相等的，即

$$2p = 2a$$

或 $$a = p$$

三、单波绕组

单波绕组的基本特点是元件两端不是向里靠近，而是向外扩张，距离较远。每个元件是与相距约两个极距的元件相连接，即与相邻的一对磁极下所处磁场位置相近的元件相连接，如图 6-19 所示。

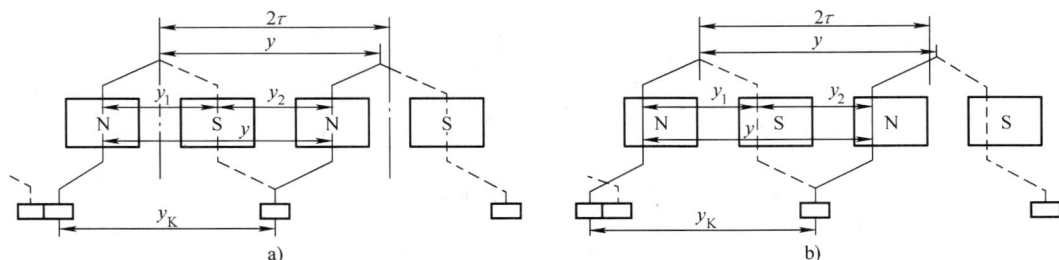

图 6-19　单波绕组元件
a）左行　b）右行

1. 绕组的节距

单波绕组的绕组节距也分为第一节距、合成节距、换向器节距和第二节距等。它们的定义与单叠绕组的节距定义相同。

（1）第一节距 y_1　因为与元件的连接方式无关，所以计算方法与单叠绕组相同，即

$$y_1 = \frac{Z_i}{2p} \pm \varepsilon = 整数$$

（2）合成节距 y　在单波绕组中，合成节距与换向器节距 y_K 相等的关系依然成立，即 $y = y_K$。但因两者的连接方式不同，计算公式也不一样。因单波绕组每连接一个元件就前进了约一个极距，若电动机有 p 对磁极，则连接了 p 个元件就沿电枢绕行一周，元件将跨过 py_K 个换向片，这时应又回到起始的换向片上。为避免绕了一周后自行闭合，无法再连接其他元件，单波绕组当连接 p 个元件后，第 p 个元件的末端应落在与起始换向片相邻的换向片上，即

$$py_K = K \pm 1 \tag{6-6}$$

若取 $py_K = K+1$，表示绕完一周后，落在起始换向片右边的换向片上，称为单波右行，这时端接部分交叉，一般不采用。反之若取 $py_K = K-1$，表示绕完一周后，落在起始换向片左边的换向片上，称为单波左行。

由式（6-6）可得：

$$y_K = y = \frac{K \pm 1}{p} = 整数 \tag{6-7}$$

（3）第二节距 y_2　与单叠绕组不同，单波绕组的第二节距 $y_2 = y - y_1$。

下面举一实例：已知 $2p = 4$，$S = K = Z_i = 15$，单波左行。计算绕组节距，得：

$$y_1 = \frac{Z_i}{2p} \pm \varepsilon = \frac{15}{4} - \frac{3}{4} = 3$$

$$y = y_K = \frac{K-1}{p} = \frac{15-1}{2} = 7$$

$$y_2 = y - y_1 = 4$$

2. 单波绕组展开图

作图过程与单叠绕组相似，根据求得的各节距数据，可列出元件的连接次序，如图6-20所示。

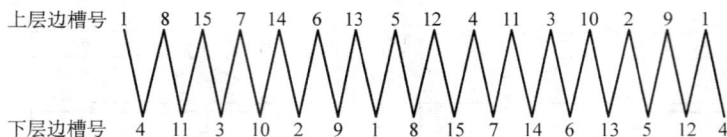

图 6-20 单波绕组元件的连接顺序

将1号元件的上层边放在1号槽内（实线），并与1号换向片相连接，1号元件的下层边放在4号槽（$1+y_1=4$）内（虚线），并与第8号（$1+y_K=8$）换向片相连接，作图时同样应使元件在左右对称。与1号元件连接的元件的上层边应在第8号槽（$1+y=8$）内。与8号换向片相连，下层边在第11号（$8+y_1=11$）槽内，并与第15号（$8+y=15$）换向片相连。因为$p=2$所以绕了两个元件之后，应沿电枢前进了近一周，回到起始换向片左边的换向片上，依此类推连接成一个闭合回路，如图6-21所示。

将4个磁极均匀分布，当采用对称元件时，电刷位置应在磁极轴线上，依次为A1、B1、A2、B2。

3. 并联支路图

从图6-20可以看出，从1号元件接8号元件，再接15号元件，相隔都是7个元件，这些元件的对应边都在同一极性的磁极下面（如上层边都在S极下面），因而它们的感应电动势方向相同，按这样的规律继续接下去，把S极下的元件接过以后，继续接N极下的各元件（如12、4、11、3、10、2号元件），最后又回到1号元件的上层边闭合。这样，绕组便成一闭合回路。此外，从图6-21的瞬间位置可以看出，元件1、9被电刷B1、B2及连接线所短路，元件5被电刷A1、A2及连接线所短路，其余元件，在S极下的有8、15、7、14、6、13号组成一条支路；在N极下有12、4、11、3、10、2号元件，组成另一条支路，图6-22所示是单波绕组并联支路图。由此可见，单波绕组的并联支路对数与磁极对数无关，它总是等于1，即$a=1$。

在应用上，单波绕组的电刷数也

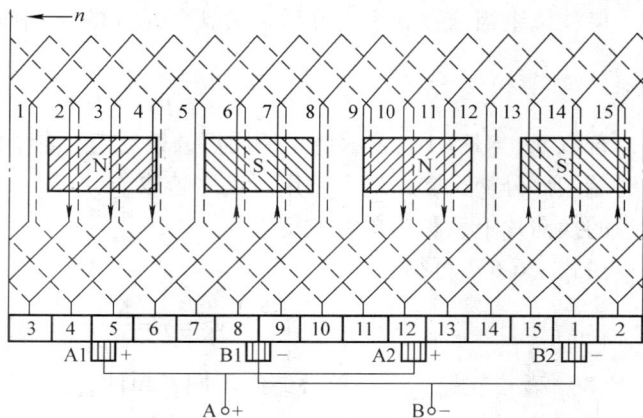

图 6-21 单波绕组展开图

等于磁极数。从支路考虑，它只有两条支路仅需一对电刷即可。但这时通过电刷的电流将增大，电刷截面也应增大，换向器的长度也应加大，这反而耗费材料，所以一般单波绕组的电刷常常等于磁极数，只有特殊情况下方用一对电刷。

直流电动机的电枢绕组除单叠、单波这两种基本形式外，还有其他形式。如复叠、复波、混合绕组等，这些绕组的连接规律，与上述单叠、单波绕组并无多大区别，具体的连接方式，这里不再讨论。

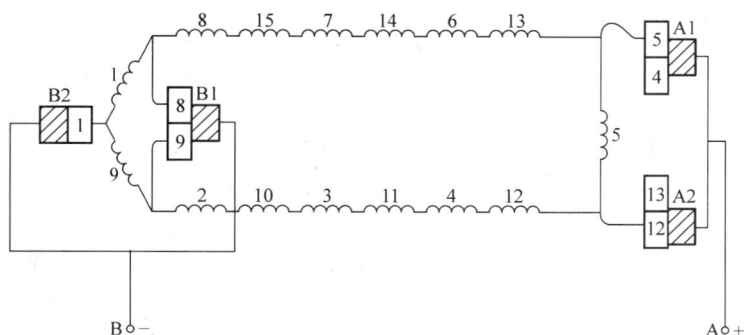

图 6-22　$S = K = Z_i = 15$，$2p = 4$ 单波绕组展开图

第四节　直流电机的电动势、电磁转矩和功率

一、直流电机的电动势

直流电机电枢在旋转时，电枢上的每个绕组元件都要切割主磁场，从而产生感应电动势。

通过数学推导可得电枢回路的感应电动势为

$$E_a = C_e \Phi n \tag{6-8}$$

式中　C_e——直流电机电动势常数，对于已制成的电机有确定值；

$\Phi = B\tau l$——气隙中每极磁通（Wb）；

τ——极距；

n——电机转速（r/min）。

当直流电机作发电机运行时，产生感应电动势向外电路供电，此时电流方向与感应电动势方向一致。其电压平衡方程为

$$E_a = U + R_a I_a \tag{6-9}$$

式中　E_a——发电机感应电势（V）；

U——发电机端电压（V）；

I_a——电枢电流（A）；

R_a——电枢绕组电阻（Ω）。

直流电机作为电动机运行时，电源供给直流电流，导体 ab、cd 中的电流方向如图 6-23 小圆圈内的符号所示。载流导体在磁场内受力的作用而形成电磁转矩，使电动机旋转，并拖

动机械负载。电动机转动后，导体 ab、cd 又切割磁场而产生感应电动势，方向（用右手定则）如图 6-23 小圆圈外的符号所示。可见感应电动势的方向与外加电源电压（电流）的方向正好相反，因此称为反电动势，起到与外加电源电压平衡的作用。由图 6-11b 所示并励电动机的电路可得：

$$U - E_a = R_a I_a \tag{6-10}$$

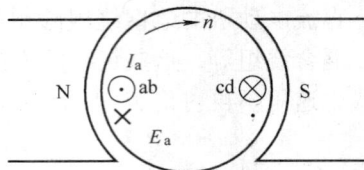

图 6-23　直流电动机中的反电动势

式中　U——电枢端电压（V）；

E_a——电枢电动势（V）；

R_a——电枢绕组电阻（Ω）；

I_a——电枢支路电流（A）。

二、直流电机的电磁转矩

不论是直流发电机或直流电动机在负载状态下工作时，电枢绕组中都有电流通过，因此在磁场中都将受到电磁力的作用，电磁力在电枢上产生的转矩称为电磁转矩，即

$$T = C_T \Phi I_a \tag{6-11}$$

式中　Φ——每极磁通（Wb）；

I_a——电枢总电流（A）；

C_T——电机转矩常数；

T——电磁转矩（N·m）。

对电动机来说，电磁转矩就是拖动转矩，是由电源供给电动机的电能转换而来的，用来拖动负载运动。对发电机来讲，电磁转矩则为制动转矩，原动机必须克服电磁转矩才能使电枢旋转而发出电能。其原因可用图 6-24 加以说明，当原动机拖动发电机以转速 n 顺时针旋转时，导体 ab 及 cd 切割磁场产生感应电动势和电流（在小圆圈中用 × 及 · 表示电流方向），同时载流导体在磁场中又将受到力的作用而形成电磁转矩，方向（用左手定则判定）与发电机的旋转方向正好相反，故电

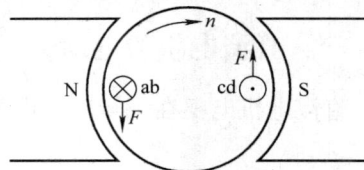

图 6-24　直流发电机的转矩平衡

磁转矩是一个制动转矩，与原动机的拖动转矩相平衡。发电机输出的负载电流越大，电磁转矩也越大，于是原动机拖动发电机的机械转矩也必须增大，以克服电磁转矩，使发电机继续稳定运行。

三、直流电动机的功率

对他励直流电动机而言，将式（6-10）两边各乘 I_a，并移项可得：

$$UI_a = E_a I_a + R_a I_a^2$$

即
$$P_1 = P + \Delta P_{Cu}$$

式中　P_1——电动机输入电功率；

P——电动机的电磁功率；

ΔP_{Cu}——电动机的铜损耗。

对并励或串励电动机而言，铜损耗除包括电枢绕组电阻 R_a 上的损耗外，还应包括电流

在励磁绕组电阻上产生的损耗。

电磁功率在转换成电动机轴上的输出功率 P_2 的过程中，有一小部分消耗于克服电动机的机械损耗和铁损耗（总称空载损耗），用 ΔP_0 表示。则

$$P_1 = P_2 + \Delta P_0 + \Delta P_{\mathrm{Cu}} = P_2 + \Delta P \tag{6-12}$$

式中　P_2——电动机输出功率；

　　　ΔP——电动机功率损耗。

直流电动机效率 η 为

$$\eta = \frac{P_2}{P_1} \times 100\% = \frac{P_2}{P_2 + \Delta P_{\mathrm{Cu}} + \Delta P_0} \times 100\% \tag{6-13}$$

例1　Z2—51 型直流电动机，额定功率（输出功率）$P_2 = 3\mathrm{kW}$，电源电压 $U = 220\mathrm{V}$，电枢电流 $I_a = 16.4\mathrm{A}$，电枢回路电阻 $R_a = 0.84\Omega$，试求输入功率 P_1、铜损耗 ΔP_{Cu}、空载损耗 ΔP_0 和反电动势 E_a（励磁绕组上的铜损耗忽略不计）。

解　　　　$P_1 = UI_a = 220 \times 16.4\mathrm{W} = 3608\mathrm{W} = 3.608\mathrm{kW}$

$$\Delta P_{\mathrm{Cu}} = R_a I_a^2 = 0.84 \times 16.4^2\mathrm{W} = 0.226\mathrm{kW}$$

$$\Delta P_0 = P_1 - P_2 - \Delta P_{\mathrm{Cu}} = (3.608 - 3 - 0.226)\mathrm{kW} = 0.382\mathrm{kW}$$

$$E_a = U - R_a I_a = (220 - 0.84 \times 16.4)\mathrm{V} = 206.2\mathrm{V}$$

第五节　直流电动机的工作特性

直流电动机的工作特性主要是指转速特性和转矩特性。所谓转速特性是指当加在直流电动机两端的电压不变时，电枢电流与转速之间的相互关系；而转矩特性则是指当加在直流电动机两端的电压不变时，电枢电流与电磁转矩之间的相互关系。当直流电动机工作时，输出的是电动机的转速和转矩，因此电动机的转速随电磁转矩的变化关系是很重要的特性，这种特性称为机械特性。

当电动机的励磁方式不同时，主磁通 Φ 随负载电流 I_a 的变化而变动的情况不同，导致不同励磁方式的直流电动机特性有很大差别，下面分别加以讨论。

一、并励电动机（他励电动机）的工作特性

1. 转矩特性 $T = f(I_a)$

当电源电压 U 不变，励磁电流 I_f 也不变时，电磁转矩 T 与电枢电流 I_a 之间的相互关系即为转矩特性。由公式 $T = C_T \Phi I_a$ 可知，由于磁通 Φ 基本不变，因此 T 与 I_a 近似为正比关系，如图 6-25 所示。

2. 转速特性 $n = f(I_a)$

当电源电压 U 不变，励磁电流 I_f 也不变时，转速 n 与电枢电流 I_a 之间的相互关系即为转速特性。由式（6-8）及式（6-10）可得：

$$n = \frac{U - R_a I_a}{C_e \Phi} \tag{6-14}$$

由于电枢绕组电阻 R_a 一般很小，因此压降 $R_a I_a$ 很小，即并励电动机转速随电枢电流的

增加稍有下降，如图 6-25 所示。这种特性称为硬特性。

3. 机械特性 $n = f(T)$

直流电动机转速 n 和电磁转矩（可近似看作输出转矩）T 之间的关系即为机械特性。对并励电动机而言，电磁转矩 T 正比于 I_a，故只要将图 6-25 中 $n = f(I_a)$ 曲线的横坐标由 I_a 改为 T，该曲线即代表机械特性曲线 $n = f(T)$。

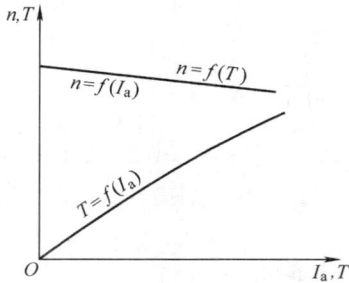

图 6-25 并励电动机转速特性
转矩特性和机械特性

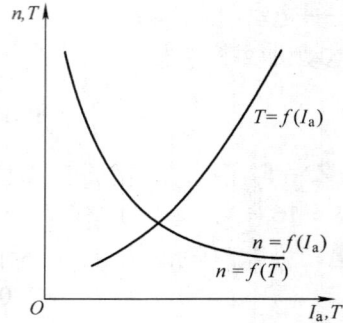

图 6-26 串励电动机转速特性
转矩特性和机械特性

二、串励电动机的工作特性

1. 转矩特性 $T = f(I_a)$

当电源电压 U 不变时，电磁转矩 T 与电枢电流 I_a 之间的关系即为转矩特性。当电枢电流 I_a 比较小时，磁通 Φ 正比于电枢电流 I_a，故有：

$$T = C_T \Phi I_a = K I_a^2 \tag{6-15}$$

即电磁转矩正比于电枢电流的平方；当电枢电流较大，电动机磁路饱和时，Φ 为常数，则电磁转矩与电枢电流成正比。其转矩特性曲线如图 6-26 所示。

2. 转速特性 $n = f(I_a)$

当电源电压 U 不变时，电动机转速 n 与电枢电流 I_a 之间的关系即为转速特性。当电动机轻载时，则对应的电枢电流 I_a 比较小，Φ 也比较小，由式（6-14）可见，电动机转速 n 与电枢电流 I_a 成反比，曲线为双曲线。当电动机空载时，空载电流 I_a 很小，电动机转速将相当高，可能造成机损事故，因此串励电动机不允许空载运行。当电动机负载较重时，即 I_a 较大时，由于磁路饱和，Φ 基本不变，串励电动机转速特性就与并励电动机相似，即略向下倾斜，如图 6-26 所示。该曲线的特征是从空载到满载，电动机转速变化很大，这种特性称为软特性。

3. 机械特性 $n = f(T)$

电动机转速和转矩之间的关系即为机械特性。对串励电动机而言，当电枢电流 I_a 很小时，Φ 也很小，此时电磁转矩 T 也很小，而对应的转速 n 由式（6-14）可知应为很大。当电枢电流 I_a 较大时，Φ 也较大，此时电磁转矩 T 也较大，而转速 n 则小，由数学分析及实践运行证明，其形状也相似于双曲线，因此，如同并励电动机一样，将图 6-26 中的转速特性曲线 $n = f(I_a)$ 的横坐标由 I_a 改为 T，就可以代表机械特性 $n = f(T)$。

第六节 直流电动机的起动、调速、反转与制动

一、直流电动机的起动

直流电动机由静止状态达到正常运转的过程称为起动过程。直流电动机在起动过程中不但转速发生变化，而且转矩、电流等也在变化。对直流电动机起动的要求是：应有足够大的起动转矩以缩短起动时间，提高生产率，同时电动机的起动电流又不能过大。

1. 全压起动

全压起动又称为直接起动，即直流电动机在起动时，给电动机加额定电压 U 直接起动电动机，如图 6-27 所示，起动时先合上开关 S1，建立主磁场，再合上开关 S2，使电动机起动。在起动开始瞬间，虽然给电动机加上电源电压 U，但由于转子的惯性，一开始转速 $n = 0$，故反电动势 $E_a = C_e \Phi n = 0$，由式（6-10）可知，此时电枢电流 I_a 为

$$I_a = \frac{U - E_a}{R_a} = \frac{U}{R_a} = I_{st} \qquad (6\text{-}16)$$

将此时的电流称为起动电流，用 I_{st} 表示。由于电枢绕组的电阻 R_a 一般很小，所以起动电流很大，中小型直流电动机的起动电流约为额定电流的 10 倍，较大功率的电动机甚至可高达 20 倍。这样大的起动电流将带来以下不良影响：

1）电动机电刷与换向器之间产生强烈的火花而导致电刷与换向器表面发生烧损。

2）产生很大的转矩使传动机构和生产机械受到强烈的冲击而损坏。

3）使电网电压波动，影响供电的稳定性。

由于上述原因，除小功率电动机以外，一般不允许全电压直接起动。通常采用的起动方法有两种：即减小电源电压起动和在电枢回路串联电阻起动。

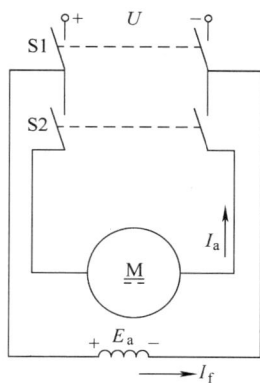

图 6-27　并励电动机的直接起动

直接起动优点是所需设备简单，操作方便；缺点是起动电流较大。

2. 减小电源电压起动（减压起动）

可以采用晶闸管构成的可控整流电路作为直流电动机的可调电压电源。有关这种电路的工作原理及调压过程将在电子技术课程中进行介绍。

在直流电动机起动瞬间，应为其供给较低的直流电压，以后，随着电动机转速的升高，逐步增加直流电压的数值，直到电动机起动完毕正常运行时，加在电动机上的电压即是电动机的额定电压。用减小电源电压的方法起动并励电动机时必须注意：起动时并励电动机上必须加额定的励磁电压，使磁通保持额定值，否则电动机起动电流虽然比较大，但起动转矩却很小，电动机可能无法起动。

例 2 有一台并励直流电动机，电枢绕组电阻 $R_a = 0.4\,\Omega$，额定电压 $U_N = 110\mathrm{V}$，设磁通

恒定不变，当 $n = n_N$ 时，$E_a = 100V$，试求：（1）额定电流 I_N；（2）直接起动时的起动电流 I_{st}；（3）要使电动机起动瞬时的电流 I_1 限制在 2 倍额定电流之内，求起动时的电压 U_1。

解　（1）$I_N = \dfrac{U_N - E_a}{R_a} = \dfrac{110 - 100}{0.4}A = 25A$

（2）$I_{st} = \dfrac{U_N}{R_a} = \dfrac{110}{0.4}A = 275A$

（3）$I_1 = \dfrac{U_1}{R_a} = 2I_N$

$$U_1 = 2R_a I_N = 2 \times 0.4 \times 25V = 20V$$

3. 电枢回路串联电阻起动

并励电动机及串励电动机的串联电阻起动电路分别如图 6-28 及图 6-29 所示。通常可按把起动电流限制在 $(1.5 \sim 2.5)I_N$ 的范围内来选择起动电阻的大小。在起动过程中，随着电动机转速 n 的升高，E_a 也随着升高，电枢电流就相应地减小，为了保持一定的加速转矩，应将起动电阻逐渐切除。图 6-30 所示为用于 10kW 以下的直流电动机起动用的起动变阻器，起动时起动手轮置于图中所示的位置，开始起动时，全部起动电阻 R_{st} 均串入电枢回路，起动电流被限制在允许的范围内，随着电动机转速的升高，将手轮逐步向右旋转，则起动电阻被逐渐切除（电阻值逐步减小），电动机转速不断升高，直到手轮右旋到底，被失压线圈的磁力吸住，此时 $R_{st} = 0$，电动机起动完毕。

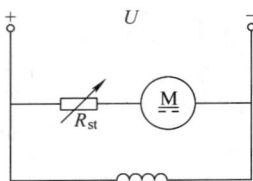

图 6-28　并励电动机串电阻
起动原理图

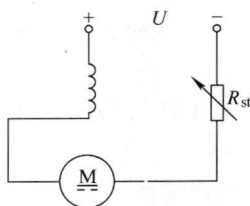

图 6-29　串励电动机串电阻
起动原理图

图 6-30　起动变阻器

例 3　对于例 2 中的那台直流电动机，若欲使 $n = 0$ 及 $n = 0.5n_N$ 时的电枢电流 $I_a = 1.5I_N$，电源电压为额定电压 $U_N = 110V$，用串联电阻办法来起动电动机，试求对应的起动电阻的阻值。

解　（1）$n = 0$ 时，$E_a = 0$　　$I_a = \dfrac{U_N}{R_a + R_{st}}$

则

$$R_{st} = \dfrac{U_N}{I_a} - R_a = \left(\dfrac{110}{1.5 \times 25} - 0.4\right)\Omega = 2.53\Omega$$

（2）$n = 0.5n_N$ 时，反电动势为额定转速时的 $1/2$，即 $E_a = 50V$，

$$I_a = \frac{U_N - E_a}{R_a + R_{st}}$$

则

$$R_{st} = \frac{U_N - E_a}{I_a} - R_a = \left(\frac{110 - 50}{1.5 \times 25} - 0.4 \right)\Omega = 1.2\Omega$$

电枢回路串联电阻的起动方法所需设备较简单，但在起动过程中起动电阻上有能量损耗；而减小电源电压起动则所需设备较复杂，价格较贵，但在起动过程中基本上不损耗能量。对于小功率直流电动机一般采用串联电阻起动；功率稍大但不需要经常起动的电动机也可用串联电阻起动，而需要经常起动的电动机，如起重机械、运输机械上的电动机则宜用减小电源电压的办法起动。

二、直流电动机的调速

许多生产机械、运输机械要求其运行速度能在一定的范围内加以调节，因此往往要求拖动其工作的电动机转速能在一定范围内进行调节，故直流电动机的调速是指用人为的办法来调节电动机的转速。由公式 $n = \frac{U - R_a I_a}{C_e \Phi}$ 可以看出，直流电动机的转速调节有以下几种方法：

1）改变电源电压 U。

2）减小主磁通 Φ。

3）改变电枢回路的电压降 $R_a I_a$，通常在电枢回路中串入调速电阻 R_{av}，则电枢回路中的电压降为 $(R_a + R_{av})I_a$。

1. 改变电源电压 U 调速

目前广泛采用晶闸管整流装置作为一个输出电压可调的直流电源，给直流电动机供电。对于并励电动机而言，可调直流电源只能加在电枢回路中，励磁回路用另外一个电压恒定的直流电源供电。这种调速方法的主要特点是：

1）调速范围宽广，可以从低速一直调到额定转速，速度变化平滑，通常称为无级调速。

2）调速过程中没有能量损耗，且调速的稳定性较好。

3）转速只能由额定转速往低调，不能超过额定转速（因端电压不能超过额定电压）。

4）所需设备较复杂，成本较高。

随着电子技术的飞速发展，这种调速方法已被越来越广泛地采用。在晶闸管变流技术采用以前，直流电动机的调压调速一般采用直流他励发电机—直流电动机机组控制调速系统，许多大型的龙门刨床、重型镗床、轧钢机中即采用此系统。它由三相异步电动机去拖动直流他励发电机，由发电机发出可调的直流电压，供电给直流电动机。由于这种调速系统所需电机数量多、效率低、噪声及干扰也较大，故已被逐步淘汰。

2. 减小主磁通 Φ 调速

当直流电动机的电源电压不变时，若使主磁通 Φ 减小，则电动机的转速就相应地升高，故通称为削弱磁场调速。对并励电动机而言，可在励磁回路中串联磁场调节电阻 R_{pf}，如图6-31a 所示；对串励电动机而言，可在励磁回路两端并联磁场分路电阻 R_{pf}（如图6-31b 所示），以减小流过励磁回路中的电流，使主磁通 Φ 降低，从而达到调速目的。这种调速方法的特点是：

1）由于调速在励磁回路中进行，功率小，故能量损耗小，控制方便。

2）转速只能从额定转速向上调，且调速范围一般来讲比较窄，只能作辅助调速之用。

3）所需设备较简单。

3 在电枢回路中串入调速电阻调速

调速方法接线与图 6-28 及图 6-29 相同，但必须注意，调速变阻器可作起动变阻器用，而起动变阻器不能用于调速，因为起动变阻器是按短时工作设计的，如将它用于调速，则很容易损坏。这种调速方法的特点是：

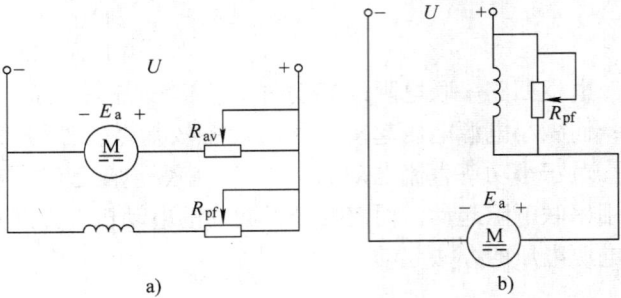

图 6-31 削弱磁场调速
a）并励电动机 b）串励电动机

1）所需设备较简单、成本较低，因此在小功率直流电动机中用得较多。在 20 世纪 70 年代前，由于晶闸管调压技术尚未大量采用，因而在某些功率稍大的直流电动机中也采用电枢回路串联电阻调速，如城市电车、矿用电力机车、蓄电池运输车等。

2）电动机转速只能调低，而且为有级调速。特性曲线较软，即负载变动时，电动机转速变化较大。

3）在调速电阻上有较大的能量损耗，即经济性能较差。

目前这种调速方法已逐步被晶闸管可调直流电源调速代替。

三、直流电动机的反转

直流电动机的旋转方向取决于磁场方向和电枢绕组中的电流方向。只要改变磁场方向或电枢绕组中的电流方向，电动机的转向也随之改变。因此改变直流电动机转向的方法有两种：一种是改变主磁场的方向，即将励磁绕组与直流电源的接线对调，称励磁绕组反接法；另一种是改变电枢绕组中的电流方向，称电枢反接法，如图 6-32 所示。必须注意的是：如果同时改变主磁场的方向和电枢绕组中的电流方向，则电动机转向不变。

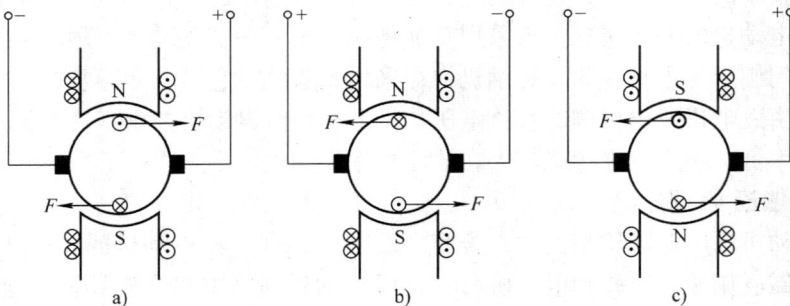

图 6-32 直流电动机的反转
a）正转 b）反转（电枢绕组反接） c）反转（励磁绕组反接）

四、直流电动机的制动

在实际应用中有时需要使机械迅速停转，有时需要限制机械的转速（如起重机械下放重物、电车、电传动机车下坡等）以免发生危险，为此就需要对电动机实施制动。所谓制动就是加上一个与电动机转向相反的转矩，用来使电动机迅速停转或限制电动机的转速。如果制动转矩是用机械制动闸的摩擦转矩来产生，则称为机械制动；如果是电动机本身产生的电磁转矩，则称为电气制动。电气制动按其产生电磁制动转矩的方法不同又可分为再生制动、电阻制动和反接制动等几种。

1. 再生制动（又称为回馈制动、发电制动）

所谓再生制动是指电机此时处于发电机状态下运行，将发出的电能反送回电网。

由式 $I_a = \dfrac{U - E_a}{R_a}$ 可以看出，当电机作电动机状态运行时，则电源电压 U 大于反电动势 E_a，即 $U > E_a$，故 I_a 与 U 同方向。如电机在运行时由于某种原因使 $E_a > U$（例如起重机下放重物，运输机械下坡等），则电枢电流 I_a 方向就改变了，即 I_a 与 U 方向相反，电机向电网输送电能，这时电机的电磁转矩 $T = C_T \Phi I_a$，也因 I_a 的反向而改变方向，即与电机转动方向相反，故起制动转矩的作用。

怎样才能使电机的反电动势 E_a 大于电源电压 U 呢？由式 $E_a = C_T \Phi n$ 可知，如果电机的磁通 Φ 不变，则只要使电机的转速 n 高于理想空载转速 n_0 即可使 $E_a > U$。因此当电传动机车、电车等下坡或起重机械下放重物时，只要当电机转速大于 n_0 时，即作发电机状态运行，产生制动转矩以限制电机转速的继续上升，并同时向电网输送电能。对于串励电动机而言，由于磁通随 I_a 的变化而变化，不能保持不变。为此串励电动机如要进行再生制动，必须先将串励电动机改为他励，由专门的低压直流电源给励磁绕组供电，以保证磁通有一定的数值（不随 I_a 而变化）。

2. 电阻制动（又称为能耗制动）

将电机的电枢绕组从电源上切除（磁极绕组仍接在电源上），电机靠惯性将继续转动，此时电机已处于发电机状态运行，但并不是将电能反送回电网，而是消耗在专用电阻 R（称为制动电阻）的发热上。如图 6-33 所示，制动时只需将开关 S 合向下方，此时励磁电流仍由直流电源供电，产生恒定的磁通 Φ，电枢靠惯性继续旋转切割磁通 Φ 而产生感应电动势 E_a 给制动电阻 R 供电，将电能消耗在电阻的发热上，而电枢电流 I_a 则与电动机运行时的方向相反，故产生的电磁转矩为制动转矩，对电机实行制动。

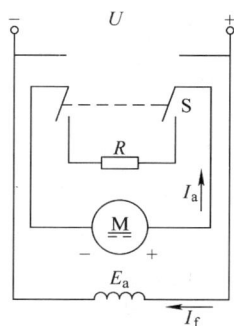

图 6-33 并励电动机的电阻制动

电阻制动与再生制动相比所需设备简单，成本低。但能量无法利用，白白地损耗在电阻的发热上。这种制动方法在运输、起重设备上应用较广。电阻制动的另一不足之处是不易对机械迅速制停，因为当电机转速越慢时，则 E_a 越小，I_a 也越小，使制动转矩（电磁转矩）相应减小。

3. 反接制动

反接制动利用改变加在电枢绕组上的电压方向（使 I_a 反向）或改变励磁电流的方向（使 Φ 反向），从而使电磁转矩 T 反向成为制动转矩。因此反接制动的原理实际上与反转原理是一样的，只是要注意以下两点：

1）电枢绕组反接时，一定要在电枢回路中串接电阻以限制电枢电流 I_a 的数值，如图 6-34 所示，否则在反接的瞬间，反电动势 E_a 数值未变，而外加电压方向相反，变为与 E_a 同方向，故在该瞬间加在电枢绕组上的电压接近两倍的外加电压，如不串接电阻，将因电枢电流过大而使电刷与换向器表面产生强烈火花而损坏。

2）当电动机转速降低至接近零时就应立即切断电源，否则电动机将反转。

图 6-34　并励电动机的反接制动

反接制动一般用于要求强烈制动或要求迅速反转的场合，通常只在小功率直流电动机上采用。

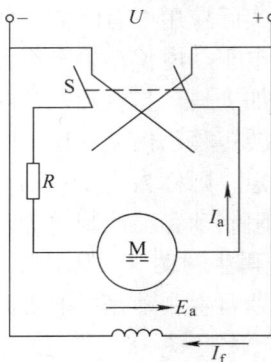

第七节　直流电动机及微型直流电动机简介

一、国产通用直流电动机简介

我国从 1953 年开始统一设计 Z 系列中小型直流电动机，并大批量生产。1960 年起在总结 Z 系列的基础上，设计了 Z2 系列直流电动机，由于当时直流电源的获得主要靠直流发电机发出平滑的直流电源，因此 Z2 系列直流电动机的设计制造也是按在这种电源下工作来进行的，用 B 级绝缘，额定电压为 110V 或 220V。但从 20 世纪 80 年代开始，晶闸管整流的直流电源（简称整流电源）大量采用，基本上取代了直流发电机。但由于整流电源中含有较大的交流成分，它将给按平滑直流电源供电设计的直流电动机的工作带来一系列的问题，主要表现在：增加了直流电动机换向的困难，使电动机损耗加大，效率降低，温升增加，噪声加大，振动加剧。另外电动机的额定电压也不再为 110V 或 220V，通常是 160～180V（由单相整流电源供电）和 400～440V（由三相整流电源供电）。

我国从 20 世纪 80 年代开始设计和生产的 Z4 系列直流电动机即按整流电源供电设计的。Z4 系列直流电动机额定电压为 160V、400V 和 440V，分别适用于单相全控桥式整流装置供电和三相全控桥式整流装置供电。整台电动机的基本冷却方式采用带鼓风机的强迫外通风，由位于电动机上部的骑式鼓风机供风，并附有空气过滤器，其外形如图 6-5b 所示。为了减少整流电源中交流成分对电动机工作的影响，除了在电动机的磁路结构部分（机座的导磁部分、主磁极铁心、换向极铁心等）采取一些特殊措施（用叠片结构）外，在整流电源的输出端往往串接滤波电感（称为平波电抗器）以减小整流电源输出的交流成分的脉动量，从而降低了直流电动机中的发热、损耗及振动等，并起到了改善直流电动机换向的作用。

目前在各类设备中使用的主要是 Z2 系列和 Z4 系列直流电动机。

二、直流电动机的应用知识

1）并励电动机的转速基本上不随电动机拖动的负载变化而变化，这一特性与三相异步电动机基本相同。但并励电动机调速比较方便，因此以前被较多地使用在需大范围内调速的生产机械中，如龙门刨床、大型机床和冶金机械等方面，但随着交流电机变频调速技术的飞速发展，并励电动机已逐步让位于三相异步电动机，工业化国家的做法是，除非有特殊情况，一般很少使用并励电动机。

2）串励电动机由于其转速与电枢电流大致成反比，当电动机转速低时，产生的转矩很大，因此特别适用于起重设备、城市电车及电传动机车。但目前也有被变频调速交流电动机取代的趋势。

3）永磁电动机由于其磁场由永久磁铁产生，从节约能源的角度看是一种极具发展前途的电机，不仅在直流电动机中采用，在小功率交流发电机中也获得广泛应用。永磁技术与超导技术、半导体技术及直线电动机一样被列入 20 世纪下半叶电工新技术的发展行列。

4）串励电动机在空载或轻载时转速很高，对电动机本身及操作人员都不安全，因此串励电动机绝对不允许空载起动，不允许采用带传动或链传动。并励电动机在运行中如果主磁通 Φ 很小，也可能造成电动机转速过高而发生意外，因此并励电动机的磁场绕组在运行中绝不允许开路。

三、微型直流电动机结构简介

微型直流电动机一般是指输出功率在零点几瓦到几百瓦，额定电压从几伏到 220V 范围内的小功率直流电动机，可分为微型电磁式直流电动机和微型永磁式直流电动机。微型电磁式直流电动机按励磁绕组接法的不同又分串励直流电动机和并励直流电动机两类，而微型永磁式直流电动机的气隙磁场由安装在机座上的永久磁钢产生。构成永久磁钢的材料有铁氧体、铝镍钴系或稀土永磁材料。国产微型电磁式直流电动机有 X 系列并（他）励微型直流电动机和 ZZD2 系列串励微型直流电动机；国产微型永磁式直流电动机主要有 ZY 系列和 M 系列。

有的微型直流电动机在功率稍大时也采用普通标准系列结构（如图 6-6 所示），较多的则采用螺旋弹簧电刷结构和弹簧片电刷结构。

1. 螺旋弹簧电刷微型直流电动机

图 6-35 所示为螺旋弹簧电刷电磁式直流电动机的结构示意图，与一般直流电动机一样，它也由定子、转子两大部分组成，主磁极可以由主磁极铁心和绕组构成，也可以用永磁材料制造。图6-36 所示为该电动机的电枢部分，与一般直流电动机结构上的主要不同之处

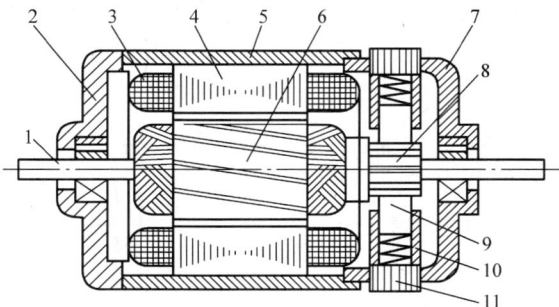

图 6-35 螺旋弹簧电刷电磁式直流电动机结构示意图
1—转轴 2—前端盖 3—励磁绕组 4—定子 5—机座
6—电枢 7—后端盖 8—换向器 9—电刷
10—刷握 11—螺钉压帽

是电刷装置。电磁式直流电动机的电刷装置固定在后端盖上，由圆柱形电刷、刷握和弹簧组成；空心圆柱形刷握被固定在后端盖上，其内放置圆柱形电刷和螺旋弹簧；螺旋弹簧一端压紧电刷，将电刷压在换向器上，另一端由带有螺纹的圆形压帽紧固在刷握装置内；旋动螺纹压帽可调节电刷压力，完全旋出螺纹压帽可检查或更换电刷。这种电刷装置结构调整电刷压力及更换电刷比较方便，如图 6-37 所示。

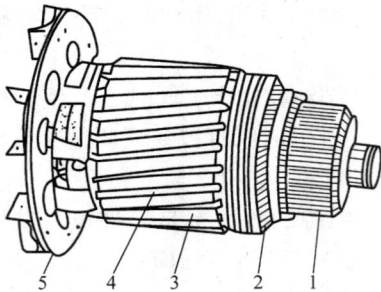

图 6-36　螺旋弹簧电刷电磁式
直流电动机的电枢部分
1—换向器　2—电枢绕组　3—电枢铁心
4—槽楔　5—风扇

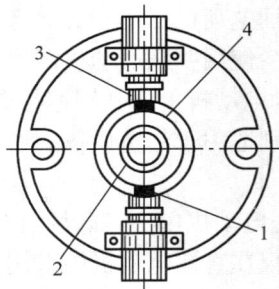

图 6-37　螺旋弹簧电刷电磁式
直流电动机的电刷装置
1—电刷　2—轴承　3—刷握
4—换向器

2. 弹簧片电刷微型直流电动机

这类微型直流电动机的功率一般都很小，因此均采用永磁式结构，通常由电池供电，电压也很低，图 6-38 所示为其结构示意图。它与一般直流电动机结构上的主要不同之处在于电枢部分。永磁式直流电动机铁心一般由冲成三翼式的硅钢片叠成，如图 6-38b 所示，铁心上绕有电枢绕组，铁心中间穿有转轴，转轴两端与轴承配合；转轴上套有换向器，换向器由三片瓦形换向片安装在塑料衬套上构成圆柱形；3 个电枢铁心槽中的绕组本身可接成星形联结或三角形联结，3 个出线端分别接在三片相互绝缘的换向片上；两片电刷片一般由磷青铜制造，平行地安装在换向器的两面，并固定在后端盖上（两片电刷片应互相绝缘，依靠电刷片的弹性和换向片保持紧密的接触）。这类微型直流电动机一般在日用电器及电动玩具中较多采用。

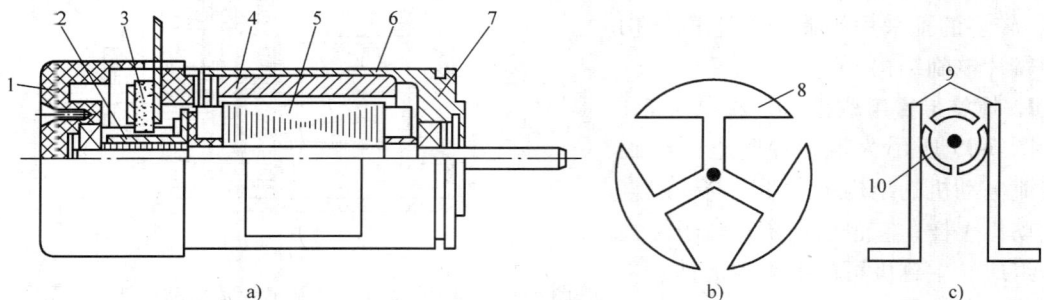

a)　　　　　　　　　　　　　　　　b)　　　　　　c)

图 6-38　永磁式直流电动机结构示意图
a）装配图　b）电枢铁心　c）换向器与电刷
1—后端盖　2、10—换向器　3、9—电刷　4—磁钢　5—电枢　6—机壳　7—前端盖　8—转子铁心

四、外转子直流电动机的结构

电动轮式电动机是一种外转子式永磁直流电机,如图6-39所示。其结构是定子铁心、定子绕组在内,转子在外,将永久磁铁固定在车轮上,与车轮一起转动。定子铁心固定在轴上,定子绕组固定在定子铁心上。取消了机械换向器和电刷,采用逆变器(将直流变成交流)进行电子换向。电机内的旋转磁场由逆变器供电产生。用传感器检测转速的同时控制电动机速度和转矩,永久磁铁多采用钐钴或钕铁硼类。

国外已开发出额定输出功率为6.8kW,最大输出25kW的电动轮式电机。近年来,中国科学院电工研究所也在从事电动轮式电机的研究工作。采用外转子结构,转子材料为钕铁硼永磁,功率为20kW,极数为24极,车胎直接与外转子相连,车轮的转速即为电动机的转速,无需传动机构,因而噪声低,效率高。

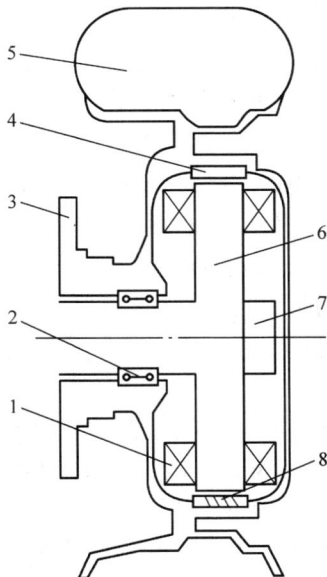

图6-39 电动轮式电动机结构示意图
1—绕组 2—轴承 3—刹车盘 4—转子磁钢
5—轮胎 6—定子铁心 7—转轴 8—气隙

技能训练8 直流电动机的应用、拆装及检修

一、训练目的
1)掌握直流电动机的基本结构。
2)学会直流电动机的拆卸及装配方法、所使用的工具、设备和工艺要求。
3)了解直流电动机的常见故障及检修方法。
4)学习直流电动机电枢绕组的基本结构、故障分析及修理方法。

二、训练器材
1)待修直流电动机,1台。
2)直流电源,6~12V,1台。
3)万用表,500型或MF30型,1只。
4)绝缘电阻表,500V,1只。
5)校验灯,交流36V,1组。
6)电动机拆卸器,1个。
7)活扳手、锤子、木锤、纯铜棒等,1套。
8)电烙铁及焊锡,1套。

9）常用电工工具，1套。

10）锯条做的拉槽工具，1套。

11）00号砂布，1张。

三、训练内容及步骤

1. 直流电动机的使用及维护

（1）使用前的检查　对久未使用的直流电动机在使用前应做如下检查：

1）用压缩空气或皮老虎吹净电动机内部的灰尘、电刷粉末等，清除污垢杂物。

2）拆除与电动机连接的一切接线，用绝缘电阻表测量绕组对机座的绝缘电阻，若小于 $0.5M\Omega$，应进行烘干处理，测量合格后再将拆除的接线恢复。

3）检查换向器表面是否光洁，如发现有机械损伤或火花灼痕应按下面将会讲述的换向器的维护、保养方法进行处理。

4）检查电刷是否磨损得很严重，刷架的压力是否适当，刷架的位置是否符合规定的标记。

5）根据电动机铭牌检查直流电动机各绕组之间的接线方式是否正确，电动机额定电压与电源电压是否相符，电动机的起动设备是否符合要求，是否完好无损。

（2）直流电动机的使用

1）直流电动机在直接起动时因起动电流很大，将对电源及电动机本身带来不良的影响，因此除功率很小的直流电动机可以用直接起动外，一般的直流电动机都要用减压的措施来限制起动电流。

2）当直流电动机采用减压起动时，要掌握电动机起动过程所需的时间，不能起动过快，也不能过慢，考核的标准是起动电流不能过大（一般在 $1 \sim 2$ 倍额定电流范围内）。

3）起动电动机时就应做好停车的准备，一旦出现意外情况应立即切除电源，并查找原因。

4）在直流电动机运行时应观察电动机转速是否正常，有无噪声、振动等现象，有无冒烟或发出焦臭味等现象，如有应停车查找原因。

5）注意观察直流电动机运行时电刷与换向器表面的火花情况。在额定负载下，一般直流电动机只允许有不超过 $1\frac{1}{2}$ 级的火花。

6）使用串励电动机时应注意不允许空载起动，不允许用带轮或链条传动；使用并励电动机时应注意励磁回路绝对不允许开路，否则都可能因电动机转速过高而带来严重的后果。

（3）直流电动机的维护

1）保持直流电动机的清洁，尽量防止灰、沙、雨水、油污、杂物等进入电动机内部。

2）直流电动机的结构及运行中的薄弱环节是电刷与换向器部分，因此必须特别注意对它们进行维护、保养。

①换向器的维护和保养。换向器表面应保持光洁，不得有机械损伤和火花灼痕。如有轻微灼痕时，可用00号砂布在低速旋转着的换向器上仔细研磨。如换向器表面出现严重的灼痕或粗糙不平，表面不圆或有局部凸凹现象时，则应拆下重新车削加工。车完后应将片间云母槽中的云母片下刻1mm左右，并清除换向器表面的金属屑及毛刺等，最后用压缩空气将

整个电枢吹干净再装配。换向器在负载下长期运行后，表面会产生一层坚硬的深褐色薄膜，这层薄膜能保护换向器不受磨损，因此要保护好这层薄膜。

②电刷的使用。电刷与换向器表面应有良好的接触，正常的电刷压力约为 0.15 ~ 0.25kg/cm²，电刷压力可用弹簧秤测量，如图 6-40 所示。电刷与刷盒的配合不宜过紧，应有少量的间隙。电刷磨损或碎裂时，应更换牌号、尺寸规格都相同的电刷。新电刷装配好后应研磨光滑，保证与换向器表面有80%左右的接触面。

2. 直流电动机的拆卸

将需要进行检修的直流电动机从设备上拆下后，再进入电动机拆卸程序，具体操作步骤如下：

1）与拆卸三相异步电动机一样，先拆带轮或联轴器。

2）在前、后端盖与机座连接处做好明显的记号，以备装配时予以复原。

3）拆下后端盖（换向器侧的端盖）的端盖螺栓、轴承盖螺栓，并取下轴承外盖。

4）松开后端盖上通风窗的螺钉，取下通风窗盖板，从刷握中扳开刷握弹簧，取出电刷。拆下刷杆上接到接线盒中的连接线。

5）拆卸后端盖。拆卸时用铁锤通过铜棒或硬胶木板条沿端盖四周边缘均匀地敲击，逐步使端盖止口脱离机座及轴承外圈，取下后端盖及固定在其上的电刷装置。若有必要可以在后端盖上取下电刷装置。

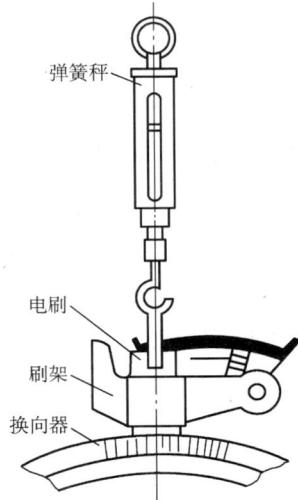

图 6-40　测量电刷的压力

6）用青壳纸等将换向器包好，并用纱线扎紧。

7）拆下前端盖的端盖螺栓，把连同前端盖和风扇在一起的电枢从定子内小心地抽出来，注意不能碰伤电枢绕组。

8）拆下前端盖上的轴承盖螺栓，取下轴承外盖。

9）轴承只在损坏需更换时拆下，一般可不拆下。按前面介绍的方法清洗轴承，加上轴承润滑脂。

3. 直流电动机的装配

1）清洁换向器表面及换向片与云母片之间凹槽内的异物。

2）清洁电枢绕组表面。

3）清洁主磁极和换向磁极表面，用布擦拭或用高压风吹去灰尘。

4）清洁电刷装置，检查电刷是否可继续使用。

5）先将前端盖一侧的轴承与轴承盖装好，将前端盖连同风扇和电枢一起放入定子内。

6）安装后端盖、轴承外盖的步骤与三相异步电动机的装配方法一样。

7）将电刷放入刷盒内，接好连接线，盖上通风窗盖板。

8）外观检查，检查各零部件安装是否合格，电动机转动是否灵活。

9）绝缘电阻测量，检查直流电动机起动与运行，检查电动机的起动电流及运行电流、电动机的转速及换向器表面的火花情况等。

4. 直流电动机的常见故障分析与检修

直流电动机的故障主要发生在电枢部分，电枢绕组常见的故障有接地、断路和短路等。

（1）电枢绕组接地　这是直流电动机绕组最常见的故障。电枢绕组接地一般常发生在槽口处和槽内底部，其判定可采用绝缘电阻表法，用绝缘电阻表测量电枢绕组对机座的绝缘电阻。如为零则说明电枢绕组接地；或者用如图 6-41a 所示的校验灯法，将 36V 低压电通过 36V 低压照明灯分别接在换向片上及转轴一端，若灯泡发亮，则说明电枢绕组接地。具体是哪个槽的绕组元件接地则可用图 6-41b 所示毫伏表法判定。将 6～12V 低压直流电源的两端分别接到相隔 $k/2$ 或 $k/4$ 的两片换向片上（k 为换向片数），然后用毫伏表的一支表笔触及电动机轴，另一支表笔触在换向片上，依次测量每片换向片与电动机轴之间的电压值。若被测换向片与电动机轴之间有电压数值（即毫伏表有读数），则说明该换向片所连接的绕组元件未接地；相反，若读数为零，则说明该换向片所连接的绕组元件接地。最后要判明到底是绕组元件接地还是与之相连接的换向片接地还应将该绕组元件的接头从换向片上焊下来，再分别测试加以确定。电枢绕组接地点找出来后，可以根据绕组元件接地的部位采取适当的修理方法。若接地点在元件引出线与换向片连接的部位，或者在电枢铁心槽的外部槽口处，则只需在接地部位导线与铁心间重新加以绝缘处理；若接地点在铁心槽内，一般需更换电枢绕组。

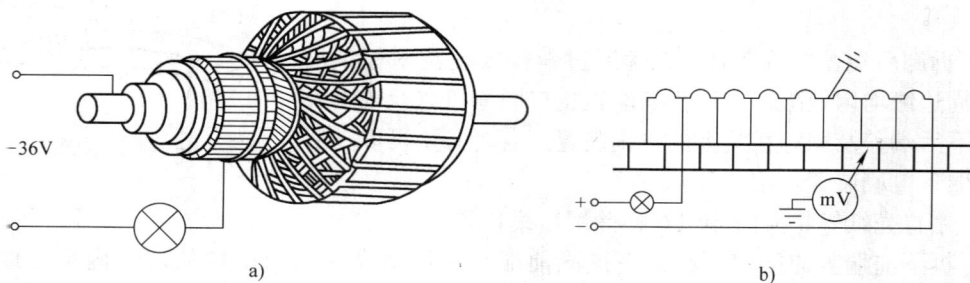

图 6-41　检查电枢绕组接地方法

a）校验灯法　b）毫伏表法

（2）电枢绕组断路　这也是直流电动机常见的故障。实践经验表明，电枢绕组断路点一般发生在绕组元件引出线与换向片的焊接处。造成的原因有两种：一是焊接质量不好；二是电动机过载，电流过大造成脱焊。直流电动机的电枢绕组是闭路绕组，如图 6-42 所示。若某元件断路，当该元件转到电刷下时电流通过电刷接通与断开，将使断路元件两侧的换向片被电弧灼黑。故根据灼黑的换向片可找出断路故障的位置。

若断路点发生在电枢铁心槽内部或者不易发现的部位，则可用如图 6-43 所示的方法来判定。将 6～12V 的直流电源串接 6～12V 的灯泡以后接到换向器上相距 $k/2$ 或 $k/4$ 的两片换向片上，用毫伏表测量各相邻两片换向片间的电压值，逐步

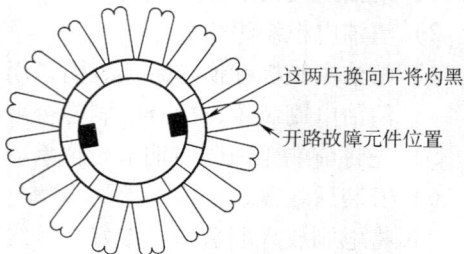

图 6-42　电枢绕组开路故障的检查

依次测量。有断路的绕组所接的两片换向片（如图6-43中的4、5两片换向片）被毫伏表跨接时，有读数指示，且指针会剧烈跳动。若毫伏表跨接在完好的绕组所接的换向片上，将无读数指示。电枢绕组断路点若发生在绕组元件与换向片的焊接处，只要重新焊接好即可。断路点只要不在槽内部分，则可以焊接短线再进行绝缘处理。如果断路点发生在铁心槽内，且断路点只有一处，则可将该绕组元件所连的两片换向片短接，也可继续使用；若断路点较多，则需更换电枢绕组。

（3）电枢绕组短路　若电枢绕组短路严重，会使电动机烧坏。若只有个别线圈短路，电动机仍能运转，只是使换向器表面火花变大，电枢绕组发热严重，若不及时发现并加以排除，则最终也将导致电动机烧毁。因此，当电枢绕组出现短路故障时，就必须及时予以排除。电枢绕组短路故障的原因主要为同槽绕组元件的匝间短路及上、下层绕组元件之间的短路，查找短路的常用方法有：

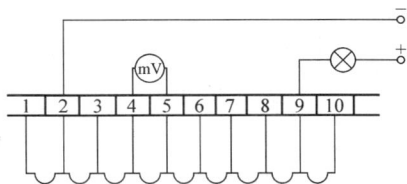

图6-43　检查电枢绕组断路

①短路测试器法。与前面查找三相异步电动机定子绕组匝间短路的方法一样，将短路测试器接通交流电源后置于电枢铁心的某一槽上，将断锯条在其他各槽口上面平行移动，当出现较大幅度的振动时，则该槽内的绕组元件有短路故障。

②毫伏表法。如图6-44所示，将6.0V交流电压（用直流电压也可以）串接电阻器R后，加在相隔$k/2$或$k/4$的两片换向片上，用毫伏表的两支表笔依次触到换向器的相邻两片换向片上，检测换向片间电压。如发现毫伏表的读数突然变小，例如图6-44中4与5两片换向片间的测试电压值读数变小，则说明与该两片换向片相连的电枢绕组元件之间存在匝间短路。若在检测过程中各换向片间的电压均相等，则说明该绕组没有短路故障。

电枢绕组短路故障可按不同情况分别加以处理，若绕组只有个别地方短路，且短路点较为明显，则可将短路导线拆开后在其间垫入绝缘材料并涂绝缘漆再烘干即可使用。若短路故障较严重，则需局部或全部更换电枢绕组。

5. 直流电动机换向器与电刷的检修

（1）片间短路　按图6-44所示方法进行检测，如判定为换向片间短路，可先仔细观察短路的换向片表面状况。换向片间短路一般均是由槽口的电刷炭粉或火花烧灼所致，可用如图6-45所示的拉槽工具刮去造成片间短路的金属屑末及电刷粉末。若用上述方法不能消除片间短路，即可确定短路发生在换向器内部，一般需要更换换向器。

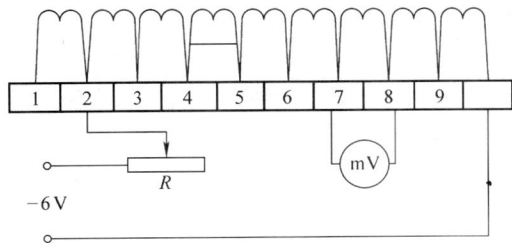

图6-44　用毫伏表检查电枢绕组短路

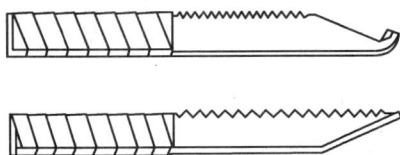

图6-45　拉槽工具

（2）换向器接地　接地故障一般发生在前端的云母环上。该环有一部分露在外面，由于灰尘、油污和其他杂物的堆积，很容易造成接地故障。发生接地故障时，这部分云母大多已经烧损，寻找起来比较容易。修理时，一般只要把击穿烧坏处的污物清除干净，用虫胶漆和云母材料填补烧坏之处，再用可塑云母板覆盖 1～2 层即可。

（3）云母片凸出　由于换向器上换向片的磨损比云母片快，因此直流电动机使用较长时间后，有可能出现云母片凸起。修理时，可用拉槽工具把凸出的云母片刮削到比换向片约低 1mm 即可。

（4）电刷的研磨　电刷与换向器表面接触面积的大小将直接影响电动机的火花等级，对新更换的电刷必须进行研磨，以保证其接触面积在 80% 以上。研磨电刷接触面时一般使用 00 号砂布，砂布的宽度等于换向器的长度。砂布应能将整个换向器周围包住，再用橡皮胶布或胶带将砂布固定在换向器上。如图 6-46 所示，将待研磨的电刷放入刷握内，然后按电动机旋转的方向转动电枢，即可进行研磨。

6. 直流电动机的常见故障及检修实训操作

1）人为设定或利用故障直流电动机判定并修理电枢绕组的接地故障、断路故障或短路故障，可任选一种或两种。

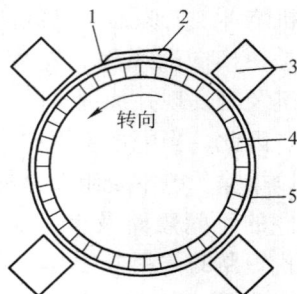

图 6-46　电刷的研磨
1—砂布末端　2—胶带　3—电刷
4—换向器　5—砂布

2）人为设定或利用故障直流电动机对换向器的故障进行检查及修理。

3）直流电动机电刷的更换，更换同牌号的电刷，并在换向器上进行电刷的研磨。

四、注意事项

1）能不拆下电刷架时尽量不要拆下电刷架。

2）抽出电枢时要仔细，不要碰伤换向器及绕组。

3）取出的电枢必须用纸或布包好放在木架上，避免污染、损坏换向器表面。

4）装配时，拧紧端盖螺栓，必须按对角线上、下、左、右逐步拧紧，边紧边转动电枢，以保证转动灵活。

5）对于功率稍大的直流电动机必须用降压起动或串电阻起动，以限制起动电流。

技能训练9　并励直流电动机的起动、调速和反转

一、训练目的

1）学习并初步掌握并励直流电动机的起动及调速方法和起动或调速变阻器的用法。

2）了解并励直流电动机降压起动的方法及调速方法。

3）熟悉改变并励直流电动机转向的方法。

二、训练器材

1）并励（他励）直流电动机，Z2—21 型，110V，5.51A，1000r/min，1 台。

2）起动变阻器（与被测电动机配套），1 台。

3）转速表，0～1800r/min，1块。

4）直流电压表，0～250V，1块。

5）磁场变阻器，1个。

6）直流电流表，10A，1块。

7）开启式负荷开关，15A，1个。

8）电工工具，1套。

三、训练内容及步骤

1. 直流电源电压 U_N 是恒压电源

如果给直流电动机供电的直流电源电压 U_N 本身是恒定不变的（例如供给城市轨道交通电力牵引、矿山电力牵引、城市无轨电车、蓄电池铲车、搬运车等的直流电源），此时要改变加在电枢绕组上电压 U 的方法目前常用的有两种：一种是在电枢绕组回路中串联电阻 R_{st} 起动（或调速），如图 6-47 所示。此时 $U = U_N - R_{st}I_{st}$，串入的电阻 R_{st} 越大，加在电动机电枢上的电压 U 就越低，改变 R_{st} 的大小，即改变了电压 U，称串电阻起动（或调速）。另一种是利用直流斩波电路调压，其原理是利用串联在电动机电路中的晶闸管不断地导通和关断，使直流电源电压 U_N 变为加在电动机电枢绕组上的脉冲电压，如图 6-48 所示。此脉冲电压的平均值即为斩波器的输出电压 U_o。

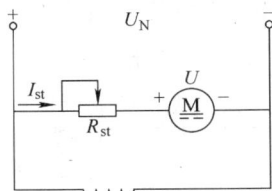

图 6-47　并励电动机
　　　　　起动原理图

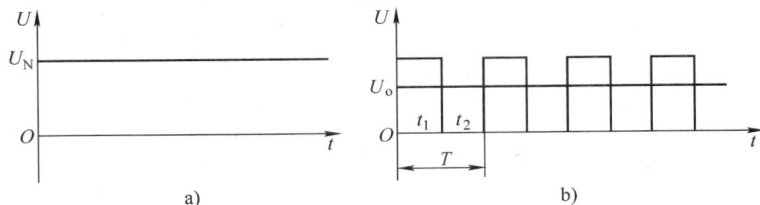

图 6-48　斩波电路工作原理
a）直流电源的电压　b）波形图

$$U_o = \frac{t_1}{T} U_N$$

式中　　　t_1——晶闸管导通的时间；

$T = t_1 + t_2$——周期，其中 t_2 为晶闸管关断的时间。

本技能训练将用起动变阻器对并励直流电动机进行起动或调速。起动和调速的原理电路如图 6-28 所示。二者调节的本质也一样，唯一的区别是起动是一个比较短暂的过程，而调速则可以是一个相对稳定的过程，即电动机可以在某一转速下连续稳定运行。因此，调速变阻器的容量相应地比起动变阻器的容量大。电动机起动变阻器又分为三点式起动变阻器及四点式起动变阻器两种，图 6-49 所示为四点式起动变阻器与电动机的接线图，而变阻器的外形如图 6-50 所示。这是使用十分广泛的一种起动变阻器。

（1）并励电动机电枢回路中串联电阻起动

1）按图 6-49 所示进行接线。

2）将起动器手柄置于零位，合上电源开关 QS，首先将励磁回路串联的电阻器 R_{pf} 短接，以保证起动时主磁场最强。

3）当起动器手柄接触可变电阻器 R_{st} 的 1 位时，在电枢绕组回路 A1 和 L1 两点间串入的 R_{st} 值最大，电动机开始起动；转动手柄至 2、3、4、5 位时，R_{st} 的阻值逐渐减小；当电阻全部切除时，手柄被电磁铁 YA 吸住不动，电动机正常运转。

4）从电动机轴伸出端观察电动机旋转方向为＿＿＿＿＿＿＿＿。用转速表测量电动机转速为＿＿＿＿ r/min，电源电压为＿＿＿＿ V。

5）停机时，断开电源开关 QS，起动器手柄被弹簧拉回初始位置，为下次起动做好准备。

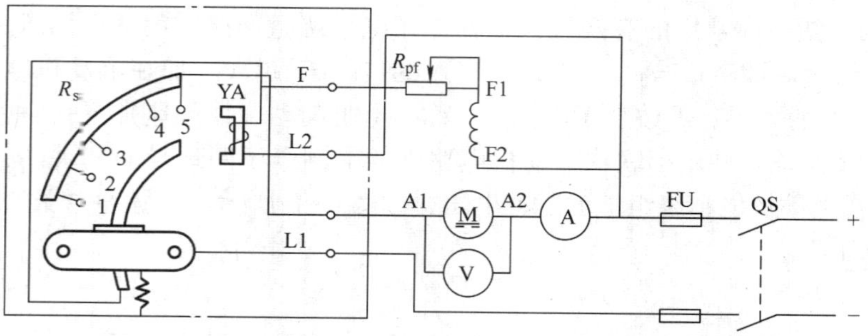

图 6-49 四点起动器接入并励电动机电路接线

图 6-50 起动变阻器外形

（2）并励电动机的调速

1）电枢回路串联电阻调速：

①起动并励电动机，电枢回路所串的电阻为零时，调节磁场电阻器 R_{pf} 使电动机转速 $n = n_N$。

②调节起动器手柄，逐步增加电枢回路 R_{st} 的数值，使转速 n 下降，分别测量几组转速、电枢电压 U_a 和电枢电流 I_a 的数值并记录于表 6-1 中。

表 6-1 改变电枢回路电阻调速

序号	1	2	3	4	5	6	7	8
电压 U_a/V								
电流 I_a/A								
转速 n/(r/min)								

③根据所得的数据在图 6-51 中画出并励电动机转速特性曲线。

④将起动器手柄仍然转到最后位，使电枢回路所串电阻为零，并保持电动机转速 $n = n_N$，再进行以下操作。

2）改变主磁通调速：

①核对电动机转速是否为额定转速。

②缓慢增加励磁回路电阻 R_{pf}，观察并测量电动机的转速，此时电动机转速应逐步升高至 $n=1.2n_N$ 时为止。记录此时的电动机转速为_____ r/min。

2. 整流电路供电电源

（1）不可控整流电路　利用晶体二极管的单向导电性输出一个大小不变的脉动直流电压，单相整流电路接到电压为 220V 的正弦工频交流电源上，输出直流电压一般为 160V，三相整流电路输入 380V 交流电压时，输出直流电压大小一般为 400V。Z4 系列直流电动机的额定电压即与此对应。此时直流电动机的起动和调速可采用在整流电路输入端用自耦调压器调压或用电枢回路中串联电阻调压。

图 6-51　并励电动机转速特性

（2）可控整流电路　用晶闸管整流装置作为一个输出电压可调的直流电源，利用控制晶闸管的导通角即可改变加在直流电动机上的电压，对直流电动机进行起动和调速控制。目前晶闸管整流可调电压电源已获得广泛采用。

（3）并励电动机的反转

1）切断电源，在励磁绕组接法不变的情况下，将电枢绕组两端反接，然后重新起动电动机，从轴伸端观察电动机的旋转方向，并记录于表 6-2 的项目 1 中。

2）切断电源，在电枢绕组接法不变的情况下，将励磁绕组两端反接，然后重新起动电动机，从轴伸端观察电动机的旋转方向，并记录于表 6-2 的项目 2 中。

表 6-2　并励电动机的反转

项目	接　法	转向（顺时针或逆时针）
1	电枢绕组反接	
2	励磁绕组反接	
3	改变电源极性	

3）切断电源，将电枢绕组和励磁绕组同时反接（即改变电源极性），然后重新起动电动机，从轴伸端观察电动机的旋转方向，并记录于表 6-2 的项目 3 中。

四、注意事项

1）并励电动机的转速与主磁通成反比，因此需要特别注意磁场绕组必须可靠地并接在电源两端，所串的磁场调节电阻阻值应最小（为零）。

2）进行并励电动机调速训练时，动作应尽量快，不要较长时间地使起动变阻器串联在电枢回路中，以减小发热损耗，并保证设备安全。

3）通过改变主磁通进行调速时，要缓慢增加磁场绕组回路中串联的电阻值，以免使磁通减小太多，造成电动机转速过高而损坏。

4）训练时应注意观察电动机的转速，发现异常立即切断电源。

5）注意人身及设备的安全。

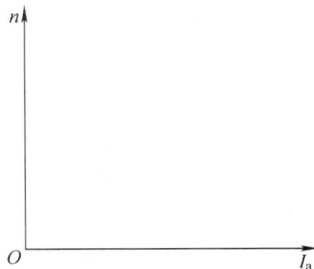

本 章 小 结

1）直流电动机是将电能变换为机械能的一种旋转机械，其主要优点是具有良好的起动性能和调速性能，缺点是制造工艺复杂，运行可靠性差，维护也较困难。

2）直流电动机的工作原理是：载流导体在磁场中受到作用力。直流电动机的电枢电动势 E_a 与电枢电流 I_a 方向相反，故称 E_a 为反电动势，而且 $E_a < U$，这是判别电动机是否处于电动状态的依据。电动机的基本方程式是：$E_a = C_e \Phi n$、$T = C_T \Phi I_a$、$U = E_a + R_a I_a$ 及 $P_2 = P_1 - \Sigma P$，它们是研究电动机的特性的基础。

3）直流电动机由静止的磁极和旋转的电枢两部分组成，两者之间有空气隙，使电动机中的磁与电有相对运动，进行机电能量的互换。

4）电枢绕组是直流电动机的心脏，能量转换就是在这里进行。电枢绕组的两种基本形式为单叠绕组和单波绕组。

5）电枢绕组由两端接到两个换向片的若干元件构成，为使空载时正、负电刷之间电动势最大，电刷应放在主磁极中心线下的换向片上。

6）直流电动机的机械特性 $n = f(T)$，表示电动机的输出转矩和转速之间的关系。并励（他励）电动机的机械特性为硬特性，即电动机的转速随转矩的增加稍有下降。串励电动机的机械特性为软特性，即电动机的转速随转矩增加迅速下降。

7）直流电动机一般不允许直接起动，必须减小电源电压或在电枢回路串联电阻 R_{st} 起动。

8）欲使直流电动机反转，可改变磁通方向或改变电枢电流的方向，二者中，仅改变其一即可。并励电动机通常是改变电枢电流方向使电动机反转。

9）直流电动机的调速有3种方法：改变电源电压 U 调速、减小主磁通 Φ 调速、在电枢回路中串联电阻调速。调速性能好，目前广泛采用的是改变电源电压 U 调速。

10）直流电动机的电气制动按其产生电磁制动转矩的方法不同可分为再生制动、电阻制动和反接制动等几种。它们各在不同的场合下采用。

复习思考题

1. 什么叫直流电动机？试说明直流电动机（与交流电动机相比）的优缺点及使用场合。
2. 简述直流电动机的工作原理。
3. 直流电动机主要由哪几部分组成？各组成部分的作用是什么？
4. 小型异步电动机的机座可以用铸铝或硬塑料制造，试问直流电动机的机座是否也可以用上述材料制造？为什么？
5. 直流电动机按其励磁方式的不同可分哪几类？目前使用较多的是哪几类？
6. 直流电动机通入的是直流电，为什么电枢铁心却用硅钢片叠成？
7. 计算单叠绕组 $2p = 4$，$S = K = 18$ 的节距 y_1、y_2 和 y，绘出绕组展开图。
8. 直流电动机按其励磁方式的不同可分哪几类？目前使用较多的是哪几类？
9. 什么叫永磁直流电动机？其主要优点是什么？
10. 电机产生的电磁转矩 $T = C_T \Phi I_a$ 对于直流发电机和直流电动机来说，所起的作用有什么不同？
11. 电机产生的电动势 $E_a = C_e \Phi n$ 对于直流发电机和直流电动机来说，所起的作用有什么不同?

12. 直流电动机和直流发电机的电动势平衡方程式有什么区别? 造成这种差别的根本原因是什么?

13. 说明直流电动机输入功率 P_1、电磁功率 P、输出功率 P_2 的含义。这三个物理量之间有什么关系?

14. 并励电动机额定数据为 $P_{2N} = P_2 = 10\text{kW}$, $U_N = 110\text{V}$, $n_N = 1100\text{r/min}$, $\eta = 0.909$, 电枢绕组电阻 $R_a = 0.02\Omega$, 励磁回路电阻 $R_f = 55\Omega$, 求:(1)额定电流 I_N、电枢电流 I_a、励磁电流 I_f;(2)铜损耗 ΔP_{Cu} 及空载损耗;(3)额定转矩 T_N;(4)反电动势 E_a。

15. 什么叫直流电动机的机械特性?

16. 并励直流电动机和串励直流电动机的机械特性有什么主要的区别? 根据它们的机械特性曲线说明它们的主要用途。

17. 一台并励直流电动机, $P_2 = 12\text{kW}$, $U_N = 220\text{V}$, $I_N = 64\text{A}$, $n_N = 685\text{r/min}$, $R_a = 0.296\Omega$, 若采用全压起动, 试问起动电流为额定电流的多少倍? 如需限制起动电流为额定电流的 2.5 倍, 问应在电枢回路中串联多大的起动电阻?

18. 上题中, 电动机在额定状态下运转时, 求输入的电功率 P_1、效率 η、额定转矩 T_N。

19. 直流电动机的降压起动有哪几种? 比较各种降压起动的优缺点及使用范围。

20. 什么叫直流电动机的调速? 调速与起动有什么本质上的区别?

21. 直流电动机的调速方法有哪几种? 分别比较其优缺点。

22. 说明并励电动机和串励电动机的主要区别(从结构、工作原理、主要性能及使用场合方面展开)。

23. 如何改变并励电动机及串励电动机的旋转方向?

24. 什么叫直流电动机的制动? 比较各种制动的优缺点。

25. 用整流电源供给直流电动机带来哪些不良的影响? 如何减小或消除?

26. 简单说明微型直流电动机的结构特点及应用。

27. 为什么在使用中串励电动机决不允许空载起动? 而并励电动机在使用中决不允许励磁绕组开路? 如出现上述情况, 将产生什么后果?

第七章 同 步 电 机

同步电动机也是一种交流电动机，与三相异步电动机对应，三相同步电动机的转速与定子旋转磁场的转速保持同步，所以称为同步电机。

同步电机分为同步发电机和同步电动机，我国电力系统都采用同步发电机发电，向外输出电能。与异步电机不同，同步电机有可逆性，即接通三相电源同步电机便成为电动机，这时是电动机运行状态；若通过原动机（水轮机，汽轮机）拖动转子，同步电机可发出三相交流电，这时是发电机运行状态。

第一节 同步电机的工作原理、用途及分类

一、同步电机的工作原理

1. 同步电动机

三相同步电动机的定子和三相异步电动机的定子结构是相同的，在定子铁心中装有三相对称交流绕组。转子也称为磁极，有凸极和隐极两种结构形式，隐极式用于高速（$n >$ 1500r/min），而凸极用于低速。同步电动机通常做成凸极式，在转子铁心中绕有励磁绕组，通过电刷和集电环引入直流电，凸极式同步电动机的工作原理如图7-1所示。

在同步电动机定子三相绕组内通入对称三相交流电时，对称的三相绕组中就产生一个旋转磁场，当转子的励磁绕组已加上励磁电流时，则转子就好像一个"磁铁"，于是旋转磁场就带动这个"磁铁"并按旋转磁场转速旋转，这时转子转速 n 等于旋转磁场的同步转速 n_1，即

$$n = n_1 = \frac{60f}{p} \qquad (7-1)$$

这就是同步电动机的工作原理。

由于同步电动机转子的转矩是旋转磁场与转子磁场不同极性间的吸引力所产生的，所以转子的转速始终等于旋转磁场转速，不因负载改变而改变。

图 7-1 同步电动机的工作原理

2. 同步发电机

同步电机是可逆的，当用原动机拖动已经励磁的转子旋转时，转子的磁场切割定子三相绕组，即产生三相电动势，这就是同步发电机。

三相同步发电机的工作原理如图7-2所示。当励磁绕组通有直流电时，磁极产生的磁通在空气隙中沿电枢表面呈正弦波分布。当转子被原动机拖动时，该磁场即在空间旋转，于是在定子绕组中便感应出三相正弦对称电动势，每相绕组电动势的有效值 E 为

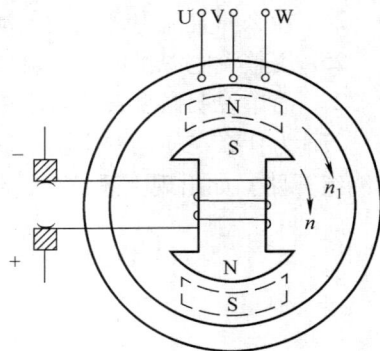

$$E = 4.44kfN\Phi \qquad (7-2)$$

式中　k——同步发电机定子绕组的绕组系数；

　　　f——交流电的频率；

　　　N——每相绕组的串联匝数；

　　　Φ——每个磁极下的磁通。

交流电的频率与转子的转速和磁极的对数有关，即

$$f = \frac{pn}{60} \qquad (7-3)$$

这样，为了得到 $f = 50\mathrm{Hz}$ 的工业频率，当汽轮发电机的转速为 $3000\mathrm{r/min}$ 时，它的磁极必须为两个；当水轮发电机的转速为 $62.5\mathrm{r/min}$ 时，它的磁极必须有 96 个。

二、同步电机的用途

随着生产的发展，一些生产机械要求功率越来越大，如矿山、矿井的送风机、水泵、煤粉燃料炉用的球磨机，以及大型的空气压缩机，其功率达数百千瓦甚至数兆瓦，同时又没有调速要求，采用同步电动机是最恰当的。因同步电动机的功率因数可以调节，在运行中可以改善电网功率因数。同时，它还具有效率高、过载能力大及运行稳定的优点。

此外，同步电机还可以作同步补偿机运行，即电机转轴不带任何机械负载，只从电网吸收电容性无功功率。因电网均是电感性负载，接入同步补偿机，可以提高电网的功率因数，增加发电厂发电机的出力。

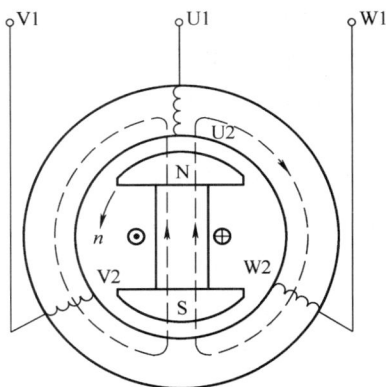

图 7-2　同步发电机的工作原理

三、同步电机的分类

按结构分，同步电机有隐极和凸极两种，同步电动机大多制成凸极式；按作用分，同步电机可作为发电机、电动机、补偿机。

同步电动机也有三相和单相之分，单相同步电动机定子结构与单相异步电动机相同，但转子不是笼型，而是用永久磁铁作磁极或用直流电励磁。微型同步电机的转子，也可制成反应式或磁滞式。

直流电可以通过蓄电池储存电能，但交流电目前还不能储存，交流电网每瞬时的用电量与发电量必须相等。用电量每时每刻都在变，发电量随即作相应的调节。抽水蓄能电站是这种调节的最新应用。抽水蓄能电站建有上水库和下水库。电网发电量大于用电量时，电站的同步电机作电动机用，带动水泵将下水库的水抽到上水库储存。电网缺电时，同步电机作发电机用，水泵作水轮机用，将水能变作电能送入电网，抽水蓄能电站其实起到储存交流电的作用。电站大型的同步电机既可作电动机也可作发电机，我国已在不少城市建有抽水蓄能电站。

第二节 同步电机的基本结构

司步电动机的结构与异步电动机相似，主要由定子和转子两部分组成，如图7-3所示。在定子与转子之间存在气隙，但气隙要比异步电动机宽。

一、定子

定子由定子铁心、定子绕组、孔座、端盖、挡风装置等部件组成。铁心由0.5mm厚彼此绝缘的硅钢片叠成，整个铁心固定在机座内，铁心的内圆槽内放置三相对称的绕组，即电枢绕组。

对于大型的同步电动机，如蓄能电站的同步电动机，由于定

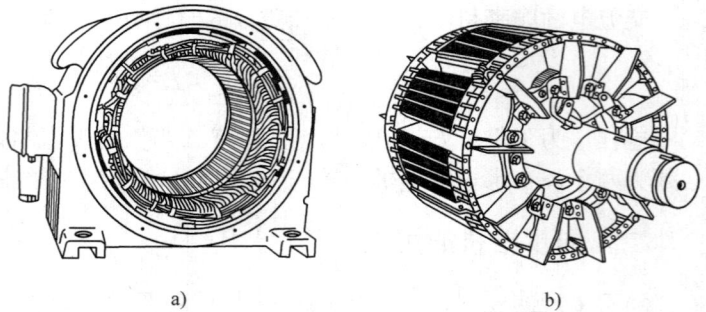

图7-3 同步电动机的定子与转子
a）定子 b）转子

子直径太大，运输不方便，通常分成几瓣制造，再运到电站拼装成一个整体。

二、转子

转子有隐极和凸极两种，图7-3b所示为励磁式同步电动机凸极转子的外形。

凸极式同步电动机的转子主要由磁极、励磁绕组和转轴组成，磁极由1~1.5mm厚的钢板冲成磁极冲片，用铆钉装成一体，磁极上套装有励磁绕组，励磁绕组多数由扁铜线绕成，各励磁绕组串联后将首末引线接到集电环上，通过电刷装置与励磁电源相接。为了使同步电动机具有起动能力，在磁极上还装有起动绕组（或称阻尼绕组），起动绕组是插入极靴阻尼槽内的裸铜条并和端部环焊接而成，如图7-4所示。凸极式磁极铁心的T尾套在转子轴的T形槽上固定。

凸极式同步电动机分为卧式和立式结构，低速大功率的同步电动机多数采用立式，如大容量的蓄能电站用的同步电动机，大型水泵用的同步电动机。此外，绝大多数的凸极同步电动机都采用卧式结构。

凸极式同步电动机的定子和转子之间存在气隙，气隙是不均匀的，极弧底下气隙较小，极间部分气隙较大，使气隙中的磁感应沿定子圆周按正弦分布，转子（磁极）转动时，在定子绕组中便可获得正弦电动势。

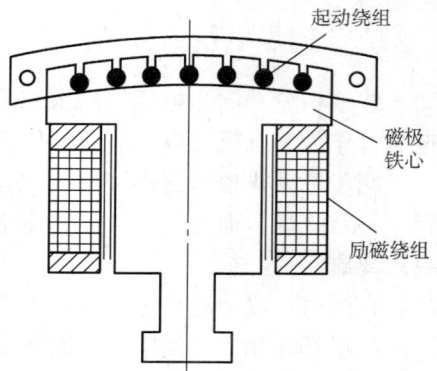

图7-4 转子磁极结构

隐极式电动机转子做成圆柱形，气隙是均匀的，它没有显露出来的磁极，但在转子本体圆周上，几乎有1/3是没有槽的，构成所谓"大齿"，励磁磁通主要由此通过，相当于磁

极，其余部分是"小齿"，在小齿之间的槽里放置励磁绕组。如图 7-5 所示，目前，汽轮发电机大都采用这种结构形式。

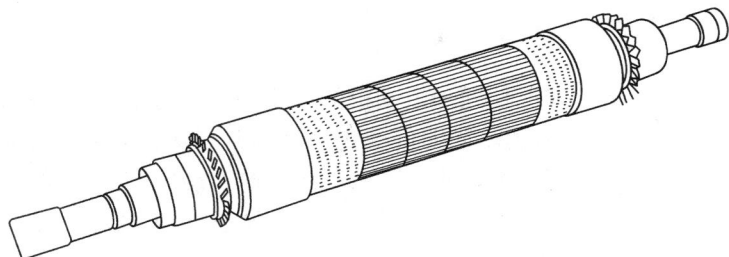

图 7-5　同步电机隐极式转子

三、国产同步电机系列简介

国产同步电动机型号，如 TD 118/41—6 的含义为

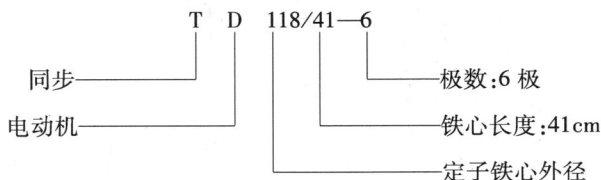

T　D　118/41—6

同步————————————————极数:6 极

电动机———————————————铁心长度:41cm

定子铁心外径

常用同步电动机型号有：TD 系列是一般用途防护式，可用于拖动通风机、水泵、电动发电机组等；TDK 系列为开启式，可用于拖动空压机、磨煤机等；TDZ 系列为管道通风，卧式结构，轧钢用；TDG 系列为隐极式结构高速同步电动机；TDL 系列是立式、开启式自冷同步电动机，用于拖动立式轴流泵或离心式水泵。

同步电动机的额定数据有：

（1）额定容量 P_N　指轴上输出的机械功率，单位为 kW。

（2）额定电压 U_N　指加到定子绕组上的线电压，单位为 V 或 kV。

（3）额定电流 I_N　指电动机额定状态运行时，流过定子绕组的线电流，单位为 A。

（4）额定转速 n_N　单位为 r/min。

（5）额定频率 f_N　我国标准工频为 50Hz。

（6）额定效率 η_N　是指额定负载时的效率。

（7）额定功率因数 $\cos\varphi_N$。

（8）额定励磁电压 U_{fN}　是指额定负载时励磁绕组所需施加的电压。

（9）额定励磁电流 I_{fN}。

（10）额定温升　是指电动机允许的最高温度与环境温度之差。我国的环境温度为 40℃。

第三节　同步电动机的旋转原理和起动方法

一、同步电动机的旋转原理

由前面的内容可以知道，向三相同步电动机的三相定子绕组中通入三相交流电流后，即产生以同步速度 n_1 旋转的旋转磁场。同时转子的励磁绕组接入直流电源后，就有直流电流流过，并产生大小和极性都不变的恒定磁场，极对数和电枢旋转磁场一样。根据同性磁极互相排斥，而异性磁极互相吸引的原理，当转子磁极的 S 极与电枢旋转磁场的 N 极对齐时（或转子的 N 极与旋转磁场的 S 极对齐），转子磁极将被电枢旋转磁场吸引而产生电磁吸引力，并进而产生电磁转矩，拖动转子跟着旋转磁场转动。因而转子的转速 n 的大小及方向和电枢旋转磁场同步转速 n_1 的大小及方向相同，两者相对定子"同步"旋转，故称为同步电动机。

可以证明，同步电动机的电磁转矩的大小与电枢磁场磁极轴线和转子磁极轴线的夹角 θ 有关，如果外加电压和电动机的励磁电流不变，则在一定的范围内（θ < 90°），θ 角越大，电磁转矩越大；θ 角越小，电磁转矩越小。图 7-6a 所示为电动机理想空载时的情况，这时转子磁极轴线和电枢磁场轴线重合，θ =0，电机产生的电磁转矩为零；实际空载时，电动机有一定的空载阻力矩，故电动机要产生一定的电磁转矩来克服空载阻力矩，以维持电动机的转速不变。这时 θ > 0，但其值很小，如图 7-6b 所示；若电动机轴上的负载增加，则 θ 角随之增加，电动机的电磁转矩也

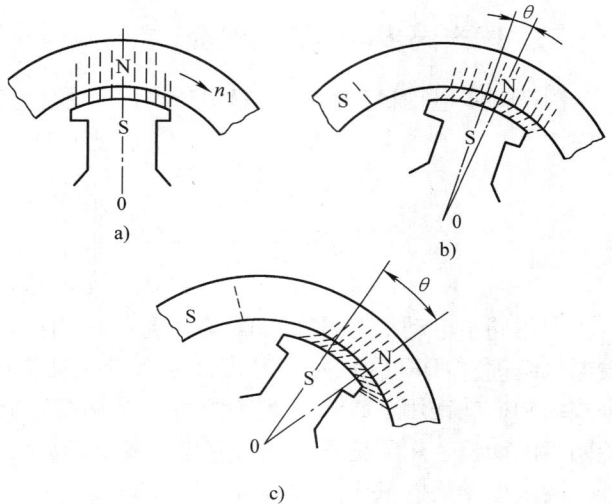

图 7-6　同步电动机工作原理示意图
a）理想空载时　b）实际空载时　c）负载时

随之增加，如图 7-6c 所示；但若电动机轴上的负载转矩太大，则电动机产生的电磁转矩将不足以克服负载转矩，同步电动机将停止旋转，这种现象称为同步电动机的"失步"现象。同步电动机产生失步现象时，通过定子绕组的电流将很大，这时应尽快切断电源，以免电动机因过热而损坏。

二、同步电动机的起动方法

当同步电动机的定子绕组接通三相电源时，旋转磁场以转速 $n_1 = 60f_1/p$ 对转子磁场作相对运动，这时转子虽然已被励磁，但转子还是不能转动起来。

图 7-7 所示为用一对磁极 N、S 代替定子的旋转磁场，转子的磁极用凸极表示。起动瞬间，转子是静止不动的，旋转磁场以同步转速 n_1 旋转，从图 7-7a 可以看到，当旋转磁场的

N 极经过转子磁场的 S 极时，理应吸引转子一起按顺时针方向旋转。但由于转子本身的惯性，而且旋转磁场旋转速度又快，转子还未开始转动，旋转磁场的 S 极已经转过来了。如图 7-7b 所示，转子 S 极受到旋转磁场 S 极的推拆力，这推斥力又能使转子按反时针方向转。这样一来，旋转磁场旋转一周，转子受到的平均转矩为零，即同步电动机不能自行起动。同步电动机的起动方法有：

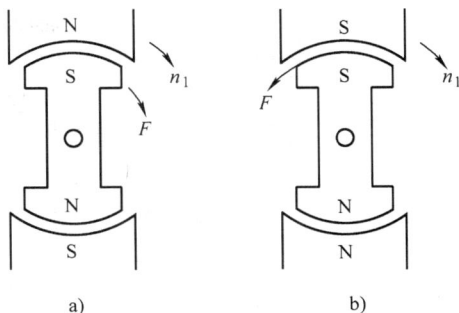

图 7-7 同步电动机不能
自动起原理图
a) 产生引力时的状态 b) 产生斥力时的状态

1. 异步起动法

现代同步电动机通常采用异步起动法，这种起动方法是在凸极式同步电动机的转子上，装有与笼型异步电动机转子相似的起动绕组来实现，如图 7-8 所示，当转速达到同步转速的 95% 左右时，再接入励磁电流，转子磁场和定子磁场之间由于吸引力而把转子拉住，使之跟着旋转磁场以同步转速旋转，即谓之牵入同步。

2. 辅助电动机起动法

没有起动绕组的同步电动机，通常用辅助起动法。此法选用与同步电动机极数相同，功率为同步电动机功率 5%～15% 的异步电动机为辅助电动机，先用辅助电动机将同步电动机拖到接近同步转速，然后用自整步法将其投入电网，再切断辅助电动机电源。

这种方法的缺点是不能带负荷起动，否则辅助电动机的功率太大增加整个机组设备投资。

同步电动机起动时，励磁绕组若开路，因为励磁绕组匝数很多，定子磁场将在励磁绕组中产生很高电压，导致励磁回路的绝缘破坏。因而通常在起动时，用阻值为励磁绕组本身电阻阻值 10 倍左右的附加电阻 R_f 将励磁绕组短接，如图 7-9 所示。

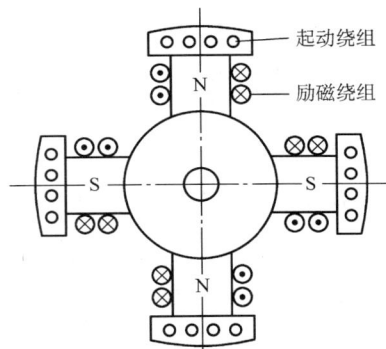

图 7-8 同步电动机的起动绕组

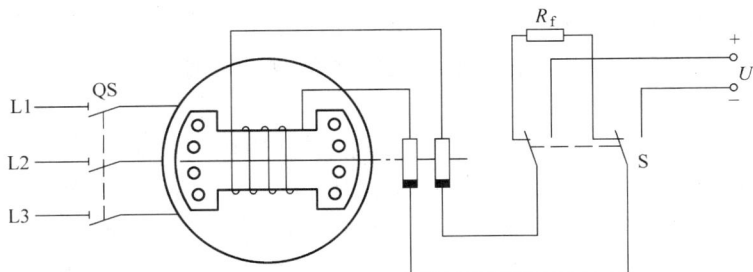

图 7-9 同步电动机的起动

当用异步起动法或辅助电动机起动法时，先将开关 S 合在图 7-9 中的左侧，这时励磁绕组经过 R_f 短接，然后合上三相交流电源开关 QS，同步电动机起动，待转速接近同步转速时，将开关 S 投向右侧，给电动机转子加入直流励磁，将电动机牵入同步。

3. 变频起动法

这种方法就是改变交流电源的频率，即改变定子旋转磁场转速，利用同步转矩来起动转子，为此在开始起动时，先把电源的频率调得很低，然后逐渐增加电源频率，直到额定频率为止，在这个过程中，转子的转速将随着定子旋转磁场的转速同步上升，直至额定转速。

第四节 同步电动机功率因数的调整

与异步电动机相似，同步电动机接至电网运行时，其外加电源电压 $\dot{U}$ 将由定子绕组产生的反电动势 $\dot{E}$ 和内阻抗压降 $\Delta\dot{U}$ 来平衡。它们之间的电压平衡关系可用公式表示为

$$\dot{U} = -\dot{E} + \Delta\dot{U} \tag{7-4}$$

式中 $\dot{E}$ ——定子绕组切割转子旋转磁场产生的反电动势；

$\Delta\dot{U}$ ——定子电流在定子绕组内产生的内阻抗压降。

当忽略定子绕组电阻时，$\Delta\dot{U}$ 即为定子绕组的感抗压降，这时，定子绕组电流 $\dot{I}$ 将滞后于 $\Delta\dot{U}$ 90°。

对应于式（7-4）的矢量图如图 7-10 所示。电动势 $-\dot{E}$ 与外加电压 $\dot{U}$ 之间的夹角 θ 称为同步电动机的功角；电压 $\dot{U}$ 与电流 $\dot{I}$ 之间的夹角 φ 即为功率因数角。

更深入的分析表明：在外加电压 $\dot{U}$ 一定，并忽略定子绕组电阻时，同步电动机的电磁功率 P 与反电动势 E 和功角 θ 的正弦的乘积成正比，即：

$$P = KE\sin\theta \tag{7-5}$$

式中 K ——与电动机结构和外加电压有关的常数。

下面，进一步分析当外加电压和电动机的机械负载一定时，同步电动机的无功功率随励磁电流变化的规律。

当同步电动机的负载功率不变时，如果忽略定子绕组电阻的影响，则电动机的电磁功率、输入功率均为常数，即：$P_1 = mUI\cos\varphi =$ 常数，$P = KE\sin\theta =$ 常数，也就是 $I\cos\varphi$ 和 $E\sin\theta$ 为常数。这时，改变励磁电流的大小，可使同步电动机处于正常励磁、过励和欠励三种励磁状态。图 7-11 是对应于这三种状态下的矢量图。

图 7-11a 表示同步电动机正常励磁时的情况。这时，定子电流 $\dot{I}$ 与电压 $\dot{U}$ 同相，为纯有功电流，同步电动机仅从电网吸取有功功率，电动机表现为电阻性负载。

若在正常励磁的基础上，增大励磁电流，则电动机将处于过励磁状态，电动势将从 $\dot{E}$

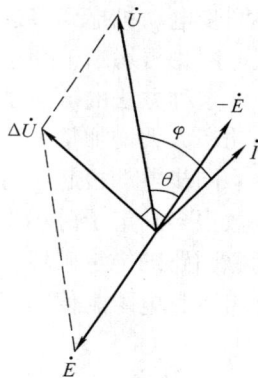

图 7-10 同步电动机定子电压、电流矢量图

增大至 $\dot{E}\,'$。由于 $E\sin\theta =$ 常数，故 $\dot{E}\,'$ 的端点 a′将落在过 $\dot{E}$ 端点 a 所作的平行于 $\dot{U}$ 的直线 CD 上，如图 7-11b 所示。这时 $\dot{I}\,'$ 将超前于 $\dot{U}$，电动机除向电网吸取一定的有功功率外，同时还向电网吸取一定的容性无功功率，电动机表现为电容性负载。

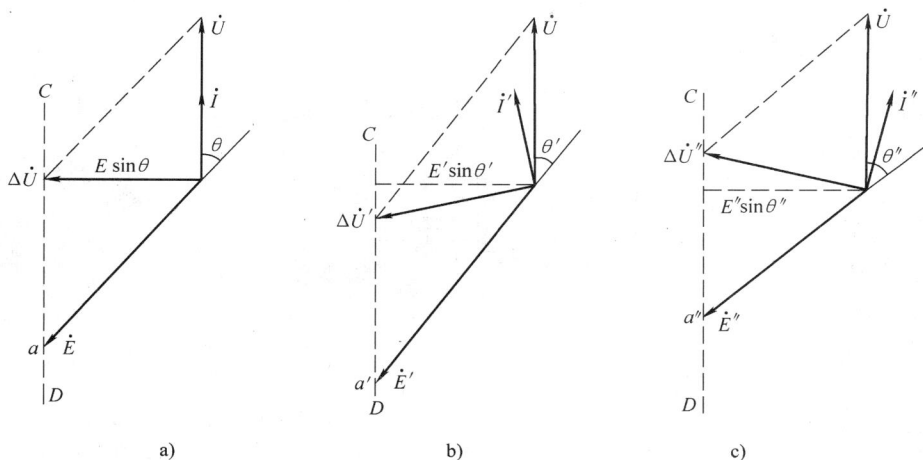

图 7-11 励磁电流对功率因数的影响

a）正常励磁 b）过励磁 c）欠励磁

若在正常励磁的基础上，减小励磁电流使电动机处于欠励磁状态，则 $\dot{E}$ 将减小至 $\dot{E}\,''$，$\dot{E}\,''$ 的端点 a″也将落在直线 CD 上，如图 7-11c 所示。这时 $\dot{I}\,''$ 将滞后于 $\dot{U}$ 一个角度，电动机除向电网吸取有功功率外，还向电网吸取一定的感性无功功率，电动机表现为电感性负载。

综上所述可知，改变同步电动机的励磁电流，即可改变其功率因数。正常励磁时，电动机为电阻性负载，功率因数为 1；欠励磁时，电动机为感性负载，向电网吸取一定的感性无功功率。这是很不利的，同步电动机一般不允许欠励磁运行，过励磁时，电动机为容性负载，向电网吸取一定的容性无功功率，换句话说，即电动机向电网输出感性无功功率，这一点对电网十分有利，因为电网上通常有大量的感性负载（如异步电动机），需要吸收大量的感性无功功率，使输电线的电流增大，增加了线路损耗。如果在同一工厂中使用了大功率的同步电动机，而且令其在过励磁状态下工作，则同步电动机能向附近的感性负载提供感性无功功率，使负载所需的感性无功功率不必从发电厂送来，于是减小了输电线的电流，降低了线路损耗，充分发挥了发电机的利用率。

第五节　微型同步电动机

一、概述

微型同步电动机是指功率自零点几瓦到数百瓦的各种同步电动机，它的转速就是与供电

电源频率 f 相应的同步转速，具有转速稳定、结构简单、应用方便等特点，因而在自动控制系统中有着广泛的应用。微型同步电动机按供电电源的相数分类，有三相同步电动机和单相同步电动机；按电动机的结构可分为电容式和罩极式；按工作原理来分，有永磁式、反应式和磁滞式三种类型，其外形如图 7-12 所示。

二、永磁式微型同步电动机

永磁式微型同步电动机的转子采用永久磁铁励磁，结构简单。由于无励磁电流，也就无励磁损耗，所以电动机的效率高。为了使永磁式微型同步电动机能自行起动，通常在转子上还要安装用于起动的笼型绕组。

图 7-12　微型同步电动机的外形
a）永磁式微型同步电动机　b）磁滞式微型同步电动机

1. 基本结构

永磁式微型同步电动机根据起动方式不同，可分为异步起动式、磁滞起动式和爪极自起动式三种结构，根据永磁体在转子上的安装形式分为径向式和轴向式。

（1）异步起动永磁式微型同步电动机　异步起动永磁式微型同步电动机的结构和异步电动机相似，其定子铁心上嵌放三相或单相绕组，转子有磁极和笼形绕组。其常用的星形转子结构如图 7-13 所示。其极靴成圆环形，内侧开有缺口，极靴上有笼型绕组。星形转子采用剩磁较高的铝钴永磁材料。

（2）磁滞起动永磁式微型同步电动机　磁滞起动永磁式微型同步电动机是利用磁滞环起动的，图 7-14 所示为径向式磁滞起动永磁式微型同步电动机，它是以径向永磁体取代直流励磁的转子磁极。

图 7-13　星形转子结构

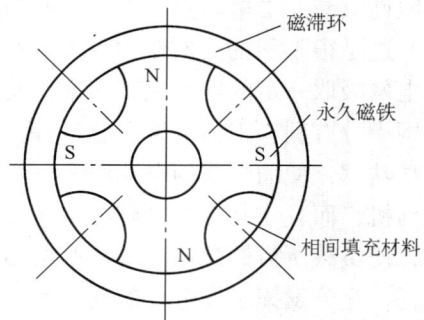

图 7-14　磁滞起动永磁式微型同步
电动机的结构（径向式）

（3）爪极自起动永磁式微型同步电动机　爪极自起动永磁式微型同步电动机没有笼形绕组，也没有磁滞环，不能产生异步转矩或磁滞转矩，起动和牵入同步都靠同步转矩。这种

电动机极数极多，可达 16～48 极。所以同步转速低，尺寸很小，在同步转矩的作用下转子很快加速而牵入同步。

2. 工作原理

永磁式微型同步电动机根据起动方式不同虽然有三种不同的结构形式，但是基本原理是相同的。同步电动机工作时，主要是定子绕组通入三相对称电流产生旋转磁场。由于转子的主体是永久磁铁做成的，定子的旋转磁场与转子的磁场相互作用，定子旋转的磁极将转子永久磁极吸住，使得电动机转子磁场在定子磁场的带动下，沿定子旋转磁场的方向以同样的速度旋转，输出转矩，带动工作机构工作。只要负载不超过一定限度，转子就能始终跟着定子旋转磁场以恒定的同步转速旋转，所以称为同步电动机。

·永磁式微型同步电动机一般都采用直接起动，即借助于笼型结构使之异步起动。当单相电源供电时，定子起动绕组要加装电容器移相，以便建立旋转磁场。

永磁式微型同步电动机比其他微型同步电动机有比较高的效率和功率因数，工作稳定，转速恒定。主要应用于电动窗帘机、小型舞台布景、旋转灯具、自动化仪器仪表、电动室内外装潢、电动传票装置和电动器械上。但其造价高，结构复杂，起动电流倍数较大。

三、反应式微型同步电动机

反应式微型同步电动机与永磁式微型同步电动机最主要的不同是，永磁式微型同步电动机的转子采用永久磁铁励磁，即转子本身具有磁性，而反应式微型同步电动机转子本身不具有磁性，它是利用转子对磁通的反应不同而产生转矩的电动机。通常这类电动机也称为磁阻式同步电动机。

1. 基本结构

反应式微型同步电动机通常由笼型异步电动机派生而来，它的定子结构与异步电动机基本相同。其转子可分为隐极式和凸极式，如图 7-15 所示。

2. 工作原理

隐极式转子由非磁性材料和钢片叠成。凸极式转子外缘装有铜或铝制成的笼条，向定子绕组通入单相交流电产生旋转磁场后，转子异步起动。当转子转速接近同步转速时，转子被旋转磁场磁化产生磁极，

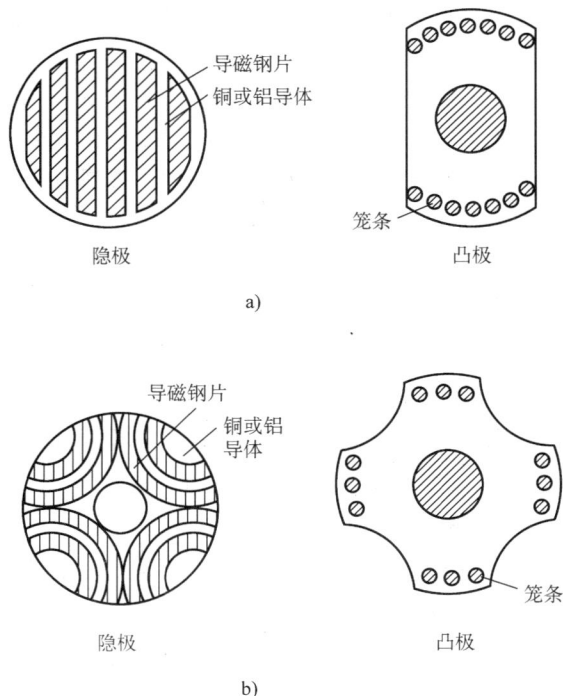

图 7-15 反应式同步电动机转子结构
a）2 极转子 b）4 极转子

如图 7-16a 所示。当转子转速与旋转磁场的同步转速稍有差异时，就会使磁感应线扭曲，即旋转磁场的轴线与转子纵轴不重合，如图 7-16b 所示。而磁感应线总是力图沿磁阻最小的路径通过，于是便有迫使转子纵轴向旋转磁场轴线重合的转矩（即磁阻转矩）产生，最终转

子在磁阻转矩的作用下与旋转磁场同步旋转。

反应式微型同步电动机结构简单，价格低，可用于记录仪表、摄影机、录音机及复印机等设备中。

四、磁滞式微型同步电动机

1. 基本结构

磁滞式微型同步电动机是一种利用磁滞材料产生磁滞转矩而运行的电动机。这类电动机的定子结构和异步电动机相似。可以做成三相或单相。单相磁滞式微型同步电动机常用电容器分相，在容量特别小时，也有用罩极式或与爪极相结合成为罩极-爪极磁滞式微型同步电动机。

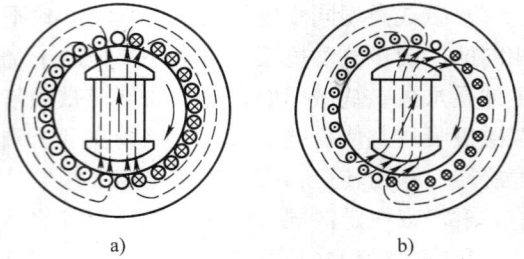

图 7-16　反应式同步电动机
a）转子被磁化　b）磁力线被扭曲

磁滞式微型同步电动机转子的有效层由具有显著磁滞特性的硬磁材料制成。但不预先充磁，它的磁化是在电动机起动过程中直接依靠定子磁场进行的。转子为光滑的圆柱体，分内层和外层。外层由磁滞材料构成，内层是非磁性的或磁性的套筒，如图 7-17 所示。

2. 工作原理

假设磁滞式微型同步电动机是实心的，定子旋转磁场用永久磁铁代替。在永久磁铁磁场作用下，转子被磁化，其轴线与永久磁铁磁场（旋转磁场）的轴线重合，如图 7-18a 所示。这两个磁场的相互作用是径向的，没有切向力，不能产生力矩。

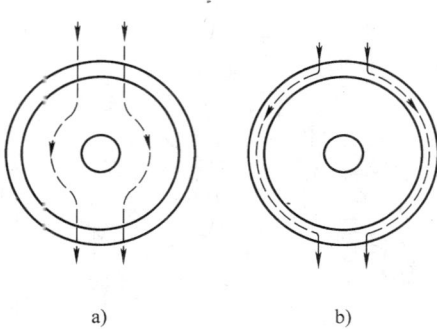

图 7-17　磁滞式微型同步电动机
的转子结构
a）磁性套筒　b）非磁性套筒

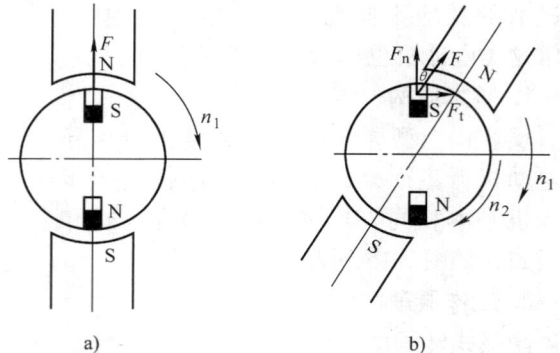

图 7-18　磁滞式微型同步电动机的转矩原理
a）没有切向力　b）有切向力

如果转子由硬磁材料制成，有明显的磁滞特性，当定子磁场旋转一个角度（磁滞角）θ 后，转子上原有的磁性并未消失，使转子磁极保持落后于定子磁极 θ 角，一般称 θ 角为失调角。这样，定子磁场和转子磁场间的作用力方向发生了改变，不仅有径向力 F_n，还产生了

切向力 F_t，如图 7-18b 所示。这同永磁转子产生的切向力相似，因而产生了转矩使转子旋转起来。由于这一转矩是由磁滞作用而产生的，所以称为磁滞转矩。

如果定子永久磁铁空间偏转角继续增大，磁滞角也将随之增加。定、转子磁场相互作用所产生的切向分力 F_t 也要增大，使电动机的磁滞转矩也相应加大。当转子材料一定，定子磁场参数不变时，磁滞角 θ 将有一个最大的稳定值，它决定了磁滞转矩的最大值。在磁滞角已经达到了最大值后，如定子磁场再继续偏转，转子上已被磁化所产生的磁场也会随着定子磁场的偏转而同步偏转，它们之间将保持这一最大的磁滞角。这时电动机的磁滞转矩也相应为最大值。

当磁滞式微型同步电动机的定子绕组接至交流电源后，定子的旋转磁场将以同步转速旋转。电动机中磁滞转矩的产生过程仍与上面的情况相同。若电动机轴上的负载较小时，电动机就在磁滞转矩的作用下使转子朝定子的旋转磁场方向同步旋转。这时电动机中定、转子磁场在空间保持一定的磁滞角 θ，并使相应的磁滞转矩与负载转矩平衡。

磁滞式微型同步电动机主要应用于仪表、仪器和各种自动设备中。

本 章 小 结

1）同步电动机是一种大型的电动机，它用来拖动送风机、水泵、球磨机、空气压缩机等大型的机械设备，其功率达数百千瓦甚至数兆千瓦（如蓄能电站的同步电机）。

2）同步电动机的定子与异步电动机相似，在定子铁心中嵌入三相绕组，通入对称三相交流电后产生旋转磁场。同步电动机的转子分为隐极式和凸极式。转子有励磁绕组，通过电刷和集电环引入直流电，使转子产生一个磁场。这个磁场由定子旋转磁场拖动，与旋转磁场同步转动。

3）同步电动机不能自起动，要借助其他方法起动。异步起动法是目前常用的方法。这种方法是在凸极式同步电动机的转子上，装有与笼型异步电动机相似的起动绕组来实现，所以同步电动机的起动可分为两阶段：异步起动、牵入同步。

4）同步电动机最大的特点是转速恒定，即有绝对硬的机械特性。同步电动机还具有较好的过载能力。

5）同步电动机另一个特点是功率因数可以调节，改变同步电动机转子的励磁电流，可改变定子取用交流电源的功率因数。当转子处于欠励磁状态时，同步电动机作为感性负载吸收电网感性无功功率；当转子处于过励磁状态时，同步电动机变成容性负载，向电网输送感性无功功率。因此，利用同步电动机这一特点，可使得电网的功率因数得以改善。

6）一般的同步电动机转子磁极利用通电线圈产生磁场的原理而获得；功率较小的同步电动机则可以采用永久磁钢来获得。微型同步电动机的转子磁场可由永久磁钢获得，另外也可根据磁阻原理或磁滞原理而获得，分别称为磁阻式微型同步电动机和磁滞式同步电动机。

7）微型同步电动机用于转速要求保持严格恒定的场合，如纺织机械、医疗器械、摄像机、复印机、自动记录装置、家用电器等。

复习思考题

1. 同步电动机"同步"的含义是什么？当电源频率为 50Hz、60Hz 时，10 极和 18 极同步电动机的额定转速应是多少？

2. 比较隐极式同步电动机和凸极同步电动机磁路磁阻有何差别？

3. 隐极式同步电动机和凸极同步电动机它们在结构上有何不同？

4. 磁滞角 θ 的物理意义是什么？当同步电动机轴上拖动的负载变化时，θ 角如何变化？在此过程中转子的转速是否变化？

5. 三相同步电动机能自行起动吗？为什么？

6. 三相同步电动机的起动方法有哪几种？说明适用的范围。

7. 如何改变三相同步电动机转向？

8. 同步电动机的 $\cos\varphi$ 如何变化？应如何调节？

9. 反应式、磁阻式和磁滞式同步电动机，产生电磁转矩的机理有何不同？它们的转速是否与轴上的机械负载大小有关？

第八章 特殊电机

特殊电机是相对普通的直流和交流电机而言,本章主要介绍步进电动机、伺服电动机、测速发电机、直线电动机等。就电磁过程及所遵循的基本规律而言,它们和普通的电机没有本质的区别,只是所起的作用不同。传动生产机械用的传动电机主要用来完成能量的变换,要求具有较高的性能指标(如效率和功率因数等);而特殊电机则主要用来完成控制信号的传递和变换,要求它们的技术性能稳定可靠、动作灵敏、精度高、体积小、耗电少等。当然,特殊电机和普通的传动电机相比,并没有一个严格的分界线,因为像步进电动机、微型同步电动机等特殊电机在控制系统中也起着传动作用。

第一节 步进电动机

步进电动机是一种将电脉冲信号转化为角位移或直线位移的控制电机。通俗地讲,当步进驱动器接收到一个脉冲信号,它就驱动步进电动机按设定的方向转动一个固定的角度(步距角)。可以通过控制脉冲个数来控制步进电动机的角度位移量,从而达到准确定位的目的;同时也可以通过控制脉冲频率来控制步进电动机转动的速度和加速度,从而达到调速的目的。

步进电动机的种类很多,一般按结构区分,有反应式、永磁式和永磁感应子式三种,如图8-1所示。永磁式步进电动机一般为两相,转矩和体积较小;反应式步进电动机一般为三相,可实现大转矩输出,但噪声和振动都很大,将逐步被淘汰,但在现阶段,这种电动机依然是获得了最多的应用;永磁感应子式步进电动机综合了永磁式和反应式的优点,它的应用非常广泛。

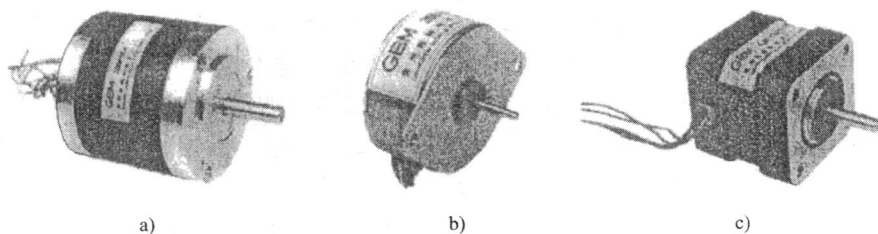

图8-1 步进电动机的外形
a) 反应式 b) 永磁式 c) 永磁感应子式

从零件的加工过程看,工作机械对步进电动机的基本要求是:
(1) 调速范围宽 尽量提高最高转速以提高劳动生产率。
(2) 动态性能好 能迅速起动、正反转和停车。
(3) 加工精度高 即要求一个脉冲对应的位移量小、并要精确、均匀。这就要求步进电动机步距角小、步距精度高、不丢步或越步。

（4）输出转矩大　可直接带动负载。

一、步进电动机的分类

1. 反应式步进电动机

（1）基本结构　反应式步进电动机主要由定子和转子构成。定子及转子铁心均由硅钢片叠成，定子为凸极式结构，有 6 个均匀分布的磁极，分别安装有三相励磁绕组（称控制绕组），并接成三角形联结。转子有 4 个均匀分布的齿，上面无绕组。定子上嵌有多相星形联结的控制绕组，三相、四相、五相步进电动机分别有三个、四个、五个绕组，由专门的电源输入电脉冲信号。绕组按一定的通电顺序工作，这个通电顺序称为步进电动机的"相序"。转子的主要结构是磁性转轴，当定子中的绕组在相序信号作用下，有规律的通电、断电工作时，转子周围就会有一个按此规律变化的磁场，因此一个按规律变化的电磁力就会作用在转子上，使转子发生转动。

图 8-2 所示为反应式步进电动机的结构示意图，它的定子具有均匀分布的 6 个磁极，磁极上绕有绕组。两个相对的磁极组成一组，连接方法如图 8-2 所示。

（2）工作原理

1）三相单三拍控制。如图 8-3 所示，步进电动机工作时，定子各绕组轮流通电，设 U 相首先通电，如图 8-3a 所示，气隙中产生一个沿 U1U2 轴线方向的磁场。由于磁通总是沿磁阻最小的路径闭合，于是产生磁拉力使转子铁心齿 1、3 与 U 相绕组轴线 U1U2 对齐。如果将通入的电脉冲由 U 相绕组转换到 V 相绕组，则根据同样的原理，磁拉力将转子铁心齿 2、4 与 V 相绕组轴线 V1V2 对齐。此时转子顺时针方向转过 30° 电角度，

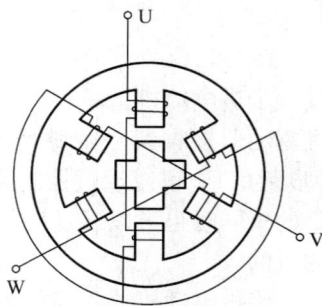

图 8-2　反应式步进电动机
的结构示意图

如图 8-3b 所示。如果将电脉冲加到 W 相绕组上，按同样的分析方法，转子又将顺时针方向转过 30° 电角度。由此可以得到如下的规律：如果定子绕组按 U→V→W→U→… 的顺序轮流通电，则转子就按顺时针方向一步一步地转动，每一步转过 30° 电角度，这个角度称为步距角 θ。从一相通电转换到另一相通电称为一拍，每一拍转子转过一个步距角。如果通电的顺序改为 U→W→V→U→…，则步进电动机将反方向转动。电动机转速取决于通入电脉冲的频率，频率越高转速越快。

上述通电方式称为三相单三拍运行。"单"是指每次只有一相绕组通电，"三拍"是指一个循环只换接三次，这种运行方式在实际应用中，由于切换时在一相控制绕组断电而另一相绕组通电的交替时刻容易造成失步，另外，由单一控制绕组通电吸引转子也容易造成转子在平衡位置附近产生振荡，故运行稳定性较差，因此实际中很少应用。

2）三相六拍控制。图 8-4 所示为反应式步进电动机三相六拍运行的工作原理图。它的通电顺序为 U→UV→V→VW→W→WU→U→…，即每一循环共六拍，其中三拍为单相通电，三拍为两相通电。单相通电时的情况与前面叙述的三相单三拍控制一样，而当 UV 两相通电时，转子齿 3、4 间的槽轴线与 W1W2 轴线对齐，可见，一拍转过 15° 电角度。同理，

当 V 相通电时，转子齿 2、4 轴线与 V1V2 轴线对齐，转子又转过 15°电角度。

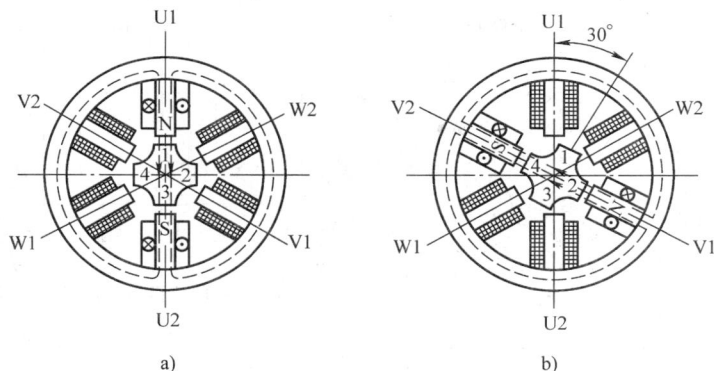

图 8-3 反应式步进电动机三相单三拍通电方式的工作原理
a）U 相绕组通电 b）V 相绕组通电

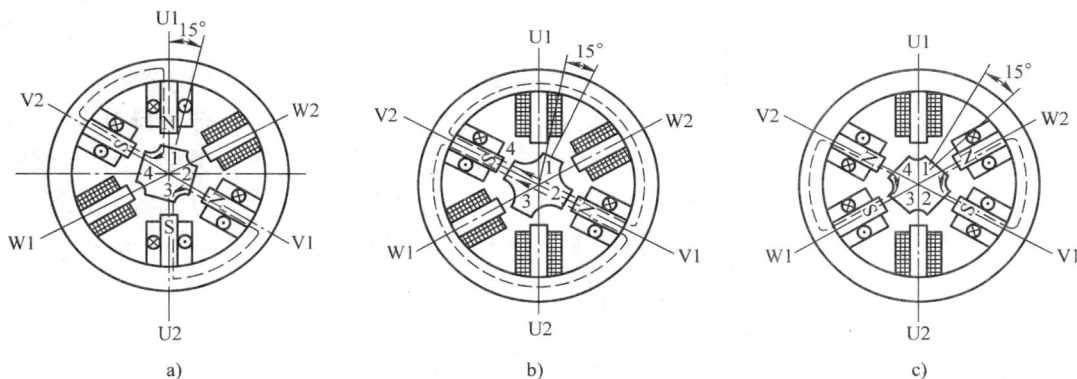

图 8-4 三相反应式步进电动机三相六拍运行的工作原理
a）UV 两相通电 b）V 相通电 c）VW 两相通电

上面讨论的步进电动机其步距角都比较大，往往不能满足传动设备对精度的要求。为了减小步距角，实际应用中的步进电动机通常将定子的每一个极分成许多小齿，转子也由许多小齿组成，图 8-5a 所示的结构是最常用的一种小步距角结构形式的三相反应式步进电动机。其定子上有 6 个极，上面装有控制绕组且连成 U、V、W 三相。转子上均匀分布 40 个齿。定子每个极面上也各有 5 个齿，定、转子的齿距都相同。当 U 相控制绕组通电时，电动机中产生沿 U 极轴线方向的磁场，因磁通要沿磁阻最小的路径闭合，使转子受到磁阻转矩的作用而转动，直至转子齿和定子 U 极面上的齿对齐为止。因转子上共有 40 个齿，每个齿的齿距为 $\dfrac{360°}{40} = 9°$，而每个定子磁极的极距为 $\dfrac{360°}{6} = 60°$，所以每一个极距所占的齿数不是整数。从图 8-5b 给出的步进电动机定、转子展开图中可以看出，当 U 极面下的定、转子齿对齐时，V 极和 W 极极面下的齿就分别和转子齿相错 1/3 的转子齿距 t，即 3°。

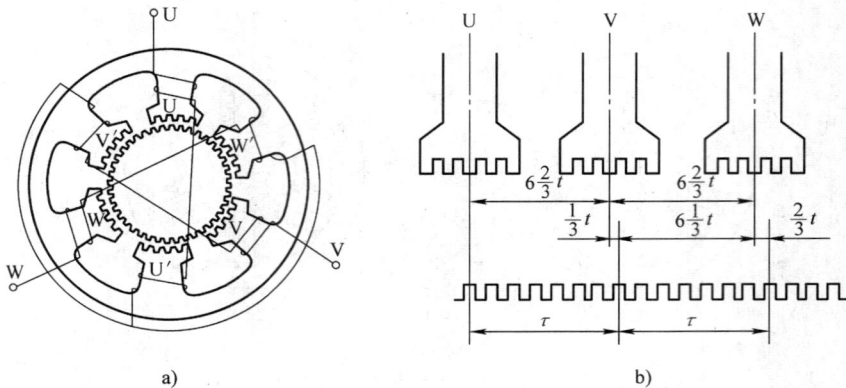

图 8-5　小步距角的三相反应式步进电动机

a）实际结构原理图　b）定、转子展开图

$Z=40$　$m=3$　$2p=6$

若断开 U 相绕组而由 V 相绕组通电，这时电动机中产生沿 V 极轴线方向的磁场。同理，在磁阻转矩的作用下，转子按顺时针方向转过 3°使定子 V 极面下的齿和转子齿对齐，相应定子 U 极和 W 极极面下的齿又分别和转子齿相错 1/3 的转子齿距。依次类推，当控制绕组按 U→V→W→U 顺序循环通电，转子就沿顺时针方向以每一拍转过 3°的方式转动。若改变通电顺序，即按 U→W→V→U 顺序循环通电，转子就沿逆时针方向同样以每一拍转过 3°的方式转动。此为单三拍通电方式的运行情况。

若采用三相六拍通电方式进行，即按 U→UV→V→VW→W→WU→U 顺序循环通电，步距角也将减小 1/2，即每拍转子仅转过 1.5°。

2. 永磁式步进电动机

（1）基本结构　永磁式步进电动机的典型结构如图 8-6 所示，它的定子为凸极式，定子上有两相或多相绕组，转子是一对极或多对极的星形永久磁钢。转子的极数应与定子每相的极数相同。

（2）工作原理　以图 8-6 所示为例，当定子绕组按 U→V →（−U）→（−V）单四拍方式或 UV→V→（−U）→（−U）（−V）→（−V）U双四拍方式通电时，转子便连续旋转，步距角为 45°。若定子绕组按 U→UV→V→V（−U）…八拍方式通电，则转子旋转步距角为 22.5°。由此可见，这类步进电动机要求电源能输出正负脉冲，电源较复杂。若在每个磁极上绕两套方向相反的绕组，则可简化电源，但电动机尺寸增大，用铜量增多，利用率降低。

3. 永磁感应子式步进电动机

（1）基本结构　永磁感应子式步进电动机的典型结构如

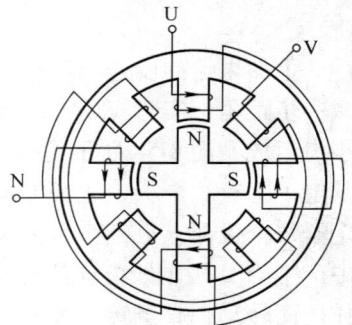

图 8-6　永磁式步进电动机的基本结构

图 8-7 所示。其定子结构与反应式步进电动机一样，分为若干大极，每极上有小齿。定子为单段式，当中是一个圆筒形轴向磁钢，两端有两段铁心，转子铁心上开有与定子小齿等齿距的齿槽，两段铁心相互错位 1/2 齿距。

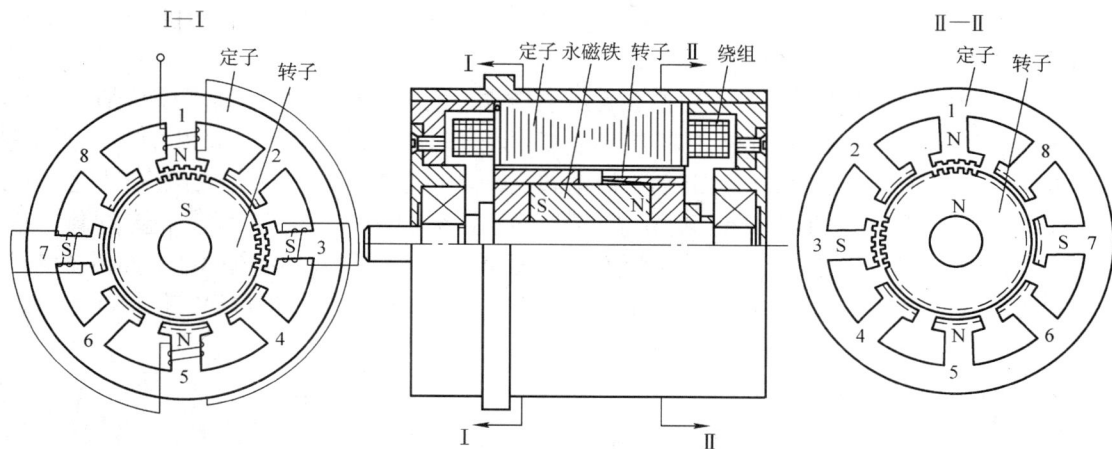

图 8-7 永磁感应子式步进电动机结构示意图

（2）工作原理 如图 8-7 所示，定子控制绕组与永磁式步进电动机相同，为两相集中绕组，每相为两对极，U 相绕组布置在 1、3、5、7 大极上，V 相绕组布置在 2、4、6、8 大极上，按 U→V→（－U）→（－V）→U…次序轮流通以正负电脉冲（也可在同一相的极上绕二套绕向相反的绕组，通以正脉冲）。转子磁钢充磁后一端（如图中 I 端）为 S 极，则 I 端转子铁心整个圆周上都呈 S 极性，Ⅱ 端转子铁心则呈 N 极性。

当定子 U 相通电时，定子 1、3、5、7 大极上的极性为 N—S—N—S，这时转子的稳定平衡位置就是图 8-7 所示的位置，即定子磁极 1 和 5 上的齿与 I 端上的转子齿及 Ⅱ 端上的转子槽对齐，磁极 3 和 7 上的齿与 Ⅱ 端上的转子齿及 I 端上的转子槽对齐，而 V 相四个极（2、4、6、8 极）上的齿与转子齿都错开 1/4 齿距。由于定子同一个极的两端极性相同，转子两端极性相反，但错开半个齿距，所以当转子偏离平衡位置时，两端作用转矩的方向是一致的。在同一端，定子 1 极与 3 极的极性相反，转子同一端极性相同，但 1 和 3 极下定、转子小齿的相对位置错开了半个齿距，所以作用转矩的方向也是一致的。当定子各相绕组按顺序通以直流脉冲时，转子每次将转过一个步距角。

当改为 V 相通电状态后，I-I 端定子大极 2 呈 N 极性，则转子相应转过 1/4 齿距，与大极 2 的小齿对齐，Ⅱ-Ⅱ 端转子同样转过 1/4 齿距与大极 4 下小齿对齐，达到新的稳定平衡位置。这样，电源换接一次，转子走过一步。若以 U→V→（－U）→（－V）→U…单四拍或 UV→V（－U）→（－U）（－V）→（－V）U…双四拍方式通以脉冲时，步距角为 1.8°，以 U→UV→V→V（－U）→（－U）→（－U）（－V）→（－V）→（－V）U…八拍方式通电时，则步距角为 0.9°。

二、步进电动机的特点及应用

步进电动机型号的意义举例说明如下：

如型号为 36BF3—3 的步进电动机的含义是："36" 为机座代号，机壳外径为 36mm；"BF" 为产品代号，反应式步进电动机；"3" 为电动机相数，三相步进电动机；"3" 为步距角，单拍脉冲转子转过的角度为 3°。

步进电动机能够将电脉冲信号变换成直线位移或角位移，其直线位移量和角位移量与电脉冲数成正比，其线速度或转速与脉冲频率成正比。通过改变脉冲频率就可以在很大范围内调节电动机的转速，而且能够快速起动、制动和反转。如果停机后某些相绕组仍保持通电状态，还具有自锁能力。所以步进电动机具有结构简单、维护方便、精确度高、起动灵敏、停车准确等特点。不过步进电动机在控制精度、速度变化范围、低速性能方面都不如传统的闭环控制的直流伺服电动机。所以常用于精度不是需要特别高的场合，但如果使用恰当，有时也可以和直流伺服电动机相媲美。

步进电动机作为执行元件，是机电一体化的关键产品之一，广泛应用在各种自动化控制系统生产实践的各个领域。它最大的应用是在数控机床上，因为步进电动机不需要 A/D 转换，能够直

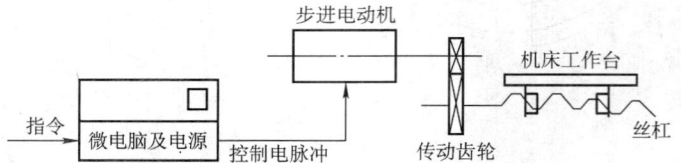

图 8-8 步进电动机驱动数控机床的工作示意图

接将数字脉冲信号转化成为角位移，所以被认为是理想的数控机床的执行元件。早期的步进电动机输出转矩比较小，无法满足需要，在使用中和液压扭矩放大器一同组成液压脉冲电动机。随着步进电动机技术的发展，步进电动机已经能够单独在系统上使用，成为不可替代的执行元件。例如步进电动机用作数控机床进给伺服机构的驱动电动机，如图 8-8 所示。步进电动机可以同时完成两个工作，其一是传递转矩，其二是传递信息。步进电动机也可以作为数控蜗杆砂轮磨边机同步系统的驱动电动机。除了在数控机床上的应用，步进电动机也可以应用在其他的机械上，比如作为自动送料机中的驱动装置，作为通用的软盘驱动器的驱动装置。图 8-9 所示为计算机的软盘驱动装置。磁盘上有许多宽约 0.5mm 的磁道，磁头通过这些磁道时可进行信息的存取。工作时磁盘旋转，磁头借助于由步进电动机驱动的滚珠丝杠装置在磁道间平移，以实现对磁盘的信息存取，步进电动机的动作则靠键盘来操纵。

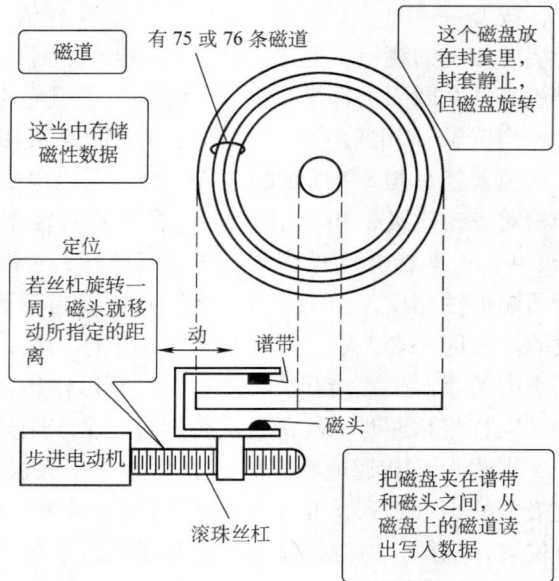

图 8-9 软盘的驱动装置

第二节　伺服电动机

一、概述

伺服电动机又称为执行电动机或控制电动机。在自动控制系统中，伺服电动机是执行元件，它的作用是把接收到的电信号变为电动机的转速或角位移。伺服电动机可分为直流和交流两种类型。其容量一般在 0.1～100W。自动控制系统对伺服电动机的基本要求是：

1）有较大的调速范围。

2）快速响应，即要求机电时间常数小，灵敏度高，使转速随着控制电压迅速变化。

3）具有线性的机械特性和调节特性。即转速随转矩的变化或转速随控制电压的变化呈线性关系，以有利于提高自动控制系统的动态精度。

4）无自转现象。当控制电压消失时，电动机能立即停转。

二、交流伺服电动机

1. 基本结构

交流伺服电动机定子的构造基本上与电容分相式单相异步电动机相似，图 8-10 所示为 SD 系列的交流伺服电动机，它带有齿轮减速机构。其定子上装有两个绕组，位置互差 90°，一个是励磁绕组 f，它始终接在交流电压上；另一个是控制绕组 c，连接控制信号电压。

交流伺服电动机的转子通常为笼型结构，但为了使伺服电动机具有较宽的调速范围、线性的机械特性，无"自转"现象和快速响应的性能，它与普通电动机相比，具有转子电阻大和转动惯量小这两个特点。目前应用较多的转子结构有两种形式：一种是笼型，采用高电阻率的导电材料青铜或铸铝做成，为了减小转子的转动惯量，转子形状为细长；另一种是非磁性杯型转子，采用铝合金制成，杯壁很薄，仅 0.2～0.3mm，为了减小磁路的磁阻，要在空心杯形转子内放置固定的内定子，如图 8-11 所示。空心杯型转子的转动惯量很小，反应迅速，而且运转平稳，因此被广泛采用。

图 8-10　SD 系列
伺服电动机的外形

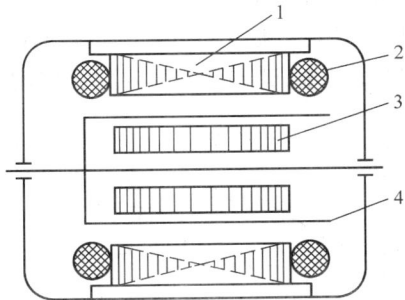

图 8-11　空心杯形转子伺服电动机结构
1—定子铁心　2—定子绕组
3—内定子　4—杯形转子

2. 工作原理及特点

图 8-12 所示为交流伺服电动机的工作原理图，它与分相式单相异步电动机非常相似。在没有控制电压时，定子内只有励磁绕组产生的脉动磁场，转子静止不动。当有控制电压时，定子内便产生一个旋转磁场，转子沿旋转磁场的方向旋转，在负载恒定的情况下，电动机的转速随控制电压的大小而变化，当控制电压的相位相反时，伺服电动机将反转。

由于交流伺服电动机的转子电阻比分相式单相异步电动机大得多，所以它与单相异步电动机相比，有三个显著特点：

（1）起动转矩大　由于转子电阻大，其转矩特性曲线如图 8-13 中曲线 1 所示，与普通异步电动机的转矩特性曲线 2 相比，有明显的区别。它可使临界转差率 $s_c > 1$，这样不仅使转矩特性（机械特性）更接近于线性，而且具有较大的起动转矩。因此，当定子一有控制电转压，转子立即转动，即具有起动快、灵敏度高的特点。

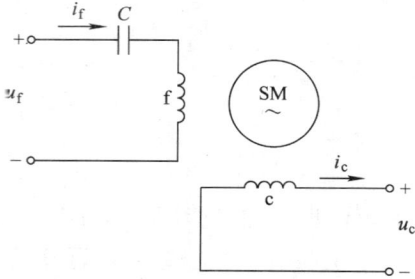

图 8-12　交流伺服电动机
的工作原理图

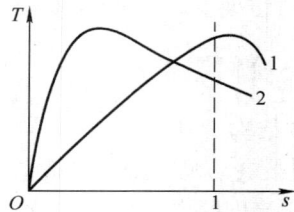

图 8-13　转矩特性曲线

（2）运行范围较宽　如图 8-13 所示，转差率 s 在 0～1 范围内伺服电动机都能稳定运转。

（3）无自转现象　正常运转的伺服电动机，只要失去控制电压，电动机立即停止运转。当伺服电动机失去控制电压后，它处于单相运行状态，由于转子电阻大，定子中两个相反方向旋转的旋转磁场与转子作用所产生的两个转矩特性（T_1—s，T_2—s 曲线）以及合成转矩特性（T—s 曲线）如图 8-14 所示，与普通的单相异步电动机的转矩特性（图中 T'—s 曲线）不同。这时的合成转矩 T 是制动转矩，从而使电动机迅速停止运转。

图 8-15 是伺服电动机单相运行时的机械特性曲线。负载一定时，控制电压 U_c 越高，转速也越高，在控制电压一定时，负载增加，转速下降。

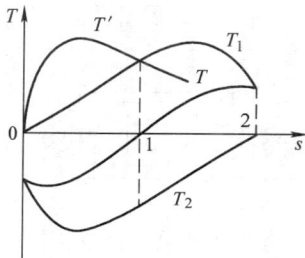

图 8-14　合成转矩特性曲线

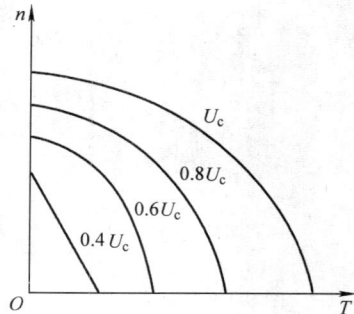

图 8-15　机械特性曲线

交流伺服电动机的输出功率一般是 0.1 ~ 100W。当电源频率为 50Hz 时，电压有 36V、110V、220V、380V 等多种；当电源频率为 400Hz 时，电压有 20V、26V、36V、115V 等多种。

交流伺服电动机运行平稳、噪声小，但控制特性是非线性的，并且由于转子电阻大、损耗大，因此效率较低。与同功率的直流伺服电动机相比，它具有体积大、质量重等缺点，所以只适用于 0.5 ~ 100W 的小功率控制系统。

3. 交流伺服电动机的控制方式

对于两相伺服电动机，如果励磁绕组和控制绕组中加的电压是对称的，便可得到圆形的旋转磁场。但如果两者的幅值不同，或是相位差不是 90°，得到的便是椭圆形的旋转磁场。改变控制电压的大小或是改变它与励磁电压之间的相位角，都能使电动机气隙中旋转磁场的椭圆度发生变化，从而影响电磁转矩，当负载转矩一定时，达到改变转速的目的。所以，交流伺服电动机的控制方式有三种：

（1）幅值控制方式　即保持励磁电压的相位和幅值不变，通过调节控制电压的大小来改变电动机的转速；通过改变控制电压的相位来改变电动机的转向，如图 8-16a 所示。

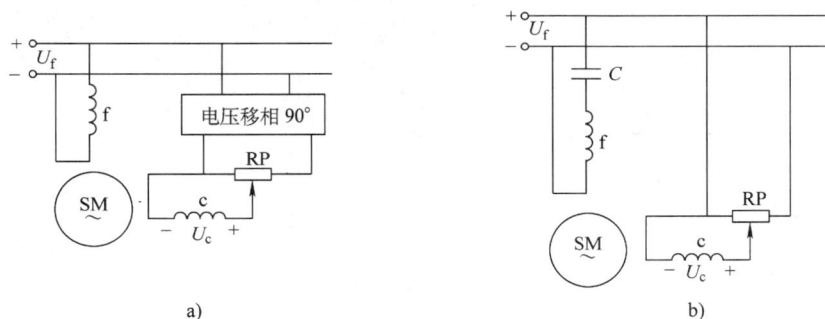

图 8-16　交流伺服电动机的控制方式
a）幅值控制方式　b）幅值—相位控制方式

（2）相位控制方式　即保持励磁电压和控制电压的幅值不变，通过调节控制电压与励磁电压之间的相位差来改变电动机的转速和转向，这种方式一般很少采用。

（3）幅值—相位控制方式　即保持励磁电压的相位和幅值不变，同时改变控制电压的幅值和相位以达到控制的目的，如图 8-16b 所示。

交流伺服电动机的型号由机壳外径、产品代号、频率种类、性能参数四部分组成，现以 45SL42 型交流伺服电动机为例来说明："45"为机壳代号，表示机壳外径为 45mm。"SL"为产品代号，表示两相交流伺服电动机。若为"SK"则表示空心杯转子两相交流伺服电动机；若为"SX"则表示绕线转子两相交流伺服电动机；若为"SD"表示带齿轮减速机构的交流伺服电动机。"42"为规格代号。

4. 交流伺服电动机的应用

在自动控制系统中，根据被控对象不同，有速度控制和位置控制两种类型。尤其是位置控制系统可以实现远距离角度传递，它的工作原理是将主令轴的转角传递到远距离的执行轴，使之再现主令轴的转角位置。如工业上发电厂锅炉闸门的开启，轧钢机中轧辊间隙的自动控制，军事上火炮和雷达的自动定位。

交流伺服电动机在检测装置中的应用也很多，如电子自动定位差计，电子自动平衡电桥等。

另外，交流伺服电动机还可以和其他控制元件一起组合成各种计算装置，进行加、减、乘、除、乘方、开方、正弦函数、微积分等运算。

三、直流伺服电动机

1. 基本结构

直流伺服电动机有传统式和低惯量型两大类。

（1）传统式直流伺服电动机　结构和一般直流电动机基本相同，也是由定子、转子（电枢）、电刷和换向器等部分组成的。只是为了减小转动惯量而做得细长一些。它的励磁绕组和电枢绕组分别由两个独立电源供电，如目前我国生产的 SZ 系列直流伺服电动机就属于这种类型。也有永磁式的，即磁极是永久磁铁，如图 8-17 所示 SY 系列直流伺服电动机。通常采用电枢控制，就是励磁电压 U_f 一定，建立的磁通 Φ 也是定值，而将控制电压 U_a 加在电枢上，其接线如图 8-18 所示。

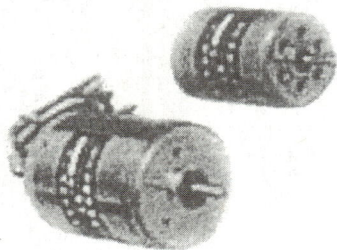

图 8-17　SY 直流伺服电动机

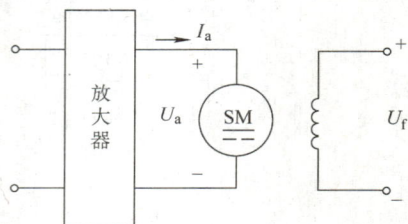

图 8-18　直流伺服电动机接线图

（2）低惯量型直流伺服电动机

1）盘式电枢直流伺服电动机。如图 8-19 所示，它的定子由永久磁钢和前后磁轭组成。磁钢可在电枢圆盘的一侧放置，也可同时放置在两侧。电动机的气隙位于圆盘的两侧，圆盘上有电枢绕组，绕组可分为印制绕组和绕线盘式绕组两种形式。印制绕组是采用与制造印制电路板相类似的工艺制成的，它可以是单片双面的，也可以是多片重叠的，绕线盘式绕组则是先绕成单个线圈，然后将绕好的全部线圈沿径向圆周排列起来，再用环氧树脂浇注成圆形盘。盘形电枢上电枢绕组中的电流是沿径向流过圆盘表面，并与轴向磁通相互作用而产生转矩。因此，绕组的径向段为绕组的有效部分，弯曲段为端接部分，在这种电动机中也常用电枢绕组有效部分的裸体表面兼作换向器，电刷与它直接接触。

2）空心杯电枢永磁式直流伺服电动机。如图 8-20 所示，它是由一个外定子和一个内定子构成定子磁路。通常外定子是由两个半圆形的永久磁铁组成，内定子则采用圆形的软磁材料。但也有内定子由永久磁铁做成的，外定子采用软磁材料的结构形式。空心杯电枢上的绕组可采用印制绕组，也可以先绕制成单个成型线圈，然后将它们沿圆周的轴向排列成空心杯形，再用环氧树脂固化成型。空心杯电枢直接装在电动机轴上，在内外定子之间的空气隙中旋转。电枢绕组接到换向器上，由电刷引入直流。目前我国生产的 SYK 型号的直流伺服电动机就属这一类型。

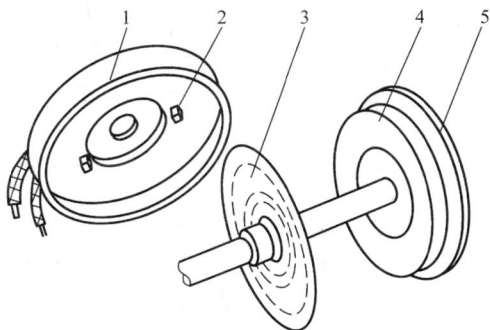

图 8-19　盘式电枢直流伺服
电动机的基本结构
1—前盖　2—电刷　3—盘形电枢
4—磁钢　5—后盖

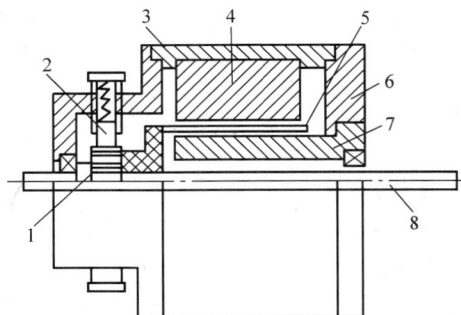

图 8-20　空心杯电枢永磁式直流
伺服电动机的基本结构
1—换向器　2—电刷　3—机壳
4—磁钢　5—柄形电枢　6—端盖
7—内磁轭　8—转轴

3）无槽电枢直流伺服电动机。无槽电枢直流伺服电动机的电枢铁心上不开槽，电枢绕组直接排列在铁心表面，再用环氧树脂将绕组与电枢铁心固化在一起，成为一个整体，如图 8-21 所示。定子磁极可采用电磁式或永久磁铁做成。这种电动机的转动惯量和电枢绕组的电感均比前面介绍的两种无铁心转子的伺服电动机要大些，因而它的性能不如前两种。目前我国生产的 SWC 型号直流伺服电动机就属于这种类型。

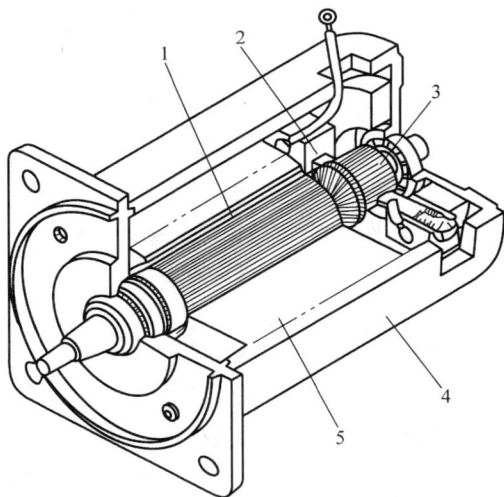

图 8-21　无槽电枢直流伺服电动机的基本结构
1—无槽电枢　2—电刷　3—换向器
4—机壳　5—定子磁钢

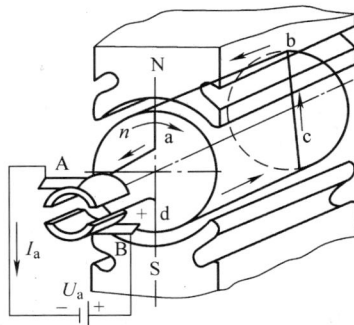

图 8-22　直流伺服电动机的工作原理

2. 工作原理

直流伺服电动机的工作原理与直流电动机相似，也是根据电磁感应定律中载流导体在磁场中受电磁力作用的原理来工作的。如图 8-22 所示，定子为磁极，电枢绕组的线圈经过换向片和电刷，与直流电源相连接，线圈中的电流方向如图所示，根据左手定则，绕组将受到电磁力的作用，从而产生顺时针方向的电磁转矩。实际电机中有若干个换向片组成的换向器，将外电路直流电经电刷、换向器变成电枢导体的交流电，从而保证电磁转矩方向不变。

3. 控制方式

直流伺服电动机有电枢控制和磁极控制两种方式。电枢控制是将电枢电压 U_a 作为控制信号来控制电动机的转速，如图 8-23a 所示。磁极控制是通过改变励磁电压 U_f 来控制转速，如图 8-23b 所示。一般直流伺服电动机多采用电枢控制，只有功率很小的直流伺服电动机才采用磁极控制。

4. 机械特性

图 8-24 所示为直流伺服电动机在不同控制电压下（U_a 为额定控制电压）的机械特性曲线。由图可见，在一定负载转矩下，当磁通不变时，如果升高电枢电压，电动机的转速就升高；反之，降低电枢的电压，转速就下降；当 $U_a = 0$ 时，电动机立即停转。要电动机反转，可改变电枢电压的极性。

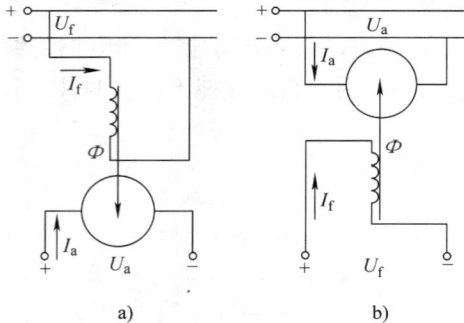

图 8-23　直流伺服电动机控制原理图
a）电枢控制　b）磁极控制

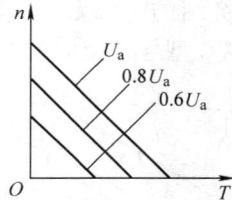

图 8-24　直流伺服电动
机的 $n = f(T)$ 曲线

直流伺服电动机和交流伺服电动机相比，它具有机械特性较硬、输出功率较大、不自转、起动转矩大等优点。

目前我国生产的直流伺服电动机的型号有 SY 系列和 SZ 系列。下面以 SZ 系列的 36SZ01 型号为例，说明其含义："36" 表示机座外径尺寸为 36mm；"SZ" 为产品代号，"S" 表示伺服电动机，"Z" 表示直流电磁式；"01" 为电气性能数据代号。

5. 主要应用

直流伺服电动机在自动控制系统中作为执行元件，即在输入控制电压后，伺服电动机能按照控制电压信号的要求驱动工作机械，伺服电动机通常作为随动系统、遥控和遥测系统的主要传动元件。由直流伺服电动机组成的伺服系统，通常采用速度控制和位置控制两种控制方式。

直流伺服电动机速度控制原理图如图 8-25 所示。

在此系统中，直流测速发电机将伺服电动机的转速信号转换成电压信号与速度给定量比较，其差值经过放大器放大后向伺服电动机供电，从而控制伺服电动机的转速。

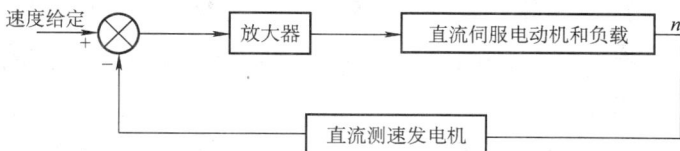

图 8-25　直流伺服电动机速度控制原理图

直流伺服电动机在工业上的应用还很多，如发电厂锅炉伺服阀门的控制、变压器有载调压定位等。图 8-26 所示为变压器有载调压随动系统框图。

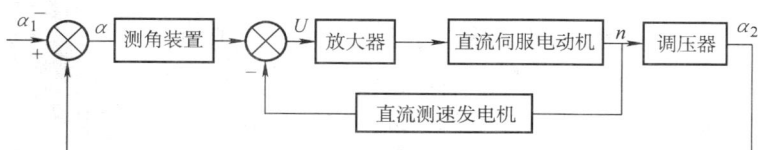

图 8-26　变压器有载调压随动系统框图

变压器有载调压随动系统可以看作速度和位置的混合控制系统，其任务是使变压器调压器的转角 α_2 与手轮（或控制器）经减速器减速后所给出的指令角 α_1 相等。当 $\alpha_1 \neq \alpha_2$ 时，测角装置就输出一个与角差 $\alpha = \alpha_1 - \alpha_2$ 近似成正比的电压 U，此电压经放大器放大后，驱动直流伺服电动机，带动电力变压器的触点转动机构向着减小角差的方向移动，直到角差为 0，即 $U=0$ 时，直流伺服电动机停止转动，使变压器绕组抽头达到要求的位置，这就是位置控制系统。为了减小在随动过程中可能会出现的转速变化，可在直流伺服电动机轴上连接一个测量电动机转速的直流测速发电机，它发出与转子转速成正比的电压加在电位器上，从电位器上取了一部分电压反馈到放大器的输入端，组成负反馈环节。如果由于某种原因使电动机转速降低，则直流测速发电机的输出电压降低，反馈电压减小，并与 U

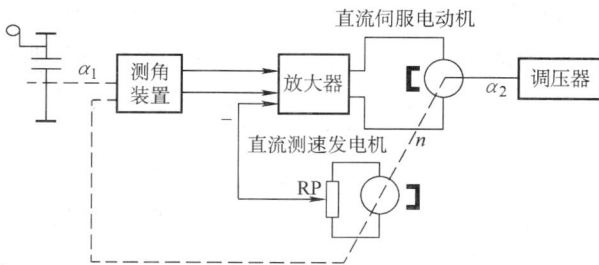

图 8-27　变压器有载调压随动系统原理模拟图

比较后使输入到放大器中的电压增大，直流伺服电动机及变压器的调压器转动机构的转速也随着升高，这种控制属于速度控制方式。

如果将图 8-26 所示框图中的电动机用实际电动机的符号代替，放大器中各元件的输入信号分别用箭头代表，就可以得到系统原理模拟图。各元件的相互连接关系如图 8-27 所示。

第三节　测速发电机

一、交流测速发电机

交流测速发电机外形如图 8-28 所示，它可分为交流同步测速发电机和交流异步测速发电机两大类。

同步测速发电机又可分为永磁式、感应子式和脉冲式三种。永磁式交流测速发电机实质上就是一台单相永磁转子同步发电机，定子绕组感应的交变电动势的大小和频率都随输入信号（转速）而变化，所以它的输出不再和转速成正比。因此，不适用于自动控制系统，通常只作为指示式转速计。

感应子式测速发电机和脉冲式测速发电机的工作原理基本相同，都是利用定、转子齿槽相互位置的变化，使输出绕组中的磁通发生脉动，从而感应出电动势。这种发电机电动势的频率随转速而变化，致使负载阻抗和发电机本身的内阻抗大小均随转速而改变，所以也不宜用于自动控制系统中。但是，采用二极管对这种测速发电机的三相输出电压进行桥式整流后，可取其直流输出电压作为速度信号用于自动控制系统。

脉冲式测速发电机是以脉冲频率作为输出信号的。它的特点是输出信号的频率相当高，即使在较低的转速下（如每分钟几转或几十转）也能输出较多的脉冲数，因而以脉冲个数显示的速度分辨率比较高，适用于转速比较低的调节系统，特别适用于鉴频锁相的速度控制系统。

图 8-28　交流测速发电机的外形

异步测速发电机又分为笼型转子和空心杯转子两种。笼型转子异步测速发电机的结构和笼型转子交流伺服电动机的结构相似，它的主要性能有输出斜率大、线性度差、相位误差大、剩余电压高，一般用在精度要求不高的控制系统中。空心杯转子异步测速发电机的性能精度比笼型的要高得多，在自动控制系统中有着广泛的应用。

1. 空心杯转子异步测速发电机的基本结构

空心杯转子异步测速发电机的基本结构如图 8-29 所示，其转子是一个薄壁非磁性杯（杯厚为 $0.2 \sim 0.3 \text{mm}$），通常用高电阻率的硅锰青铜或铝锌青铜制成。定子的两相绕组在空间位置上严格保持 $90°$ 电角度，其中一相作为励磁绕组，外加频率和电压都稳定的电源励磁；另一相作为输出绕组，其两端的电压 $U_\circ$ 即为测速发电机的输出电压，如图 8-30 所示。

为了减少由于磁路不对称和转子电气性能的不平衡等因素对性能的不良影响，杯型转子异步测速发电机常采用四极电机。在机座号较小的电机中，一般把两相绕组都放在定子上；机座号较大的电机，常把励磁绕组放在外定子上，把输出绕组放在内定子上。这样，如果在励磁绕组两端加上恒定的励磁电压 U_f，当发电机转动时，就可以从输出绕组两端得到一个大小与转速成正比的输出电压 $U_\circ$。

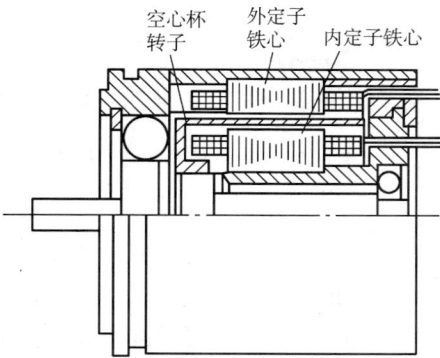

图 8-29 空心杯转子异步
测速发电机的基本结构

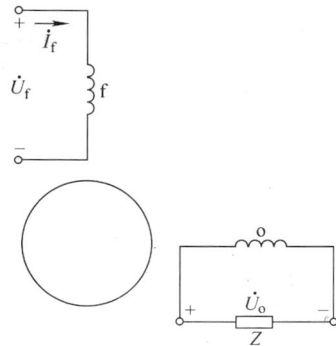

图 8-30 空心杯转子异步
测速发电机电路

2. 空心杯转子异步测速发电机的工作原理

图 8-31 所示为异步测速发电机的工作原理。励磁绕组接到幅值和频率均不变化的电压 U_f 上。转子静止时，如图 8-31a 所示，由励磁绕组产生的脉动磁通为纵轴方向（即励磁绕组轴线方向），其幅值正比于 U_f。磁通 Φ 穿过转子绕组，在转子绕组中产生感应电动势 $\dot{E}_t$ 和对应的转子电流 $\dot{I}_t$。由于产生的这种电动势的方向与变压器一样，故称为变压器电动势。

因转子绕组电阻远大于电抗，故 $\dot{I}_t$ 可近似看作与 $\dot{E}_t$ 同相，$\dot{I}_t$ 所产生的磁场仍沿纵轴方向，不会在输出绕组中感应电动势，故当测速发电机的转速为零时，输出绕组的输出电压 U_o 也为零。

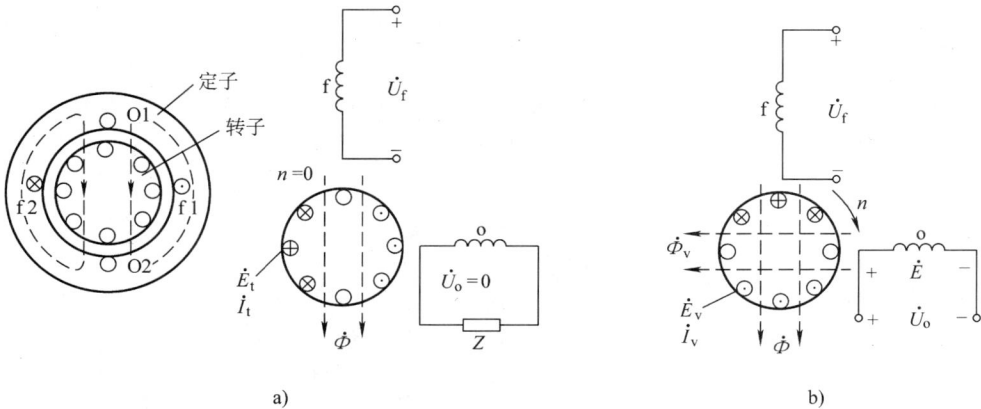

图 8-31 异步测速发电机的工作原理·
a）转子静止时　b）转子转动时

当转子以某一速度 n 旋转时，由于切割纵轴磁通 Φ 而在转子绕组中产生第二个电动势，称为速度电动势 $\dot{E}_v$。$\dot{E}_v$ 与 Φ 成正比，与转速 n 也成正比。在 $\dot{E}_v$ 作用下，转子中有第二个

电流 $\dot{I}_v$ 流过，同样，由于转子电阻远大于电抗，$\dot{I}_v$ 将与 $\dot{E}_v$ 同相，且 $I_v \propto \Phi n$。转子电流 $\dot{I}_v$ 也将在气隙中产生脉动磁通 $\dot{\Phi}_v$，由于 $\dot{E}_v$ 滞后 $\dot{\Phi}_v$ 90°，故 $\dot{\Phi}_v$ 为横轴方向（即输出绕组的轴线方向）如图 8-31b 所示。由于磁通 $\dot{\Phi}_v$ 与输出绕组 o 交链，因此输出绕组中将生感应电动势 $\dot{E}$，这个电动势就是测速发电机的输出电动势。显然，$E \propto \Phi_v \propto n$。

可见，在励磁电压 U_f 幅值和频率恒定、且输出绕组负载很小时，交流测速发电机的输出电压与转速成正比，而其频率与转速无关，一直保持电源的频率。因此，只要测出其输出电压的大小就可以测出转速的大小。如果被测机械的转向改变，交流测速发电机的输出电压的相位也将改变。这样，异步测速发电机就能将转速信号变成电压信号，实现测速的目的。

目前我国生产的是 CK 系列空心杯转子异步测速发电机产品，以 36CK05 型号来说明：产品代号"CK"指空心杯转子异步测速发电机；

"36"表示机座代号，机座外径为 36mm；"0"指频率代号，400Hz；"5"为参数代号，表示第 5 种性能参数。

3. 交流异步测速发电机的特点及应用

与直流测速发电机相比，交流异步测速发电机具有结构简单，维护容易，运行可靠等优点。由于没有电刷和换向器，因而无滑动接触，输出特性稳定、精度高。但它存在相位误差和剩余电压；输出电压斜率小，输出特性随负载性质而不同。

交流异步测速发电机可用来作为角加速度的信号元件。其原理是：异步测速发电机的励磁绕组外施稳定直流电源，则产生恒定磁场，因为转子转速不变，空心杯转子切割恒定磁通感应出转子电动势，并由它在空心杯中产生短路电流并建立交轴磁场 Φ。而交轴磁场也为恒定磁场，所以输出绕组中不会有感应电动势，这时输出电压为零。只有当转子转速变化时，交轴磁场也随之变化，在输出绕组中才感应出变压器电动势，并有输出电压。在这种情况下，输出电压正比于转子的加速度，所以采用直流励磁的交流异步测速发电机在原理上可以作为角加速度信号元件。但是这种角加速度计的灵敏度较低。

二、直流测速发电机

1. 基本结构

直流测速发电机是一种用来测量转速的小型他励直流发电机。适用于在各种精度要求的自动控制系统中作反馈元件。直流测速发电机的外形如图 8-32 所示，其结构与普通的小型直流发电机相同，由定子、转子（电枢）、电刷和换向器四部分组成。按励磁方式可分为永磁式和电磁式两种。永磁式直流测速发电机的定子用永久磁铁制成，一般为凸极式。转子上有电枢绕组和换向器，用电刷与外电路相连。由于不需励磁电源，也不存在因励磁绕组温度变化而引起的特性变化，在实际中得到了较广泛的应用。

图 8-32　直流测速发电机的外形

2. 工作原理

直流测速发电机的结构和一般的直流发电机相似，它的工作原理也和一般直流发电机没有区别。在恒定的磁场中，电枢以转速 n 旋转时，电枢上的导体切割磁通 Φ_o，于是在电刷间产生感应电动势 E_o 为

$$E_o = C_E \Phi_o n$$

在空载时，即电枢电流 $I_a = 0$，直流测速发电机的输出电压就是空载电动势，即 $U = E_o$，因而输出电压与转速成正比。

有负载时，电枢电流不为零，若不计电枢反应的影响，直流测速发电机的输出电压应为

$$U_o = E_o - R_a I_a$$

式中，R_a 为电枢回路的总电阻，它包括电枢绕组电阻、电刷接触电阻。

有负载时电枢电流为

$$I_a = U_o / R$$

式中，R 为测速发电机负载电阻。

整理上面两式，可得

$$U_o = \frac{C_E \Phi_o}{1 + \dfrac{R_a}{R}}$$

在理想情况下，R_a、R 和 Φ_o 均为常数，直流测速发电机的输出电压 U_o 与转速 n 仍成正比关系。只是对于不同的负载，直流测速发电机的输出特性有所不同。

3. 直流测速发电机的特点及应用

直流测速发电机具有输出电压斜率大、没有剩余电压（即转速为零时，输出电压也为零）、没有相对误差等优点，在自动控制系统中应用较为广泛，可起测量或自动调节转速的作用。并且在随动系统中用来产生电压信号以提高系统的稳定性和精度；在计算解答装置中作为微分和积分元件。

图 8-33 所示为恒速自动调节系统原理框图。

当旋转机械转速发生变化，直流伺服电动机的负载转矩发生变化，电动机的转速也将发生变化。为了使旋转机械的转速恒定，在电动机

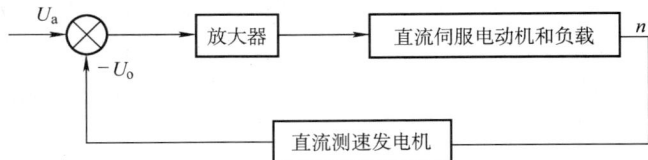

图 8-33 恒速自动调节系统原理框图

的输出轴上，同轴连接一台直流测速发电机，将它的输出电压和给定电压的差值加在放大器的输入端，放大后再供给直流伺服电动机。例如当负载转矩减小时，电动机转速升高，此时，测速发电机的输出电压 U_o 增大，给定电压 U_a 与 U_o 的差值减小，经放大器放大后加到伺服电动机上的电压减小，电动机开始减速，直到电动机又稳定在给定的转速。

第四节　直线电动机

一、直线电动机的工作原理

直线电动机是一种将电能转换成直线运动机械能的电力传动装置。它是从旋转电动机演

变而来的。基本构成和作用原理与普通旋转电动机类似，就如同将旋转电动机沿半径方向切开展平而成。于是，其运动方式也就由旋转运动变为直线运动。

与旋转电动机相对应，直线电动机也可以分为直线异步电动机、直线同步电动机、直线直流电动机及特种直线电动机。在此，重点讨论直线异步电动机。

直线异步电动机按其结构型式不同，可以分为扁平型、圆盘型、管型等。由于扁平型应用最广，最有代表性，所以通常所说的直线电动机一般指扁平型直线异步电动机。图 8-34 所示为扁平型直线异步电动机的外形。

直线异步电动机的工作原理也和旋转电机类似。在直线电动机的三相绕组中通入三相对称正弦电流后，也会产生气隙磁场。在理想情况下，这个气隙磁场可看成沿展开的直线方向呈现正弦形分布。当三相电流随时间变化时，气隙磁场将按 U、V、W 相序沿直线移动。与旋转磁场不同，这个磁场是平移的，因此称为行波磁场。显然，行波磁场的移动速度与旋转磁场的速度是一样的，称为同步速度，且 $n_1 = \dfrac{60f}{p}$。次级导条在行波磁场切割下，将感应电动势并产生电流。所有导条的电流和气隙磁场相互作用便产生电磁推力。在这个电磁推力作用下，如果初级是固定不动的，那么次级就顺着行波磁场运动的方向作直线运动。改变电源的相序，可以改变直线电动机的运动方向，根据这一原理，可使电动机作往复直线运动。

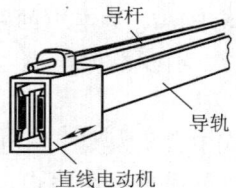
图 8-34 扁平型直线异步电动机

二、直线电动机的结构

旋转电动机由固定不动的定子，可以自由转动的转子以及介于两者之间的气隙三部分组成。设想将旋转电动机沿径向剖开，并将电机的圆周展成直线，如图 8-35 所示。这就得到了由旋转电动机演变而来的最原始的扁平型直线异步电动机。由定子演变而来的一侧称为初级，由转子演变而来的一侧称为次级。与旋转电动机不同，直线电动机的运动方式不限于初级是固定的，有时也可以固定次级而运动初级，当初级固定而运动次级时，称为动次级，反之为动初级。

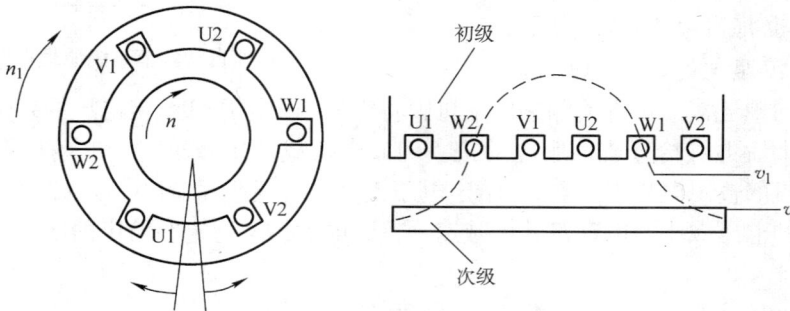
图 8-35 短初级直线电动机的结构

因为初、次级之间要作相对运动，必须要把初、次级做成长短不等，并且使长的那一级有足够的长度，以保证在所需行程范围内初、次级间保持不变的耦合。在直线电动机的制造上，既可以做成短初级，又可以做成短次级。由于短初级的制造成本和运行费用均比短次级的低很多，因此一般常用短初级。下面具体介绍直线电动机的初级、次级和气隙，并着重说明它们与旋转电动机相应部分之间的差异。

1. 初级

直线电动机的初级相当于旋转电动机的定子沿圆周方向展开。初级铁心也由硅钢片叠成，表面开有槽，三相交流绕组嵌置于槽内。但是，直线电动机的初级与旋转电动机的定子有一个很大的差别，即旋转电动机的定子铁心和绕组沿圆周方向是到处连续的，而直线电动机的初级则是开断的，形成了两个端部边缘，铁心和绕组无法从一端直接连接到另一端。铁心和绕组的开断将对电动机的磁场有一定影响。

2. 次级

直线电动机的次级相当于旋转电动机的转子沿圆周方向展开。短初级直线电动机中常用的次级有三种。第一种是整块钢板，称为钢次级或磁性次级。这时钢板既起导磁作用，又起导电作用，由于钢的电阻率较大，故钢次级的电磁性能较差。第二种为钢板上复合一层铜板（或铝板），称为钢铜（钢铝）复合次级。在复合次级中，钢主要用于导磁，而导电主要靠铜或铝。第三种是单纯的铜板（或铝板），称为铜（铝）次级或非磁性次级。需要指出的是，当复合次级的铜板（或铝板）有相当厚度时，这种次级也可看作非磁性次级。

3. 气隙

直线电动机的气隙通常比旋转电动机的大得多，主要是为了保证在长距离运动中，初、次级不致于相擦。对于复合次级或非磁性次级来说，还要引入电磁气隙的概念。由于铜或铝等非导磁材料的导磁性能和空气相近，故在磁场和磁路计算时，铜板或铝板的厚度要归并到气隙中，这个总的气隙称为电磁气隙。

三、直线电动机的应用

直线电动机主要用于要求机械作直线运动的场合。如工业自动装置中的执行元件，自动生产线上的传送带、机械手、各种自动门等。主要有以下几个方面：

1. 工业直线传动

（1）传送带 图8-36所示为直线电动机运用于传送带的传动装置，图中直线电动机的初级是固定不动的，次级就是传送带本身，所用材料是金属带或金属网与橡胶的复合皮带。这种采用直线电动机的传送带兼有矿车与皮带运输机的优点，可提高运输能力，节约钢材和投资。

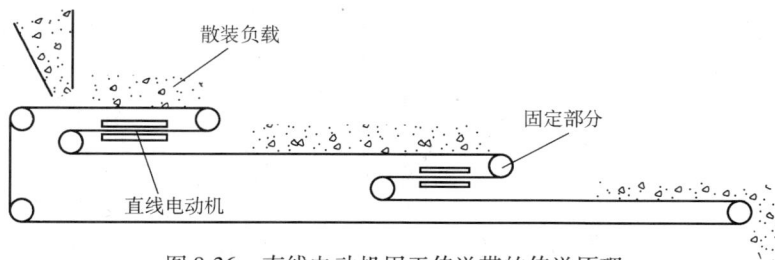

图8-36 直线电动机用于传送带的传送原理

（2）传送车　在工业生产中，可用直线电动机驱动小车传送工件。为了实现生产自动化，要求小车能在起点、终点和沿途若干点上准确定位，直线电动机通过调压装置、速度传感器和行程开关的联合作用，能使定位精度达到正、负几毫米。

（3）其他　主要包括桥式起重机或吊车的移动装置以及行李和货物存取系统的移动装置。

2. 电磁泵

由于液态金属具有很高的温度，因此作为电磁泵的直线电动机初级要用耐火材料覆盖，液态金属就是次级。当初级通电后，液态金属中便产生了定向的驱动力，以达到用泵输送液态金属的目的。

3. 工业自动装置的执行器件

直线电动机可用作门、阀、开关自动开闭装置和铁路上自动扳道岔的执行器，以及生产自动线上的机械手。

如图 8-37 所示的推杆式直线电动机主要用于电动推杆、机械手，90°门窗的开门机和开窗机。其推力可达 1～500kg，行程为 0.1～1.5m。采用无线数码加密遥控和微电脑控制，停电后仍能工作，该产品外观大方，安装简单，操作方便，运行灵活，噪声低，坚固耐用，广泛用于各企业、家庭的各类车库。

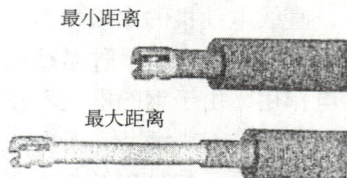

图 8-37　推杆式直线电动机

4. 铁路运输方面

目前，许多工业化国家都在开发用直线电动机驱动的高速磁悬浮列车。图 8-38 所示为吸引式磁悬浮列车结构原理。它采用安装在车上的悬浮和推动磁铁与地面上沿线铺设的磁浮与导轨进行磁悬浮直线电动机励磁和导向控制，并且用长定子直线同步电动机进行驱动。供电时均采用万千瓦级电力电子变频电源，实时切换到列车所在的区段上，按列车速度进行频率调节。

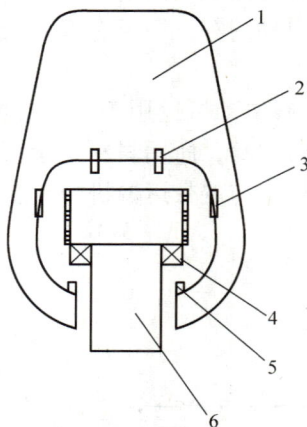

图 8-38　吸引式磁悬浮列车结构原理

1—车体　2—滑块　3—导向和制动　4—长定子铁心电枢绕组　5—悬浮和推动磁铁　6—导轨

　　直线同步电动机与异步电动机相比，电动机的功率因数提高了。又由于许多设备移到地面上，线路上的设备和造价增加了，但车辆设计可大大简化，故在磁悬浮铁路上较多用直线同步电动机。

第五节　交磁电机扩大机

　　交磁电机扩大机又称交磁扩大机，是一种旋转式功率放大装置，它主要用做直流功率放大，通常用三相异步电动机带动。在交磁电机扩大机的控制绕组（相当于直流发电机的磁极绕组）中输入功率很小的直流信号，在它的输出端则可获得功率很大的直流输出。它主要作为一个功率可控的直流电源，曾被用做直流发电机—电动机系统中的可调励磁电源，通过调节发电机的输出电压，达到调节直流电动机转速的目的。该系统主要用于龙门刨床上，但随着晶闸管直流电动机调速系统的飞速发展，目前该系统已逐步被淘汰。

一、交磁电机扩大机的结构特点

　　交磁电机扩大机是一种特殊的直流发电机。它的转子和普通直流发电机一样，槽中嵌有单叠绕组。它的换向器上装有互相垂直的直轴和交轴两对电刷：一对交轴电刷 q-q 和普通直流发电机相同，放在磁极中性线上，即与磁极轴线正交；另一对称为直轴电刷 d-d，放在磁极轴线上。交磁电机扩大机定子铁心与绕组布置如图 8-39 所示。它的定子铁心由硅钢片叠压而成，硅钢片上冲有大、中、小三种槽形。两个大槽内嵌放控制绕组 LK 和补偿绕组 LB 的一部分；全部小槽内嵌放补偿绕组 LB 的主要部分；中槽内嵌放换向绕组 LH 及交轴助磁绕组 LJ；两个大槽磁轭部分绕有交流去磁绕组 LQ。两

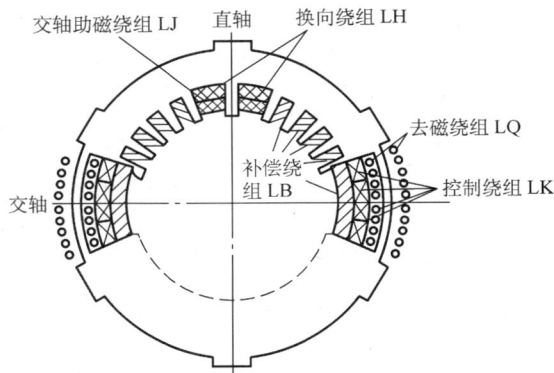

图 8-39　交磁电机扩大机的定子结构

个大槽之间的铁心形成一对磁极；四个中槽之间的铁心形成一对换向极。

二、交磁电机扩大机的工作原理

　　交磁电机扩大机的工作原理如图 8-40 所示。当控制绕组 LK 中有控制电流 I_K（约几毫安）流过时，就建立起磁通 Φ_K，并在交轴电刷 q-q 间产生电势 E_q（约几伏）。如果在 q-q 上接通负载，就有功率输出，这与一般直流发电机相似。但在交磁扩大机中，将 q-q 电刷短路，使电枢中流过较大的短路电流 I_q（约几安），这是交磁扩大机第一级放大。由于 I_q 在气隙中建立的磁通 Φ_q 比 Φ_K 要大得多。因此切割 Φ_q 所产生的电势 E_d（约几百伏）要比 E_q 大得多。此时，如果在 d-d 电刷上接通负载，便有直轴电流 I_d 流过，这就可以得到比第一级大得多的输出功率。由此可见，交磁扩大机相当于两级直流发电机。由于负载电流 I_d 的通过，将产生很强的直轴电枢反应磁通 Φ_d，它会抵消 Φ_K，所以必须安放补偿绕组 LB，使 LB 所产生的磁通 Φ_B 抵消

Φ_d，从而对 Φ_K 进行补偿，以使交磁扩大机正常工作。为了更好地补偿，补偿绕组采用分布绕组。为了调节补偿程度，将补偿调节电阻 R_B 与补偿绕组并联。而且要求它与负载串联，以保证在任何大小负载下，都能起到合理补偿的效果。为了改善交、直轴的换向，在交、直轴回路中分别串联交轴助磁绕组 LJ 和换向绕组 LH。去磁绕组 LQ 的作用是除去交磁扩大机定子铁轭中的剩磁。以保证在没有输入信号时，输出电压尽量小。在额定负载时，交磁扩大机的输出功率 P_d 与控制绕组的输入功率 P_K 之比值称为交磁扩大机的功率放大系数，即 $K_P = P_d/P_d$。一般输入功率只有 $0.25 \sim 1W$，功率放大系数通常在 $500 \sim 2000$ 之间，甚至可达 10 万倍。

图 8-40　交磁电机扩大机的工作原理

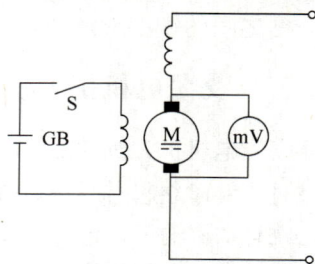

三、交磁电机扩大机的拆装

交磁电机扩大机的拆卸装配步骤与直流电机相近，在拆装时应注意以下问题：

（1）拆卸前要做好复位标记

1）交磁电机扩大机与电动机同轴结构的机座拆卸时，应在电动机外壳及交磁电机扩大机外壳的接缝处，打好复位标记。以便装配时减少两底脚水平校正的工作量。

2）在电刷架端的端盖与机壳的接缝处，应打好标记。

3）做好每只电刷与刷握相对位置的标记。以减少装配时研磨电刷的工作量。

（2）装配前的检查

1）用绝缘电阻表检查各绕组与绕组之间的绝缘电阻，及各绕组对地的绝缘电阻应符合规定要求。

2）测量各绕组的直流电阻值，应符合要求。

3）检查各绕组的接线与出线头是否正确。

4）检查换向器。不得有短路、断路及脱焊等缺陷。换向器表面要光滑、清洁，不得有油污。

5）检查换向器的同轴度。允差值应小于 $0.03mm$。在旋转过程中，偏摆应小于 $0.05mm$。

（3）装配注意事项

1）按拆卸时标好的复位标记复位和装配。

2）安装电刷时，应按拆卸时的标记对号复位。电刷在刷握中不得卡住或过松，电刷的压力大小要合适，所有电刷的压力要均匀。若电刷磨损过短，应及时用相同电刷更换。更换新电刷要按技术要求进行打磨。

图 8-41　电刷中性线位置的测定

3）复查及调整电刷的中性线位置。通常使用感应法进行校正。方法和要求与一般直流电机相同，如图 8-41 所示。

中性线位置确定好后，为改善换向性能并防止自励，使电机扩大机工作稳定，可将电刷

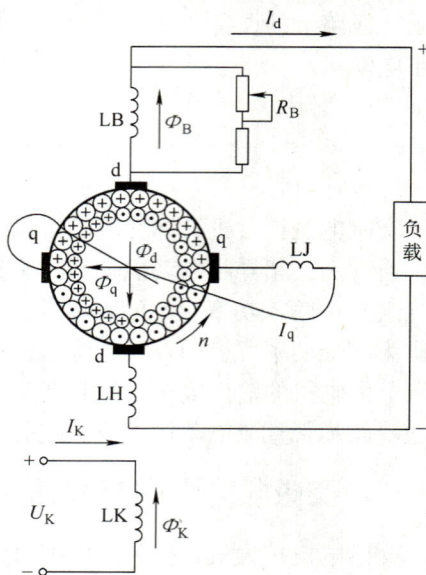

沿电枢旋转方向偏移几何中性线 1°~3°电角度，若在端盖上量，可移动约 2~3mm，然后将电刷位置固定好并在位置上做好标记。

4）运转前应空载研磨电刷接触面　磨光部分（镜面）达到电刷整个工作面的 80% 左右，磨好后需空转 1~2h。

5）电机装配后应检查引出线的极性，应正确可靠。

技能训练 10　直流伺服电动机与直流测速发电机的使用

一、训练目的

1）学习直流伺服电机与直流测速发电机的接线与使用。
2）观察伺服电机的工作特点。
3）求取直流测速发电机的输出特性，即输出电压与转速的关系特性。
4）用数字电压表观察直流测速发电机输出电压的波动。

二、训练器材

1）直流测速发电机组，CY 型永磁式或 ZCF 型励磁式，1 台。
2）直流伺服电机，45SZ 或 55SZ，1 台。
3）数字电压表，1 台。
4）直流稳压电源，110V，3~5A，1 台。
5）光电式转速表与测速发电机转速配套，1 台。
6）双刀开关，HK1—15，2 个。
7）单刀开关，5A，1 个。
8）滑线电阻，R_P，2A，100Ω，1 个；R_1，0.5A，100Ω，1 个；R_2，0.2A，100Ω，1 个；R_L，0.1A，1500Ω，1 个。

三、训练内容及步骤

本技能训练将直流伺服电动机 SM 作为原动机，与直流测速发电机 TG 同轴连接。实训电路图如图 8-42 所示。

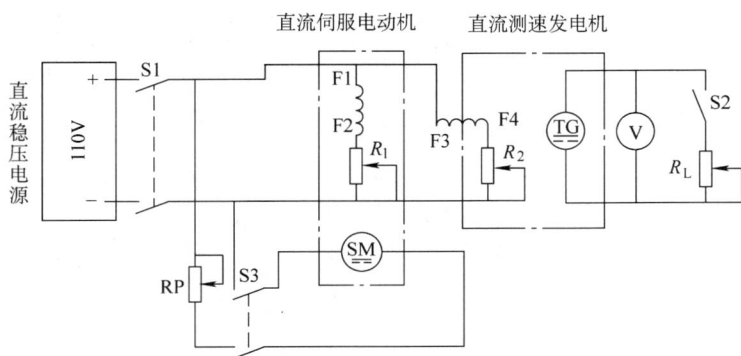

图 8-42　直流伺服电动机与直流测速发电机试验电路

F1F2 为直流伺服电动机励磁绕组，调节电阻 R_1 可以使加在 SM 励磁绕组 F1F2 两端的电压为额定励磁电压。而 F3F4 是直流测速发电机的励磁绕组，同样调节 R_2 可以使 F3F4 两端的电压为 TG 的额定励磁电压。

调节滑线变阻器 R_P 可以改变伺服电动机的电枢电压，从而改变伺服电动机的转速。与直流测速发电机配套的光电式转速表测量转速的大小，该转速亦即直流测速发电机的转速。用数字电压表测量输出电压的数值，从而可得到直流测速发电机的电压—转速特性。当 S2 断开时，直流测速发电机空载；合上 S2，改变 R_L 值，即可改变直流伺服电动机负载的大小。在理想情况下，直流测速发电机的输出特性如图 8-43 所示。

1）按图 8-42 所示电路接线。

2）合上 S1，则直流稳压电源的输出电压给伺服电动机 SM 和测速发电机 TG 的励磁绕组励磁，调节 R_1 及 R_2 使两台电机的励磁电压均为额定电压。

3）合上 S3，起动伺服电动机 SM，分别将滑线变阻器 R_P 置于四个不同的位置，用改变伺服电动机电枢电压的方法来改变其转速。

4）在滑线变阻器置于位置 1 时：

①测量直流测速发电机 TG 空载（S2 开路，$R_L \rightarrow \infty$）时输出电压 U_o 与转速 n_0 的数值，并记录于表 8-1 中。

②测量直流测速发电机 TG 在负载（即 S2 合上，$R_L = 1500\Omega$，750Ω，300Ω）时的输出电压 U_o 与转速 n_0 的数值。记录于表 8-1 中。

5）在滑线变阻器置于 2、3、4 三个不同的位置，重复上述步骤进行实训，并记录数据于表 8-1 中。

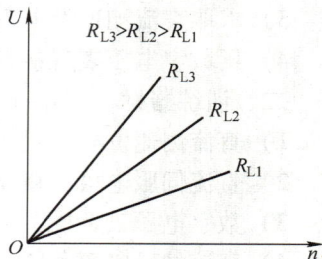

图 8-43　直流测速发电机的输出特性

表 8-1　输出特性数据（$R_L = \infty$，1500Ω，750Ω，300Ω）

测量值 R_P 位置	$R_L \rightarrow \infty$		$R_L = 1500\Omega$		$R_L = 750\Omega$		$R_L = 300\Omega$	
	输出电压 U_o/V	转速 n_0/(r/min)	输出电压 U_o/V	转速 n_0/(r/min)	输出电压 U_o/V	转速 n_0/(r/min)	输出电压 U_o/V	转速 n_0/(r/min)
1								
2								
3								
4								

6）断开开关 S3，观察伺服电动机停转时的现象。从 S3 断开到伺服电动机 SM 停止转动所需时间为＿＿＿＿＿＿＿＿＿＿＿＿＿＿（粗测）。

四、注意事项

1）伺服电动机及测速发电机均属微电机，体积很小，故在安装、接线时应特别注意，避免损坏。

2）注意正确使用光电转速表及数字电压表，以保证测量结果的正确及不损坏仪表。

本　章　小　结

1）步进电机是一种把电脉冲信号转换成角位移和直线位移的执行元件。在数字控制系统中被广泛采用。步进电机是由控制脉冲通过驱动电路进行控制，一步一步地转动。转子转速与总的脉冲数目相对应。

2）伺服电动机在控制系统中作为执行元件，把输入的电压信号转换为轴上的角位移和角速度输出，输入的电压信号称为控制电压，改变控制电压可以改变伺服电动机的转速和转向。伺服电动机可分为交流和直流两种类型。交流伺服电动机的基本特点是可控性好，可采用增大转子电阻的办法改善其机械特性。采用杯形转子可以减小转动惯量实现快速响应，提高起动转矩。直流伺服电动机实质是一台他励式直流电动机，电枢控制方式的机械特性与调节特性均为线性的，励磁功率小，响应迅速。交流伺服电动机和直流伺服电动机相比较，其机械特性和调节特性都稍差。

3）测速发电机是一种测量转速的信号元件，它将输入的机械转速转换为电压信号输出，输出电压与转速成正比。测速发电机分为两类，一是交流测速发电机，在自动控制系统中应用的主要是空心杯形转子感应测速发电机，其结构与杯形转子伺服电动机相似，不同的是测速发电机的杯形转子是采用高电阻率材料制成。主要用于交流伺服系统中的测速元件和用作计算元件。二是直流测速发电机，它在自动控制系统中主要作检测元件，即把电枢速度（信号）转换成电信号的机电式信号元件。直流测速发电机也可以看作是一种微型直流发电机，按定子的励磁方式区分，有电磁式和永磁式两大类。

4）直线电动机是一种将电能转换成直线运动的电力传动装置。分直线直流电动机、直线异步电动机、直线同步电动机等多种类型。直线电动机具有高效节能、高精度的特点，在工业直线传动、铁路运输和门、阀、开关等自动开闭装置中有着广泛的应用。

5）交磁电机扩大机是一种旋转式功率放大装置，它主要用做直流功率放大，通常用三相异步电动机带动。它是一种特殊的直流发电机，在它的控制绕组（相当于直流发电机的磁极绕组）中输入功率很小的直流信号，在它的输出端则可获得功率很大的直流输出。它主要作为一个功率可控的直流电源。

复习思考题

1. 特种电机与一般常用的单相、三相异步电动机在应用上有哪些区别？
2. 什么是步进电机的步距角？什么是单三拍、单六拍工作方式？
3. 步进电机的运行特点是什么？简单说明之。
4. 与单相电容运行电动机相比，交流伺服电动机的转子有何特点？
5. 直流伺服电动机与直流电动机主要的区别有哪些？

6. 交流伺服电动机有哪几种控制方式？

7. 简单叙述伺服电动机的用途。

8. 为什么交流异步测速发电机输出电压的大小与电机转速成正比。而频率却与转速无关？

9. 为什么交流伺服电动机的转子常常采用笼型结构，而交流异步测速发电机转子却很少采用笼型结构，一般都为非磁性空心杯式结构？

10. 什么是自转现象？如何消除？

11. 交流异步测速发电机的输出特性为什么会存在线性误差？

12. 什么是交流异步测速发电机的剩余电压？简要说明剩余电压产生的原因及减小的方法。

13. 为什么交流异步测速发电机转子采用非磁性空心杯结构，而不采用笼型结构？

14. 若直流测速发电机的电刷没有放在几何中心线位置，试说明这时电机正、反转时的输出特性。

15. 直线电动机有哪几种形式？

16. 试简述直线电动机的工作原理及应用范围。

17. 交磁电机扩大机是一种什么样的电机，它的主要功能是什么？

18. 与一般的直流发电机相比，交磁电机扩大机的主要特点及作用有什么不同？

参 考 文 献

[1] 赵承荻. 电机与电气控制技术 [M]. 北京：高等教育出版社，2006.

[2] 赵承荻. 电机与电气控制技术技能训练 [M]. 北京：高等教育出版社，2006.

[3] 王生主. 电机与变压器 [M]. 北京：高等教育出版社，2005.

[4] 牛维扬. 电机应用技术基础 [M]. 北京：高等教育出版社，2001.

[5] 李学炎. 电机与变压器 [M]. 北京：中国劳动社会保障出版社，2001.

[6] 李乃夫. 电机与控制 [M]. 北京：高等教育出版社，2002.

[7] 赵承荻. 维修电工实习与考级 [M]. 北京：高等教育出版社，2005.

[8] 赵承荻. 电机及应用 [M]. 北京：高等教育出版社，2003.

[9] 许蓼. 电机与电气控制技术 [M]. 北京：机械工业出版社，2002.

[10] 胡辛鸣. 电机及拖动基础 [M]. 北京：机械工业出版社，2000.

[11] 任志锦. 电机与电气控制 [M]. 北京：机械工业出版社，2002.

[12] 程周. 电机与电气控制 [M]. 北京：中国轻工业出版社，2000.

[13] 吕如良. 电工手册 [M]. 上海：上海科学技术出版社，2000.

[14] 刘光源. 电工实用手册 [M]. 北京：中国电力出版社，2001.

读者信息反馈表

感谢您购买《电机与变压器》一书。为了更好地为您服务，有针对性地为您提供图书信息，方便您选购合适图书，我们希望了解您的需求和对我们教材的意见和建议，愿这小小的表格为我们架起一座沟通的桥梁。

姓　　名		所在单位名称	
性　　别		所从事工作(或专业)	
通信地址		邮　编	
办公电话		移动电话	
E-mail			

1. 您选择图书时主要考虑的因素:(在相应项前面√)
（　）出版社　　（　）内容　　（　）价格　　（　）封面设计　　（　）其他
2. 您选择我们图书的途径(在相应项前面√)
（　）书目　　（　）书店　　（　）网站　　（　）朋友推介　　（　）其他

希望我们与您经常保持联系的方式:
□电子邮件信息　　□定期邮寄书目
□通过编辑联络　　□定期电话咨询

您关注(或需要)哪些类图书和教材:

您对我社图书出版有哪些意见和建议（可从内容、质量、设计、需求等方面谈）:

您今后是否准备出版相应的教材、图书或专著（请写出出版的专业方向、准备出版的时间、出版社的选择等）:

非常感谢您能抽出宝贵的时间完成这张调查表的填写并回寄给我们，您的意见和建议一经采纳，我们将有礼品回赠。我们愿以真诚的服务回报您对机械工业出版社技能教育分社的关心和支持。

请联系我们——
地　　址　北京市西城区百万庄大街22号　机械工业出版社技能教育分社
邮　　编　10037
社长电话　（010）88379080　88379083　68329397（带传真）
E-mail　jnfs@ mail. machineinfo. gov. cn